专辑前言

　　一直以来，天津大学的建筑教育以"国际视野下的本土创新建筑人才培育"，作为建筑专业教学体系建设的总体目标。秉承海纳百川的办学宗旨，走科学与人文、艺术性与工程性、理论与实践相结合的人才培养道路，强调人才培养既要适应全球化和市场竞争的需求，又要承担社会责任。

　　本期专辑文章系统地呈现了天津大学建筑设计教学的体系框架和教学特色。宋祎琳、朱蕾、张向炜和赵娜冬四位本科设计教学年级组长，对一至四年级的建筑设计主干课程进行了系统讨论：分别从观念建立、职业建筑师养成的开始、设计方法的训练和多元的研究型设计方向，逐级递进地对近年的教学改革成果和相应教学方法予以归纳。更从教学组织的方面，讨论了专题化教学改革的探索与实践，三年级"综合设计＋专题设计"的循环式设计课程与四年级"专题设计"的模式辅以专题选修的理论课程，为理论与设计彼此嵌套形成了动态开放的课程模块框架，更有利于学生研究型设计能力的养成。

　　理论与技术一直是推进建筑学科和行业发展的重要支撑。在理论方面，孔宇航教授的文章，以中华建筑文化基因传承的视角，深入讨论了基于传统文化的设计课教学在对未来建筑学术话语体系建设以及城乡文化复兴的重要性。朱蕾、王迪和张龙等几位老师的文章则从本科二到四年级纵向递进的角度，详尽阐述了天大建筑教育将传统文人的通识教育、历史理论和古建测绘等优势教研资源融入建筑设计课程的实践：无论是在建筑学的启蒙教育阶段，充分发挥建筑历史研究的多元成果，浸润在教学的各个环节，从建筑空间秩序、空间操作、结构构造、图学表达方面展开针对性的训练；抑或以传统文化仪轨和传统营建智慧为源泉，以"意境"为目标，以转译为方式传承传统设计方法、设计逻辑和对待环境的思考观念，均是全面实施与建筑历史理论类课程积极联动的显著教改成效。

　　在技术层面，建造研究所所长苗展堂梳理了天津大学建筑构造学科自天津解放前至今的发展情况，以及融合技术理论课程与设计主干课推动建筑教学体系改革的成果。孙德龙、杨鸿玮等老师，则分别从材料和基于绿建的设计方法角度，深入讨论了天大设计教学中的建筑技术教学特色。

　　任何时候的建筑教育都应该对学科核心问题做出回应。而建筑学的核心就是回答人与环境的关系。在建筑工程的诸多专业中，除了建筑师，没有任何其他专业以人作为价值判断的终极条件，这也正是建筑师的核心价值所在。无论是老一辈天大建筑学人，还是新一辈的青年教师，始终贯彻着"为人而设计"的理念，在教学中以设计为核心的观察、分析、创造和综合解决实际问题的能力培养，将传统中华建筑智慧中以人的视角进行空间与环境建构的哲学纳入设计教学的方法论中，成为天大设计的一种特色。

　　在全球化语境下注重对传统文化的传承和诠释，不断从传统中汲取养分，进而形成自身的语言和特色。这种教育不仅局限于传统建筑文化，更是对通识性、普遍性的中国传统哲学的理解与诠释。天大建筑自成立以来秉承的修学好古传统，都是这种理念的具体体现，深刻影响了一代又一代天大学子。

　　随着教学改革的推进、教研水平的提高，天津大学建筑设计教学模式也将与时俱进。立足本土、务实创新、改革一体化的教学模式，使教学与科研互相促动，形成良性循环；充分发掘本土建筑文化教学方面的潜力，推动中国本土化建筑特色的探索，培育面向未来、具有国际竞争力的创新型建筑设计人才。

张昕楠

2021 年 12 月

本土历史语境下的建筑设计教学探索

孔宇航　陈　扬

The Study on Teaching Method of Architectural Design Studio in the Context of Chinese History

■ **摘要：**针对当代中国建筑教育设计课教学中存在的文化基因缺失问题，本文梳理了欧洲与日本的教学模式及其历史演变规律，并就中国相关院校与学者在教学过程中的实验性探索进行了综述，进而在认知层面探讨本土语境下的教学观念建构，确立目标导向。最后就天津大学长期教学实践中的专题设计的一系列探索进行讨论，指出基于传统文化的设计课教学在对未来建筑学术话语体系建设以及城乡文化复兴的重要性。

■ **关键词：**设计课教学；文化基因；观念建构；实验性；教学研究

Abstract：In response to the absence of architectural cultural genes in contemporary Chinese architectural design studio, the paper sorts out the teaching mode and its historical evolution law of Europe and Japan, summarizing the experimental exploration in the teaching process of relevant universities and scholars in China, discussing the construction of teaching concept in the local context at the cognitive level and establishing the goal orientation. Finally, the paper discusses a series of explorations of special topics in the long-term teaching practice of Tianjin University and points out the importance of design course teaching based on traditional culture in future construction of architectural academic discourse system and cultural Renaissance in urban and rural areas.

Keywords：Design Courses, Cultural Genes, Construction of Concept, Experiment, Teaching Research

天津大学建筑设计教学专辑

Special Issue on Architectural Design Education of Tianjin University

（专辑主持：孔宇航　张昕楠）

基金资助项目名称：国家自然科学基金重点项目，编号52038007，基于中华语境"建筑–人–环境"融贯机制的当代营建体系重构研究；高等学校学科创新引智计划，编号B13011，低碳城市与建筑创新引智基地

　　"对起源的回归总是意味着对你习惯做的事情进行再思索，是尝试对你的日常行为的合理性进行再证明，……在当前对我们为什么建造以及为谁建造的重新思考中，我认为原始棚屋将保持其正当性，继续提醒我们所有为人而建的建造物，也就是建筑，其原初因而是本质的意义。"

——约瑟夫·里克沃特《亚当之家：建筑史中关于原始棚屋的思考》

中国社会科学院哲学研究所赵汀阳在《我们为何走不出西方框架》中指出："现代以来，中国已经失去以自身逻辑讲述自身故事这样的一种方法论，或者说一种知识生产上的立法能力。在现代以前，中国是一个独立发展的历史，但现代以来中国的历史已经萎缩、蜕化为西方征服世界史的一个附属或是分支，即现代的中国其实是西方史的一部分，我们失去了自我叙述的能力。"[1] 近现代中国建筑教育或许正是该境况的真实反映，近百年来建筑教育主体一直不断地移植、引进西方模式，并试图使之落地生根，然而收效甚微。整体而言，建筑学知识体系的核心内涵并未脱离西方模式。

中国近现代建筑教育一直以来对传统文化缺少系统的融合与回应，设计课教学亦未能与传统营建体系有机融通。在现有教学体系中，建筑历史课程与建筑设计课教学处于平行状态，历史以知识传授方式进行，并未真正地与设计课系统融汇。然而，无论是欧美还是日本的近现代教学体系中，设计课教学均与其本国的建筑历史、文化基因一脉相承，既反映其现代性，亦能阅读出其内在的文化内涵，具体反映在系统的历史知识课程结构中、设计课教学内容中，以及教师在课堂上的言传身教。路易斯·康在其教育生涯中一直强调运用古典的方式表达现代之精神；柯林·罗在对柯布西耶作品的分析中寻求基于帕拉第奥的内在形式结构逻辑，其教学模型在美国乃至国际建筑教育界具有深远的影响力；埃森曼在设计课中强调概念设计应源自于基地考古，从而使设计生成呈现出与特殊场所的历史性对话。反观当代中国的设计课教学和建筑历史与理论研究，教学主体很少讨论两者之间的关系以及教学目标导向。在教学过程中，大部分教师均按照源自西方教育的布扎体系与包豪斯模式的某种复合方式，去培养学生的认知和设计能力，而忽略了指向中国传统文化的意义建构。本文试图从建筑学专业的核心课程——建筑设计课的教学目标、理念、具体内容与方法展开讨论，并求解在当代中国语境下的设计课教学模式。试图探索基于中华文化与历史语境下的设计课教学模式、方法与手段，构建具有中国话语体系的设计课与历史课相关联的教学方法。以批判的视野深刻地审视与诊断现存教学运行机制和思维方式，聚焦教学观念与方法，以当代的视野和系统的思维对课程教学体系进行重构（图1）。

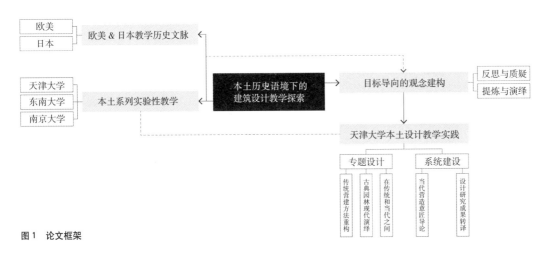

图1 论文框架

一、欧美、日本的教学历史文脉

在西方建筑院校设计课程教学发展演变过程中，其古典建筑文化基因从未被抛弃。欧洲德语体系的教学方式一直保持着注重建造和工学内容的传统，设计课教学强调建筑被建造和物质化的环节[2]，如苏黎世联邦理工学院（ETH）建筑系继承了瑞士既重视手工艺又强调工业化的建造传统，其建造及构造课教学与建筑设计训练相互关联、渗透[3]；法国巴黎美术学院建筑教育体系（布扎体系）则强调建筑与古典艺术相结合，设计课教学与先例和历史的模仿密切相关，希望学生精通建筑历史，尤其是希腊、罗马和文艺复兴的文化与建筑，并模仿其形式语言[4]；美国1950年代的"德州骑警"在对现代建筑先例的探究过程中，不断寻求现代建筑经典作品与西方古典建筑传承之关联性，使其在学术上更加规范化并形成建筑学教程与可操作教学方法。在研读康健、刘松茯主编的关于谢菲尔德的《建筑教育》一书中，可以看到其设计课教学概况。该校在第二学年让学生参观欧洲城市，如柏林、巴黎、鹿特丹等，研究分析当代和古代的欧洲建筑，并使之作为以后项目设计的范例[5]。在设计过程中，加强学生鉴赏建筑及其文化内涵的能力。而历史课的教学始终把建筑放在特殊的社会和文化背景下理解，鼓励学生在学习和欣赏建筑的同时，能超越视觉与风格的范畴，去寻找隐匿在背后的形成机制与原因。教学讨论以对传统的鉴赏、代表性建筑的重要性为起始而展开。

在日本，设计课教学中的关于传统基因的议题则更为悠久。其建筑教育初始之时，课程设置上便形成结构、历史、设计三足鼎立的格局，伊东忠太更开拓了作为建筑哲学、建筑思想的建筑史研究和教育，最先倡导传承东方文化传统，在建筑学课程中加入古典建筑美学并推行学院式教育体系[6]；东京工业大学建筑设计课程将历史知识纳入设计教学环节中，历史研究方向的教师参与设计课教学环节，充分说明了在日本建筑教育界建筑历史知识参与设计的重要性[7]（图2）。柳肃在其文"历史与现实的交错"中有一段关于"建筑意匠"的溯源[8]，其最早出现在东京帝国大学的建筑学科课表中。他解释道，"意匠"应理解为贯通建筑历史后融会得出的关于文化和美的设计理念和手法，属于史论和以史论为基础升华的内容，从并联建筑历史和建筑设计课程的角度，意匠训练是介于掌握历史式样与设计创作之间的中间环节。由此可见，在日本的设计教学历史中，建筑意匠是沟通建筑历史与设计课教学之间的桥梁。

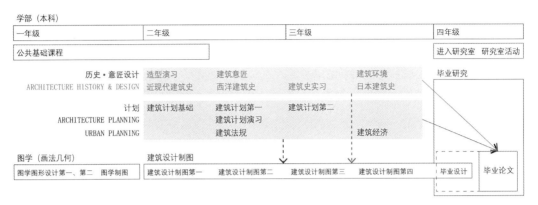

图2　东京工业大学建筑学科设计课教学框架

二、本土系列实验性教学

具有批判意识的探索者们会意识到目前中国的现状：学科的成熟使得知识的专门化程度日渐加深，从而逐渐使得其内部壁垒成为发展的障碍，突破学科边界成为社会科学方法论的内在需求[9]。设计知识与建筑历史知识的不断细分，使学生的学科视野日益受限，导致学科内知识结构呈碎片化倾向，从而难以应对复杂的建筑问题。在中国，一些院校的学者们试图消解学科内部建筑设计及其理论与建筑历史与理论两个方向之间的分野，促进学生主体在设计构思过程中具有明确的目标导向并学会将知识融会贯通的能力。在具体教学过程中通过设计意图、形式建构引导学生关注建筑的在地性与场所精神；重新审视建筑内在的要素属性、空间结构、文化语义及其建构策略[10]，促使学生在构思、深化过程中唤起历史记忆，将地域性的客观要素融入形式生成过程中，培养学生的判断力，感知与体验生活的意义与价值，建构空间图景。在建筑教育界，一系列改革与试验为未来教学的系统性建构提供了有效的素材。

天津大学古建筑测绘课程是本科生设计与传统认知教学的综合性实习环节，具有悠久的历史。在卢绳、徐中、冯建逵等诸位前辈的参与下，古建筑测绘一直是重要的专业教学活动（图3）。该课程采取专题讲座、模型演示、资料收集与整理、现场讲解与测绘以及后续数据采集与整理[11]，前后持续一个月左右的时

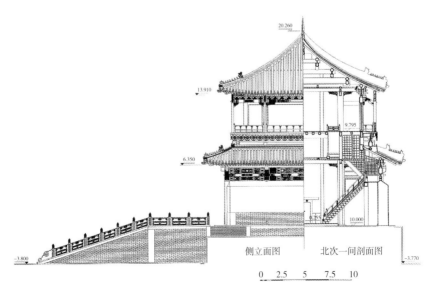

图3　天津大学建筑学院体仁阁测绘图

间，通常是本科二年级学生参与。一系列教学举措，尤其是学生在古建筑现场的亲身体验与感知，有效地增强了学生对古建筑及其周边环境的兴趣与文物保护的意识，不仅使学生在专业认知层面烙下了重要的印记，而且使其对中国传统营建文化的博大精深有了深切的了解。通过讲授、实测、体验、数据整理与绘制，该课程巧妙地将设计课与历史课进行了融会与互动，从而使学生在设计过程中，在观念建构与形式操作中种下了传统文化的因子。我院毕业生崔愷出版了《本土建筑》、李兴刚的作品集以《胜景几何》命名，均反映了该课程对学生所产生的深刻影响，使中国传统建筑设计思想与方法得到广泛的传播。该实习环节在天津大学一直持续进行着，近年来更有继续强劲发展的趋势。

东南大学建筑学院自1980年代以来通过与瑞士苏黎世联邦高等工科大学的交流学习，开始成体系地引入相关教学方法，较早在国内进行现代建筑空间设计教学改革，在引进的同时亦尝试与传统建筑类型进行交互与融通。自1990年代以来，在本科二年级的建筑设计入门课程中，明确了以空间为主线的教学设置和组织，并与功能、场地、材料、结构等线索相结合[12]，并在其后的发展过程中由现代主义的"九宫格"和"方盒子"转向具有中国传统建筑文化特征的"院宅"设计。作为一种空间类型，院宅包含了内与外、上与下、虚与实、中心与边界、深度与宽度等基本空间关系，可以回应现代建筑的"九宫格"和"方盒子"问题[13]；作为一种生活模式，院宅既指向一种纳入自然的居住方式，可作为一种应对自然和城市之道[14]。陈薇在教学中设置了"历史作为一种思维模式"的意向设计研究，与中国建筑史教学相结合，运用中国传统文化智慧培养学生创造性思维。在教学过程中以传统建筑语言、传统民居创意表达、传统园林构成要素进行命题，强化了传统文化范型和建筑类属之间的关系[15]。在设计课教学实验中，较早地建立了设计教学主题与中华建筑传统之间的纽带，为20世纪90年代盛行的向西方学习的思潮中注入了一股清风。

南京大学赵辰在探讨中国建筑历史教学体系时指出，中国建筑史课程的教学内容与模式两方面均缺乏与设计的互动，他从当代建筑学的理论框架中将中国传统建筑文化表述为三个领域："建构""人居"与"城镇"，并在设计课中对应三个关键词，分别以"中国房子""中国院子""中国园子"进行空间与图形操作，试图搭建建筑历史与设计教学的交叉框架，将历史知识融于建筑设计教学过程中，逐步构建中国文化价值的建筑学术话语体系[16]；胡恒在一门历史理论课中，在历史研究与设计教学之间设计转换要素，试图探讨

文学、历史、建筑三者的关系，并经过四年的教学实践，获得一系列教学心得。他选择清初作家李渔的小说《十二楼》，以"楼"为主题词进行设计课教学实验。在历史知识考证与现代空间设计之间，通过考据、还原、转化设计等方法进行文本、技术分析，建立设计概念并进行空间转化，挖掘形式潜力并生成模型。以古代文学作品作为历史与设计之间的媒介，并选择故事时间背景：从宋到明末，是一个有创意的教学构思。中国特定时间的建筑历史并非孤立存在，一定与所处时空下的文学、绘画、园林等是有密切的关联。以《十二楼》作为教学基础文本，将文学与建筑之间的关系嵌入历史语境中，并从现代的视角进行故事分析、形式分析与自我分析，由此生成设计（图4）。在教案的构思中，从理论的视角讨论古代中国文学与建筑关于概念上的交集，并从历史、空间与叙事三个层面开拓学生思路，具体表现为在方法层面运用现代空间语言、空间操作与形式生成方法，重构新的"故事"与作品[16]。在中国建筑历史与现代设计教学之间，并未采用直接转译的方式进行教学实验，而是以古代文学作品为媒介，或者说以意译的方式叙述当代设计教学的可能性，使学生在设计课程中不断加深对中国传统建筑文化的印象，为中国现代设计语境中传承历史开启了一扇大门。

三、目标导向的观念建构

大学教育的创新理念与行动源自于对现状的质疑，教学主体思维观的差异决定其教学行为的目标和方向。对建筑教学进行历史溯源、现状分析以及未来探讨，其首要任务是目标导向的思维

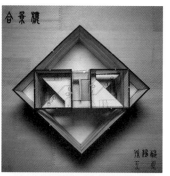

合影楼设计

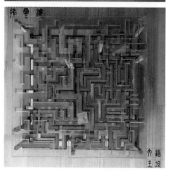

拂云楼设计

图4

观建构。在梳理欧美、日本设计课程教学的发展文脉以及中国近年来的一系列基于传统文化的实验性设计教学探索的过程中，至少可以从两个方面进行推论。一方面，基于历史传承的设计教学研究与探索是建筑教育内在的生成规律；另一方面，尝试从悠久的中华历史传统中寻求与挖掘其传承基因并在当代教学中进行转译与重构，已经成为中国部分高校教学主体的共识，反映其对现状的批判精神，以及深度的自我意识觉醒。建筑作为人类生存的载体离不开经久不衰、生生不息的人类思想与行为的代际传承，因此在经历过西方古典与现代建筑教学体系移植与落地教学实践后，重新寻找那个在现代以前曾经独立发展的历史与内在的逻辑，并使其与当代的生活方式高度地融汇与历史的"回归"，是构建学术话语权与城乡文化复兴的重要方向。

思维观建构主要基于三个层面：对现状的反思与批判；对建立在现代主义范畴中合理性与普适性的认可与肯定；对基于本土建筑历史与文化信息的提炼与演绎。首先必须明理中国建筑学核心知识的根属性，同时对基于现代科学与技术而生成的现代建筑知识与教学范式的批判性吸收。在认知层面必须坚信中国传统营建知识体系继承与发扬的合法性以及不可替代性，是中国建筑文化复兴不可或缺的元建筑语言。同时亦必须认同源自西方知识体系的现状观念、方法与技术对当代语境下的人类生活方式的重要促进作用，只有这样方能构建出适合于中国本土设计教学的新的"教学模型或范式"。

舒尔茨（Christian Norberg Schulz）在关于场所的讨论中指出，"场所是行为与事件的发生地，若不考虑地方性而幻象的任何事件是无意义的；而对场所的需求以符合不同的文化传统与环境条件，每一种情境均需有地方性与普遍性。场所是生活发生的空间且具有清晰的特性，而建筑意味着场所精神的再现[17]。"建筑离不开其所在地关于文化传统与环境的讨论。在构建新的建筑设计教学模式时观念建构是首要任务，在设计教学认知范畴中，当历史、文化传统、时间性、在地性被抽离时，课程结构则呈现出无根性状态，并导致学生在构思过程中只知"器"构之法，而不知建筑之"道"。当设计课与历史课教学主体充分认识到建筑是人类生活空间、场所精神的物化再现时，建筑的在地性、基因的传承性、时空的连续性应以某种诗性的方式呈现于世。历史知识并非是固化的、静态的知识形态，而是不断演进、生生不息的知识流，与现代知识共融的知识系统，任何与传统文化断裂的教学方式经不起时间的检验。中国古代的哲学、文学、绘画、园林与建筑蕴含着无尽的智慧，是需要不断挖掘与凝练、转译与

重构的智识宝库，润涵着深刻的建筑思想与人文精神，是形式创新的源泉。

现代中国建筑设计课教学模式，正在以两种方式交替进行着，首先是传统师徒，一对一改图方式，注重建筑的艺术性，强调古典构图法则等，整体指向西方古典建筑设计观；其次是基于现代建筑理性原则的设计方法，强调技术理性，以及对空间、功能、结构、场地、环境等实用性基本要素的讨论。在基本问题上，关注场地环境、功能需求、身体感知、材料结构与建造方式；在方法上运用图解分析、文本分析、功能泡泡图、现象透明性等。无论哪一种模式，就其根本而言，设计教学模式和方法，其属性指向西方现代建筑思维观。今天所探讨的问题是如何使当代设计教学观念指向中国本土语境，在观念建构与教学层面构建一套融汇中国传统营建智慧与现代建筑的具有普适性的教学方法，或者说将经典学院派构图原理的文化因子进行替换，将构图原则所指向的西方经典要素与组合关系替代为中国传统营建要素与关系，重塑当代中国建筑观，使形式内涵与教学原型源自本土，即那个曾经自主与辉煌的中国古代历史与文化。

对于设计意图的指向，中国的学者曾进行一系列有意义的尝试与阐述。2016年的"清润奖"论文竞赛，东南大学韩冬青将题目设定为"历史作为一种设计资源"，以期学生在设计研究论文写作中将历史从记忆的存储转化为设计的源泉，从观念、意境、空间、形式与建造等层面探讨未来建筑设计[18]。关于中国古代建筑的研究，无论是王其亨在"样式雷"研究中对中国古代建筑设计方法的凝练，还是丁沃沃关于中国古代建筑"器"之说，均为当代设计课程体系构建奠定了基于中国传统文化认知的基础。而中国美术学院的一系列教学实验则从微观教学的视角阐述观念建构的具体思路与方法，如王澍将书法、园宅与水墨画等传统方法引介到现有设计课教学中，试图"重建一种中国当代本土建筑学"[19]。在"空间渲染"课程中选择中国园林中的假山石或廊或亭为描绘对象，使学生接触原发性的中国本土营造方式，培养对本土建筑空间观的基本意识和辨别能力；在"园宅与院宅"设计教学中，通过"园"与"院"两种传统居住建筑类型，将传统造园的山水意境与院落诗意栖居融入当代的建筑构思中[20]。而"如画观法"课题则是对传统中国山水画中空间营造的结构意识和观想方法进行探讨，并借此视角展开绘画语言向当代建筑设计转化的途径，展望"师法自然"的设计观念，借此建构属于中国本土建筑学的教学思路[21]。在当代语境下，深入挖掘曾经被教育界主体遗忘的中国传统营建理念、方法与技术，将教学线索指向中国传统原型与古代范

式，并使之融合于当代建筑的核心知识体系中，为中国未来建筑学人才培养植入内在性的文化因子，将成为教育界的重要议题。庆幸的是，凝练传统营建智慧与方法、重构当代中国建筑话语体系正在成为中国建筑教育界的一种普遍共识。

四、天津大学的本土设计教学实践

近十年来，天津大学建筑实验班、三年级设计课教学、四年级历史遗产保护专题设计研究均尝试一系列课程教学改革，试图将教学目标指向中国传统营建方法的当代重构。王迪在建筑实验班的关于"山水精舍"教案中，以佛教建筑专题作为训练学生本土文化设计思维的有效载体（图5）。课程涵盖文化继承与设计传承两部分内容。首先，传授古代寺庙建筑所体现的文化观，并在教学过程中引导学生如何领悟传统空间环境与意境，学生通过对佛教建筑遗存信息进行阅读与实地体验，学习与借鉴传统设计思维与方法。然后在"需求—图解—空间"三位一体的理性指导中，从系统认知、叙事空间、形式生成、意境构想对学生进行设计能力的培养。该教学团队对天津大学传统的"鲍扎"体系设计课教学思路进行反思，以"文人设计、匠人营造"为教学构想，试图重构文人教育主导下的东方文化思维对形式构建的主导权，学习传统设计方法、设计逻辑以及对待环境的思考方式并进行当代诠释。

在三年级教学中，赵建波、刘彤彤等以"古典园林之现代演绎"为主题展开关于健康办公的设计教学研究（图6）。其选题意义在于探索传统文化的现代重构并将之作为建筑设计与理论研究的重要课题。在教学探讨中，教学组形成这样一种共识：古典园林之现代演绎，是对传统建筑文化之现代化的设计尝试——在传统艺术与文化的框架中，挖掘传统建筑文化的潜在特性，尝试找出继承文脉的理念思路，实现空间、材料、色彩、工艺等方面的现代解读。课程旨在探讨两个基本问题：对传统空间精神的现代延续、对古典园林构成的现代解读，试图在两者基础之上，实现现代办公空间的人性关怀。

在课程目标设置上，首先认识并实践由设计意念向空间转化的设计过程，其次掌握设计研究的基本操作方法。

在今年三年级专题设计中，辛善超与张睿以"在传统和当代之间"作为主题，设置课题"垂直聚落·古文化街游客观展中心"（图7）。在设计任务书中指出：建筑作为人类文明的载体，其中蕴含的哲学观、文化观是推动人类进步的基石。如果深度挖掘不同历史时期中反映不同文化体系的建筑文本，背后均呈现出建筑文化与语言传承的关联性与连续性。课程设置试图以当代的视角

审视中国传统营建体系，以斗拱、木构架、合院等为研究对象，从其内在特征、组织逻辑，以及空间与形式生成策略出发，探讨其当代重构的可能性，并求解扎根于中国传统营建体系的当代建筑形式生成模式；力图引导学生在空间操作、形式生成的同时，寻求富有生命力并承继中国传统文化基因的场所与空间。

为进一步加强设计课与历史课教学的融通，近几年来，天津大学对既有课程结构进行了调整。建筑历史所与建筑系专门设置了"中华语境下的当代营造意匠导论（上、下）"，是建筑设计教学观念的理论启蒙课程。课程由校内外高水平专家组成，通过传统与当代中国本土建筑理论的阐释与实践案例分享，介绍中华语境下的当代建筑设计的理论、方法与实践，引导学生理解从中国古代绘画、园林、宫殿、陵寝、坛庙、民居等类型出发的设计传承与转译前沿成果和设计要点。授课内容涵盖历史篇：传统设计理论与方法、古代哲学与美学、设计史、营造特征等理论性讲座；设计篇：本土当代设计理论与实践、中国画论、古典园林、宗教空间的转译等实践性内容。在对应的课程安排上，二、三年级设置一系列专题设计，四年级教学则强化设计研究。结合学院在研的国家自然科学基金重点项目《基于中华语境"建筑—人—环境"融贯机制的当代营建体系重构研究》与国家社科基金重大项目《中国文化基因的传承与当代表达研究》，建筑系与历史所两个团队成员共同组建教学组，将科研成果投射到教学内容中，运用至高年级设计教学乃至五年级毕业设计指导过程中。

无论是一直长期坚持的测绘认知实习、近年的专题课程设计教学实践，还是新设的"导论"课程，天津大学建筑设计教学团队正在尝试系统构建基于中华语境的设计课教学体系建设。在寻找自身定位的同时，探讨未来中国建筑教育发展之方向以及具体的路径。

五、结语

在对设计课教学的溯源与反思中，试图从基因传承层面进行教学体系重构，并对中国历年来的设计与历史融通的实验教学案例进行解读，为基于中国语境的设计教学奠定了基础。然而与欧美、日本等国家的相对成熟的教学体系相比，仍存在较大差距，还需要大量的基础研究工作进行铺垫，这涉及教学模式本身的完善与优化、长期的教学实践经验积累，以及本土的建筑实践对教育的反馈。本文的意图，一方面试图唤醒正在从事中国建筑教育的教学主体意识的觉醒；另一方面，作为未来建筑人才培养的重要基地，大学对重塑价值体系具有历史责任和义务。剖析中国现

作品名称：《止于不止》
（作者：郭玉玢　王姝　指导教师：王迪　张昕楠）

作品名称：《妙法莲华》
（作者：孟杰　张祎　指导教师：王迪　张昕楠）

图5　天津大学"山水精舍"课题设计作业

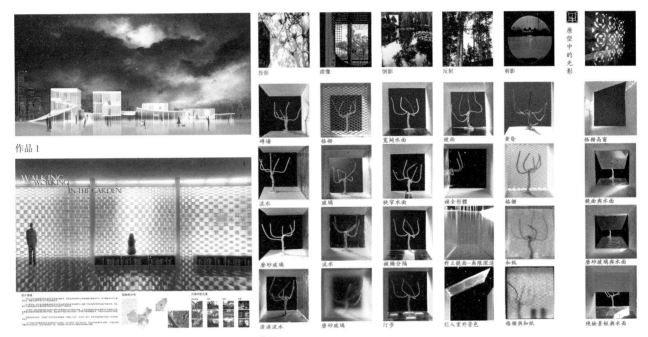

作品1：《城市中的光庭院》　作者：石明宇　　指导教师：张昕楠　刘彤彤　戴路　苑思楠
作品2：《时空流转——老砖墙的重生》　作者：肖琳　指导教师：张昕楠　刘彤彤　戴路　苑思楠
作品3：《万树流光影——基于光线研究的园林办公空间设计》　作者：兰帅　　指导教师：张昕楠　刘彤彤　戴路　苑思楠

图6　天津大学"古典园林之现代演绎"课题设计作业

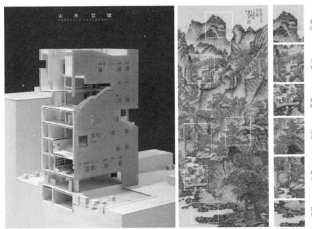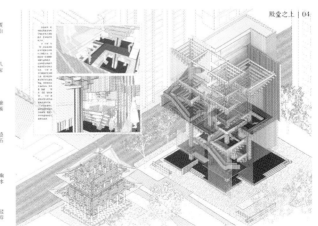

作品名称：《垂直转译——山水立轴》　作者：郑祺　指导教师：辛善超

作品名称：《殿堂之上》　作者：温温　指导教师：辛善超

图7　天津大学"在传统和当代之间"课题设计作业

有教学现状，求解原有体系中的无根性难题，建立一个具有中国本土文化情怀、符合现代大学建筑学教育规律的新教学体系，使传统营建智慧与现代知识体系对话，培养学生承古构新的视野，推动建筑学专业人才培养方式向更高层级递进。对现有系统的检视提醒建筑学教育究竟为谁而设、为何而设以及当代时空下建筑教育的本质和意义，将会明晰未来中国建筑教育的发展方向，为当代中国培养具有本土情怀和未来竞争力的行业精英奠定基石。

（本文涉及的天津大学设计课程教案与作业图片由建筑学院王迪、赵建波、辛善超、杨菁老师提供。）

参考文献

[1] 赵汀阳. 我们为何走不出西方框架 [J]. 国学, 2016 (03)：46-49.
[2] 陈瑾羲, 刘泽洋. 国外建筑院校本科教学重点探析——以苏高工、巴特莱特、康奈尔等 6 所院校为例 [J]. 建筑学报, 2017 (06)：94-100.
[3] 吴佳维, 李博, 程博. 从直觉到自觉——关于苏黎世瑞士联邦理工学院建筑构造教学的一次对谈 [J]. 城市建筑, 2016 (10)：34-40.
[4] 曾引. 从哈佛包豪斯到德州骑警——柯林·罗的遗产（一）[J]. 建筑师, 2015 (04)：36-47.
[5] 康健, 刘松茯. 建筑教育：英国谢菲尔德大学建筑学院教学体系 [M]. 中国建筑工业出版社, 2007.
[6] 钱锋. 现代建筑教育在中国（1920s-1980s）[D]. 同济大学, 2005.
[7] 奥山信一. 日本东工大建筑学设计教育体系 [J]. 平辉译. 建筑学报, 2015 (10)：6-11.
[8] 柳肃, 余燚. 历史与现实的交错——关于建筑历史学科本科教学的几点思考 [J]. 当代建筑教育, 2019 (01)：48-52.
[9] 孟建, 胡学峰. 数字人文研究 [M]. 复旦大学出版社, 2020：13.
[10] 陆邵明. 当代建筑叙事学的本体建构——叙事视野下的空间特征, 方法及其对创新教育的启示 [J]. 建筑学报, 2010 (04)：1-7.
[11] 杨菁, 李江. 地域性建筑测绘中的教学探索——以天津大学河西走廊古建筑测绘为例 [J]. 高等建筑教育, 2014 (03)：58-61.
[12] 丁沃沃. 环境·空间·建构——二年级建筑设计入门教程研究 [J]. 建筑师, 1999 (09)：84-88.
[13] 朱雷. 从"方盒子"到"院宅"——建筑空间设计基础教案研究 [J]. 新建筑, 2013 (01)：13-18.
[14] 朱雷. 院宅设计——基于现实感知的建筑空间入门教案研究 [J]. 建筑学报, 2019 (04)：106-109.
[15] 陈薇. 意向设计：历史作为一种思维模式 [J]. 新建筑, 1999 (02)：60-63.
[16] 周凌, 丁沃沃. 南大建筑教育论稿 [M]. 南京大学出版社, 2020.
[17] 诺伯舒兹著. 场所精神：迈向建筑现象学 [M]. 施植明译. 华中科技大学出版社, 2017.
[18]《中国建筑教育》·清润奖·2014 大学生论文竞赛题目 [J]. 建筑师, 2014 (03)：122.
[19] 王澍. 将实验进行到底 写在"不断实验——中国美术学院建筑艺术学院实验教学展"之前 [J]. 时代建筑, 2017 (03)：17-23.
[20] 许江. 国美之路大典 建筑艺术卷·本土营造 不断实验 [M]. 中国美术学院出版社, 2018.
[21] 王欣. 如画观法研究课程作品七则 [J]. 建筑学报, 2014 (06)：20-23.

图片来源

图1：作者自绘
图2：作者改绘，参考：奥山信一. 平辉译. 日本东工大建筑学设计教育体系 [J]. 建筑学报, 2015 (10)：6-11.
图3：引自：天津大学建筑学院建筑历史与理论研究所. 天津大学古建筑测绘历程 / 天津大学社会科学文库 [M]. 天津大学出版社, 2017.
图4：引自南京大学建筑与城市规划学院官网 https://arch.nju.edu.cn/rcpy/jxcg/index.html
图5：天津大学建筑学院王迪老师提供
图6：天津大学建筑学院赵建波老师提供
图7：天津大学建筑学院辛善超老师提供

作者：孔宇航，天津大学建筑学院院长，教授，博导；陈扬，天津大学建筑学院，博士研究生

认知与设计之间

——一年级建筑设计基础教学总结与反思

宋祎琳　贡小雷　袁逸倩

Between the cognition and design — The summary and reflection on the freshman course of Architectural Design Foundation

天津大学建筑设计教学专辑

Special Issue on Architectural Design Education of Tianjin University

■摘要：在"新工科"建设及大类招生背景下，回顾天津大学建筑学院一年级建筑设计基础课程的发展历程，总结近年来在题目设置、教学方式、过程训练等方面的教学改革做法，通过具体的课程任务与作业实例，展示改革探索成果。明确建筑设计基础课程以空间为主线，主要任务是解决认知问题，帮助学生实现由认知向设计的过渡，而在教学迭代中教授可持续的学习方法与思考方式。

■关键词：建筑设计基础；基础教学；认知；一年级

Abstract：Under the background of Emerging Engineering Education and enrollment by large category, the paper reviews the development history of the freshman course of Architectural Design Foundation of the School of Architecture of Tianjin University, summarizes teaching reforms in topic setting, teaching methods, process training and other aspects in recent years; provides specific course assignments and homework as examples to show the results of reform and exploration. It is clear that the course of Architectural Design Foundation takes space as the main line, and the main task is to solve cognitive problems, help students achieve the transition from cognition to design, while teaching sustainable learning and thinking methods in the teaching iteration.

Keywords：Architectural Design Foundation, Basic Course Teaching, Cognition, Freshman

基金项目：天津大学2021年本科教育教学改革研究项目 项目名称：横纵联动的建筑学基层教学组织建设与管理

　　设计课是贯穿建筑学专业最核心的课程，其教学目标与核心任务都指向教会学生进行建筑设计；而建筑设计基础作为设计课的前置课程，面向一年级学生开设，无论将其作为相对独立的先导课程，还是与二年级设计课程一起作为基础教学的组成部分，"启蒙"都是这一课程的突出属性。一方面，学生刚步入大学，需要完成从中学相对标准化的学科课程到建筑学职业、专业训练的转换，部分学生虽然高考成绩优异，面对迥异于高中、从未接触过的学习内容与评价标准也会呈现不适应的状态，感到困惑迷茫。另一方面，在近年来"新工科"建设及大类招生的背景下，建筑设计基础作为建筑学、城市规划、风景园林等广义建筑学科的必修基础课程，需要兼顾不同专业方向的共性与特点，搭建通识、通用而又渗透专业、专长的平台，为学生后续的专业选择与发展提供广泛的出口。

一、课程背景

追溯天津大学建筑设计基础课程的历史，其前身称为建筑设计初步，早在1952年10月成立天津大学土木建筑系时即有开设。受欧美及苏联的学院派建筑教育体系影响，以培养具有艺术修养的建筑师为目的，以严格的技法培训为主要导向，重视手头基本功素养，在素描、水彩、渲染、平涂、阴影、透视等基础绘图能力与技巧方面进行大量而系统的训练，临摹练习占到总课时量的80%以上，这一教学模式一直延续到恢复高考后至改革开放初期。

1980年代始，为适应国家飞速发展的建设形势，首先取消了大量繁琐的水墨渲染内容，简化作业形式，注重方法的培养，增加模型制作等帮助建立空间认识的培养训练模式。随着技术手段的不断进步，特别是计算机软件的介入，解决了人工制图繁琐耗时的问题，我校也在2000年左右开始进行教学改革，摒弃占据大量学时的重复性训练，而从空间入手，设置了一系列空间构成、整合等设计任务，增加了表现自我个性的创造性练习，基本改变了以往侧重二维图像美学的教学体系与评价标准，使学生学会从空间开始思考，用模型图纸表现的二维与三维结合的思考方式，激发学生的创造性思维及学习热情。

近十年来，伴随着网络资讯的发达及国际国内交流的深入，越来越多不同的教学思想与体系引入国内，无论是沿袭并进一步发展的德州骑警九宫格训练，还是借用认知心理学理论设置教学内容，抑或挖掘中国传统建筑精神，探求本土特色建筑设计培养道路，建筑设计基础教学一直在探索更贴近时代需求、更符合学习规律的不同可能[1]。

二、问题与共识

而在近几年的实际教学中，一方面对于个性化与创造性的追求使得学生偏重于所谓的"设计概念"，容易流于形而上的虚空讨论，从结果上呈现另一种图形化倾向，而在体现专业素养的空间组织与转换能力上有所欠缺；另一方面，片面追求完成功能复杂、更大面积的设计题目容易造成"揠苗助长"，对于少数掌握快、入门早的学生可能可以通过努力，在短期内完成看似超越本年级水平的作品，但从整体培养目标以及当前职业发展对可持续学习的要求，对于绝大多数同学更容易因为难度提高、事倍功半，导致自我怀疑或否定，甚至失去专业学习兴趣。特别是自2019级开始实行面向建筑学、城市规划、风景园林三个专业方向的大类招生，学生在一年级学习完成后根据本人对专业的了解与兴趣进行选择，这对建筑设计基础课程提出了更高的要求，即在教学计划、内容安排、指导方式等方面必须兼顾不同方向特点，全方位考量。

一年级教学组借鉴国内外院校的经验，梳理教学思想，首先确定对于建筑大类通用的知识要点，关键词包括尺度、行为、环境；需要在一年级培养的基本能力，包括空间认知、色彩认知、技术图纸的识图绘图、模型制作等。在具体的课程设置和任务安排上注重知识要点与基本能力的匹配、融合，以新带旧、循序渐进。明确建筑设计基础的主要任务是解决"认知"问题：以学生为中心，激发并保持他们的专业热情；以空间为核心，采用多种方式手段，引领学生完成从体验到表达的循环认知层次，最终实现由认知到设计的顺利让渡。在具体做法上，强调以下几个变化：

1. 题目设置关注现场感与开放性

制定任务时优先选择学生有亲身经历、触手可及的题目，一方面便于学生作为初学者调动自身记忆与体验，有助于理解；另一方面在教学过程中，老师可以带领学生实地参观讲解，面对实物有针对性地展开讨论。同时这些题目应该具备向不同专业方向发散的可能性，在保证技能培养统一要求的前提下，学生仍然可以依据自己的兴趣选择不同方向的主题进行深入探索，这也是建筑设计基础课程作为通用平台而非单一通道的最好证明。

2. 教学方式采用集中授课与多种方式互动

教学方式不拘泥于某一形式，而从符合学生认知规律出发，整合线上线下各种有益资源，从理论介绍到实践操作再到归纳总结规律。除了开学第一次课上面向全年级同学系统介绍城市、建筑以及建成环境、材料结构、行为心理等的相关联系，搭建起对广义学科的认知框架，每一个任务周期内都既有面向全年级的集中开题、针对知识点的主题讲座，又有以8至10人的小组为单位的组内讲解互评，以及根据具体任务，2至4组为单位的组间讲评。通过组织学生介绍自己的认识体会与设计思路，引导、鼓励学生间、师生间互相提问、解答，不仅锻炼了学生的汇报演讲能力，活跃了教与学的课堂气氛，更重要的是推动学生主动进行深度思考，充分调动主观能动性与参与感，同时也在不同人员规模上尽可能有效率地把握教学进度与反馈，及时调整，做到良性循环。

3．注重逻辑思维过程训练

拆分课程重点、难点并融入过程教学，通过增加设计过的、具有相对明确目标的多个习作训练帮助学生对题目逐渐熟悉、理解、深入，做到学习过程能够有据可依、循序渐进。在指导过程中，注重逻辑思维和阶段性成果的一致性与连续性。在完成最终成果前，要求学生提供方案生成过程草图、不同阶段的推衍工作模型；评图后结合点评，进一步完善方案以及对整个作业过程进行反思和总结，从过去注重结果的"单一最终图纸评价"逐渐转为"过程多元评价"。

4．增强实践动手能力培养

以往只对最终模型进行明确要求，学生容易将模型单纯理解为方案成果的附属与三维实体展示，部分学生也会因此片面追求"精细制作"而依赖于机刻模型，失去了培养动手能力，特别是通过手工模型制作将脑海中的方案实体化并进一步思考推敲的机会。现在则在作业过程中的不同阶段增加手工模型制作及表现的内容，使学生能够在早期，甚至从开始即代入三维空间思考，在实际操作中了解模型在不同阶段对于方案推进的作用，做到手到心到。建构作业的加入丰富了本课程在动手实践能力培养上的维度。作业要求在真实场地用实际材料完成1：1的实体搭建，能够容纳人的空间行为，实际上串联起了从人体尺度、材料结构到室内外环境的知识要点；学生通过团队合作、齐心协力完成从概念生成到项目落地的过程，也能够对二维三维、成比例的与原大真实空间进行亲身体验与认知。

三、课程设置与内容

课程围绕"空间"主题，以"认知到设计"为主线，将一年的学习划分为人体尺度认知、建筑空间解读、城市观察认知、功能性空间设计、实体建造等单元，通过一系列具有开放性的课题训练，培养学生将个体具体化的生活感知逐渐迁移到具有普适性的抽象设计逻辑中，再在逻辑思维指导下完成三维空间设计，结合二维与三维手段完成专业化表达。与此同时，在课程教学中融入社会调查、数据分析、虚拟仿真模型等现代技术方法，注重培养学生的综合思维能力，包括捕捉问题的敏锐力、分析问题的洞察力和解决问题的创造力等，引导学生在既有思维习惯优势的基础上，尝试转换思维模式，实现从"知识累加"到"思维建构"的转变，更为顺畅地进入专业领域。

（一）单元介绍

1．人体尺度认知

尺度是学生入学后需要解决的第一个认知问题。在建筑空间中，人体尺度认知是确定家具、建筑及其他人造物的重要依据，同时也是建筑、街区乃至城市的控制范围。题目设置为"'居住＋'生活空间的认知与设计"，要求学生首先测量自己居住的宿舍房间及自选校园空间环境进行调研，从自身出发建立主观感受与客观数值的关联，分析尺度、人与空间相互之间的关系。再在此认知基础上，在规定尺寸范围内设计供多人使用的宿舍空间，满足基本生活需求及自选一项附加功能。在此过程中，学生可以调动自己日常使用宿舍的经验和感受，有针对性地提出设计方案，并比较与现实宿舍对应尺寸的异同，建立起尺度与空间的联系。

2．建筑空间解读

建筑空间解读是沿袭多年的经典题目，早期称为大师作品分析，以精细模型制作、图纸抄绘作为主要成果考察方式，而分析部分不足。承接单一空间的尺度认知，转向对由多个空间组成的建筑的认知。具体题目设置上，选取现当代有代表性的建筑师的经典小型作品，提供技术图纸和相应的背景资料，结合虚拟仿真模型，实现漫步其中、身临其境，引导学生从场地、功能、空间、流线、材料等多方面展开分析，并进一步查找相关文献，配合专题讲座，了解建筑空间的发展脉络和建筑作品的空间构成，分析其生成过程与生成逻辑，从而提炼建筑形式语言。再通过抽象空间构成的系列训练，结合三维模型、二维技术图纸及带入尺度观念的人视点透视图，逐步形成二维三维转换，建立对建筑空间的基本认知。

3．城市观察认知

进一步将尺度概念向城市扩展，选择具有天津本地历史文化特色的街区，带领学生实地走访、观察，并做好测量和拍照、绘画等多种形式的记录，体验街道、街区、广场、公园等城市基本单元的尺度与空间关系，了解群体空间与个体空间在尺度上、使用方式上的不同，了解人的活动行为与场所的关系。从弱专业性的手绘地图、导览图开始，允许学生以自己个性化的视角认识、解读、分析城市的某一或多重方面。后续学生合组完成街区体块模型，需要在比例转换中选择、简化现实中已有的建筑、景观、道路等要素，同时所有组拼合成完整地块的过程是又一次的尺度扩张，迫使关注点从建筑单体到群体，从街区内的部分路段到串联起多个街区的绵延道路，城市的尺度与形象以不同于二维地图的方式在面前展开。最终绘制标准化、规范化的专业图纸，将感性认知转换为平面的、可读的图示语言。

4.功能性空间设计

经过城市尺度下的观察认知，再回归到建筑尺度，在具体的场地环境要求下，完成具有一定功能的小型建筑单体设计，培养学生对于建筑空间的认知并进行设计实操。题目要求在上个作业基地范围内选取某一区域，通过场地调研与空间认知的系统训练，学习现场观察、记录等调研方法，了解场地分析、功能分区、流线组织等方面设计策略与方法，熟练运用移动、咬合、拉伸、扭转等基本空间操作手段，初步建立对小型建筑空间设计的认识。在此过程，需要注意将已经建立的相对熟悉的单一空间秩序进行整理、取舍、综合以形成新的、更为复杂的空间秩序，在空间建构上也会使用更为丰富的手法。同时，强调场地与周边环境文脉的联系，进一步强化人的行为规律与空间尺度之间的专业认知，初步建立关于"功能—环境—行为"的知识框架，培养学生的空间思维能力。

5.实体建造

建造赋予了建筑本体表现性的要素：材料、结构、构造。在一年级加入建构教学能够让学生完成从构思到落地的全过程，也能由旁观者的角度感知他人设计的作品到作为使用者审视自己的作品，完成实地场景真实建筑的认知。学生自愿组组，一般3至5人一组，在限定空间范围内完成一个1：1实体的设计与建造，可以是一面墙、一间小屋，或景观构筑物，要求该建构空间符合人体尺度，能够满足参观者坐、卧、倚靠等一种或多种行为需求，鼓励符合材料性能前提下新材料的使用与探索。教学环节包括对材料特性认知的专题讲解，学生选择能够体现建构特点的建筑或装置进行案例研究，分析所属结构体系及构造特点，之后进行节点单元制作、节点单元组合及空间实体建构，在评价时综合考虑空间形式、行为互动、材料性能、结构构造及经济性。

（二）典型案例

1. 从"空间解读"到"空间演绎"

"建筑空间解读"作业对于初学者有很大难度。在2015年之前，该作业教学目标主要是学习并初步了解建筑大师作品，建立二维图纸与三维实体空间之间的联系，理解作品的平、立、剖面图等，培养对建筑空间的观察能力、抽象能力、想象能力。2015年之后先从部分教学组开始，作业周期延长至七周，加入新的教学目标：理解空间构成的形式规律，分步骤拆解大师作品,运用空间操作手法分析建筑空间（图1、图2）。2018年尝试让学生分析作品后，增加第二阶段的设计任务"建筑空间演绎"，运用所学形式空间语言完成某一构成作品（图3）。至2020年秋季学期，第二阶段要依据大师作品语汇，完成一个50~100m² 的单层建筑空间设计：空间操作遵循人体尺度与行为（图4）。

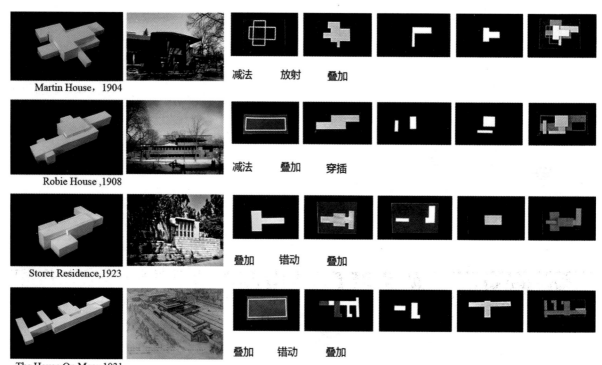

图1　2015年大师作品的空间操作分析（学生：丁雅周、邹佳辰）

学生对该作业第一阶段"大师作品分析"整体完成度很高，非常细致认真地分析平立剖面上的每一处细节，在无法进行现场调研的条件下还原建筑三维空间。而且，2018年之后借助"建筑形式—空间体验交互式创新设计虚拟仿真实验"教改项目，辅助学生对经典建筑空间的认知，实现了课堂理论、实践教学和虚拟仿真三方面的互相协同和促进。第二阶段"建筑空间演绎"是基础教学中从空间到设计的尝试、探索，部分学生高效完成了教学目标，充分理解了建筑空间语言的运用；但对于很多学生来说，刚刚完成技术图纸的了解就尝试做非限定空间的建筑设计，在缺乏一系列空间训练的条件下很难理解空间组织，容易陷入门窗家具之类的具体细节中。

2. 城市空间的认知规律教学

建筑设计基础课程遵循"从具象到抽象，从经验到方法"的认知规律，按照从认知到设计的步骤设置教学内容，把各个教学目标融入设计作业与练习中。例如"城市空间认知"作业，强调知识传授与绘图训练的重要性，布置任务书后讲解各种城市理论。除绘制街区总平面图外，要求学生研究城市街区图底关系，绘制街道断面图、交通分析图等。学生带着这些任务去调研时，只关注尺寸、车辆、建筑立面等专业内容，忽视了城市生活（图5）。

2018年以后该作业认识到学生对城市感性认识的重要性，第一阶段安排学生手绘城市旅游手册，不要求绘制内容或图纸比例，手册的使用对象是普通游客。学生在调研城市街区过程中，首先关注吃穿住行等居民的生活需求。旅游手册的成果丰富多彩，展现了学生们对同一街区不同的关注点。虽不那么"建筑"，

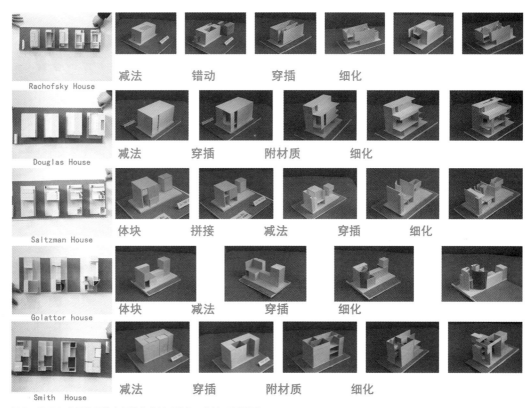

图2 2015年大师作品的空间操作分析（学生：燕钊、陈鹏辉）

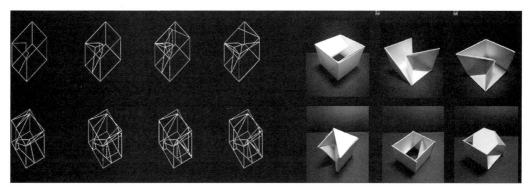

图3 2018年大师作品的空间演绎—左侧线稿为作品分析，右侧模型为学生的构成作品（学生：陈可欣、郑鑫喾）

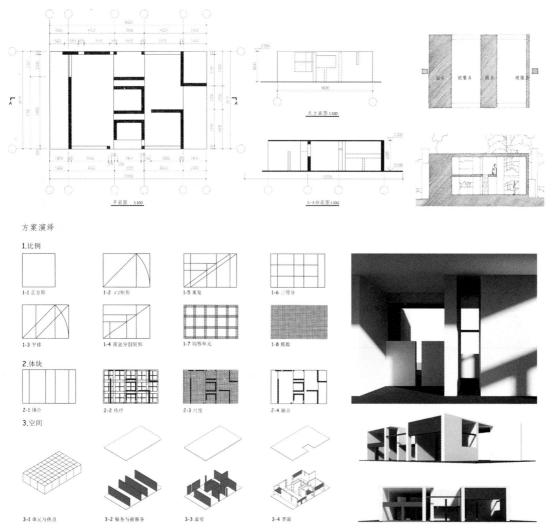

图4 2020年大师作品的空间演绎—参考路易·康作品埃西里科住宅（助教：李美玲）

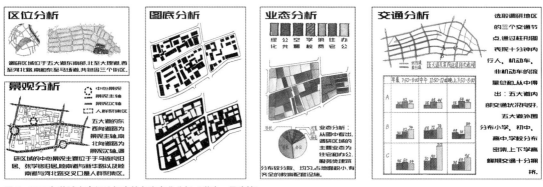

图5 2018年前城市空间认知中的各类专业分析（学生：吴建楠）

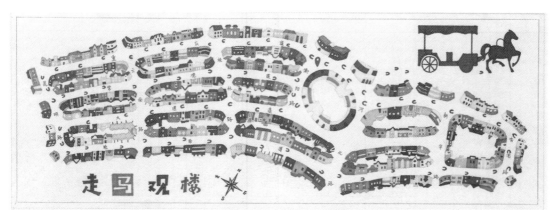

图6 2018年后更具生活气息的城市空间认知（学生：朱骊冰）

却充满了生活的烟火气，使学生理解城市设计的最终目标——让人们生活更美好，而非建筑本身（图6）。第二阶段开始更专业性的训练，缩小调研范围，绘制某一街区的总平面图与节点图。因为有第一阶段的铺垫，学生建立了建筑技术图纸与实景的对应关系，也理解了需要绘制哪些透视图来展现城市生活场景。

四、反思与体会

在全国一年级课程教学内容同大于异的大背景下，我院的几次改革从教学思想上力图保持对原有特色与传统的承袭与回应，从偏重"描建筑""画建筑"转向对不同空间尺度下的体验、思辨、创造，实行"做""想""画"结合，树立重过程、重体验、重能力、重素质的建筑基础教育的新思维、新观念。在教学中贯穿由认知向设计过渡，既包括从经验感性到专业逻辑，又包括通过各种教学手段实现具象—抽象—具象的能力过程，同时也有对传统教学方法与内容的再认识，在当前时代背景需求下，如何平衡模仿与创新、习得与规训，哪些是必须在一年级掌握的基础知识、基本技能，哪些是对未来职业发展产生重要支撑的专业品质与能力，从而不断形成教学迭代，教授可持续的学习方法与思考方式。

注：许蓁、郑颖老师在本文写作过程中多次参与讨论，在选题及内容组织上提出建议与指导，特此感谢！

参考文献

[1] 陈瑾羲.从空间认知到设计入门——面向建规景大类本科新生的一年级上学期建筑设计教学[C].2019全国建筑教育学术研讨会论文集/全国高等学校建筑学学科专业指导委员会主编.北京：中国建筑工业出版社，2019.11：51-52.

作者：宋祎琳，天津大学建筑学院副教授，建筑设计基础课教学组长；贡小雷，天津大学建筑学院建筑系副主任、副教授、硕士生导师；袁逸倩（通讯作者），天津大学建筑学院副教授、硕士生导师，建筑设计基础课教学组长，中国建筑学会环境行为学术委员会第一届委员会副主任委员

有"我"的职业建筑师设计启蒙

——天津大学二年级建筑设计教学改革与实践

张昕楠　张秋驰　朱　蕾

Designing Related to "me" in the Elementary Education of Professional Architect：Teaching Reform and Practice of Architectural Design Course for the Sophomore in Tianjin University

■ 摘要：随着建筑行业的发展和建筑教育水平的不断提升，在教学中对建筑师的综合能力的培养显得越发重要。为保证学科框架完整性和综合性，打下学习研究与职业发展的根基，天津大学在本科二年级建筑设计教学改革中调整成果导向为过程导向，加入了设计全过程的策划要求。新的教学任务以通过体验建筑设计全过程，构建综合的知识框架为教学目标，以联通理论课知识点的集大成手段提升设计能力，对标未来建筑师负责制，实现对学生的职业建筑师教育的启蒙。

■ 关键词：建筑设计启蒙；个体经验；全过程

Abstract：As society′s demand for architectural talent training changes，the industry develops and the level of architectural education continues to rise，the requirements for the comprehensive ability of architects are increasing. In order to ensure the integrity and comprehensiveness of the disciplinary framework and lay the foundation for study and research and career development，Tianjin University adjusted the assignment result orientation to process experience in the second year of undergraduate teaching optimization，adding the requirement of planning the whole design process. The new teaching task aims to build a comprehensive knowledge framework by experiencing the whole process of architectural design，and to improve the design ability by connecting the knowledge points of theoretical courses，and to achieve the professional architect design initiation for students by benchmarking the future architects′ responsibility system.

Keywords：Beginning Courses of Architectural Design，Personal Experience，Project Total Process

在天津大学的建筑设计教育体系中，一、二年级是本科教学体系的基础组成，以培养学生掌握设计的基础技能、相关观念、训练创新思维并掌握建筑设计基础素养为首要目标。其中作为设计基础的一年级课程，以训练学生掌握基本能力，培养学生建立城市、建筑和空间的相关观念为主要目标。二年级属于建筑设计启蒙阶段，以小型建筑设计练习为媒介，对学生进行形式操作和空间操作能力的培养。

一、二年级建筑设计教学的问题

作为建筑学本科教学体系基础平台的一部分，二年级的建筑设计课程承担着为学生培养建筑师基础设计能力的教学任务。特别是在一年级的教学中为学生培养了初步的空间观念、建筑城市观念和建构观念，并使其掌握了基本建筑图纸和模型的绘、做能力，之后二年级的首要任务便成为对建筑师职业的启蒙。

然而在当代，随着社会对建筑人才培养需求的变化、行业的发展和建筑教育水平的不断提升，对建筑师的执业能力定义也超出了既往的内容，这些也对建筑师的职业启蒙教育提出了更高的要求。

1. 教育的发展

某种程度上，建筑师的职业养成是一个将个体经验融入到现实的过程。传统设计课程是以掌握设计基本能力为目标进行的方法训练，尽管使得学生对空间抽象操作的手段十分熟练，完成的教学成果表现的抽象概念和个性的空间表达也似乎可以呈现很好的状态，然而，由于学生缺乏对任务书策划、场地认知理解和身体空间尺度的深入敏感理解，使得学生仅局限于空间操作的变化中，令设计常常脱离人体的真实尺度，缺乏日常性空间的设计与思考，失去本我的表达。[1]

因此，建筑教育也应该将学生的本我思考融入教学的过程，从方法训练、类型化建筑到培养设计思维、掌握设计全环节的转变，旨在同时关联场地、功能、形式、建造等多个知识点，由抽象到具体、由片段到连续，渐进式培养设计综合能力的教学方案。

2. 职业的要求

如何培养合格和优秀的职业建筑师是建筑学专业培养的根本目标之一。然而，从笔者开展的行业问卷反馈来看，目前本科教育在建筑师业务的相关法规和自我学习能力培养方面存在不足。

同时，建筑师负责制、设计牵头工程总包、全过程工程咨询等行业实践模式已由国字头大院提倡并尝试实践十余年。国际大背景的催化下使之逐渐成为业界发展趋势。住建部正在试点推广注册建筑师负责制[2]，并已在若干工程项目中获得实践。随着业界对建筑质量的转向，设计的完成度和控制力成为执业建筑师团队的核心竞争力[3]，

而社会对设计咨询服务的专业性也日渐提升[3]。

作为教育学圭臬的布鲁姆金字塔中，设计居于塔尖，认知是根基。可见认知对创造的深远影响。在建筑师负责制的趋势下，建筑设计的启蒙基础宜做基础框架性的构建，以对建筑的全面认知、对建筑项目的全过程认知作为启蒙的目标和主要内容。二年级建筑设计课程，虽然对于初涉建筑设计的二年级学生提出全过程的要求显得任务繁重、信息量大，而容易导致作业的完成度欠佳。但是对于学生个体，相当于搭建出一个完整的框架体系，成为贯穿职业生涯的经验容器。

一方面在本科设计教育中，教师的指导在教学环节中起着重要作用，教师职业实践能力的不足，也影响学生将较多的注意力集中于建筑的概念与造型的新颖，缺乏对法规、经济和实践技术等问题的重视；另一方面，低年级教学环节和专业课程成为学生获取设计理论、新概念的主要来源，既往的以传授为主的教学方式缺乏对学生自主学习的要求，这导致其在就业后较少主动关注建筑设计理论和新概念，影响其对日益更新的建筑设计方法和趋势的掌握。

针对上述问题，天津大学建筑设计教学组在教学中，注重对学生的创新思维和设计能力进行培养，同时培养建筑师的基本责任感与人本意识。具体言之，在专业本体层面应该重视设计的基本原理、强调对建筑本体的认知；在设计思维方面，引导学生对实际问题提出分析与应对的方法，进行逻辑性关联与空间塑造的设计能力，从而有效解决题目；在职业业务方面，要开始使学生建立法规和技术应用的观念。

二、教学目标与能力培养

针对上述问题，教学组在教学目标和能力培养方面，首先以人本为核心，在经验、现象观察和方法养成方面，培养学生从使用者向设计者视角转换的自觉与能力，培养其建筑设计的空间操作能力；同时，重视建筑法规观念和建筑工学观念的养成，培养学生的建筑师责任意识，树立综合技术应用观念。

1. 形式操作的方法

建筑设计本身是较为复杂需要相互反馈的过程，教学的方法需要关注学生的接受程度以及心理和思维的推进过程。在此就需要引导学生进行客观分析与推导，建立价值判断。特别是二年级学生作为建筑设计的初学者，在设计中往往偏向于空想的形式主义。为此在低年级的基础建筑教育中，空间操作能力的养成更要强调逻辑性关联与空间塑造设计。

对此，出题组在二年级总体教学主导思路的基础上细化了设计调研组织、工作计划制定、设

计节点控制等目标管理要求，使学生能体会到设计推进的节奏并产生自主的阶段目标控制意识，促使其认识到设计推演过程的逻辑性与设计结果的合理性同等重要。在前期题目中简化任务书要求，以学生身边的环境作为场地，引导学生通过对场地的分析与调研研究目标人群需求，从而形成解决问题为导向的富有逻辑性的建筑设计方法，有效地解决设计问题。同时，在设计教学中并不局限学生的思维和操作方法，在设计过程中推进同学之间或者同学与老师之间的多元交流，促进学生的自主形式操作能力的形成。

2. 设计前端与后端

教学组在设计题目设置方面，以学生为中心，从贴近学生生活的事件出发，倡导将空间机制与个人体验相关联，使其理解日常生活感知的重要。在教学环节中通过历史、文化、社会、环境等要素的影响，让学生意识到空间的真正意义不在于个性的表现，而是在于人群的参与、行为的适宜和事件的促发。在教学过程中引导学生在案例分析讨论中，能够专业地思考设计操作的目的和解决本质问题的方法，而非以形式为主对案例进行取舍。同时，在设计任务书部分，适度给学生设置自主策划的部分，使其更好地理解设计的前端对设计过程的影响。

建筑学的基本目标是以技术实现为基础的概念、空间与形式的融合，通过建构最终以实际建筑实现意图，然而现有以图像为主要表达媒介的概念设计、空间和形式都忽略了这个基础目的。在教育课程设置中，教学组将构造课程考核作业与设计环节结合，加强在设计环节的指导过程，强调建筑结构和构造的意义，在部分设计题目中引入设备系统的设计，使学生在建筑工学的层面建立空间分割系统、结构系统、立面系统和设备系统的综合观念。

建筑设计的核心价值在于其传授的建筑设计工作方法，包括设计价值观、设计操作程序、设计媒介运用以及语言描述体系。[5]上述举措在教学过程中对学生于设计价值的判断和逻辑性养成方面进行强化，从而增强其设计操作技巧以及正确的自我肯定能力，能够在独自推行项目中面对选择找出正确的方向。

三、有"我"的课程题目设置

针对能力培养和教学目标，结合培养学生对于专业的热爱和全学科视野的建立，教学组在二年级四个课程题目设置中，都采用了学生身边的行为与事件，基地多设置在熟悉的环境，使得学生可以将自身的经验和观察更敏感而深入地融合到设计的过程。[1]

同时，把握建筑设计启蒙方向即建设项目全

过程认知，在有限学时内，尽量提高框架搭建效率和质量。做到设计一到设计四为四次难度逐渐增加的全过程任务，以实现巩固知识技能框架，开启经验积累的大门。

最后，区分全过程设计实践中多种辅助设计工具的配合，引导学生区分各种工具的长项，在不同设计阶段合理选择手绘、模型制作、计算机辅助设计表现等工具，形成适合自己的设计工作方法。

1. 身边的经验

千禧年后出生的二年级本科生普遍生活经验较少，电子产品的冲击也使得大多数学生对真实空间的感知敏感度下降。因此初涉建筑设计的第一个课程任务调整了任务书。在以往的教学设计中第一个设计是小型公共建筑，从传统的书店、茶室逐渐过渡到艺术家工作室，引入部分策划内容。然而经过数年的运行，发现若干问题，比如艺术家工作室的定位不明确，调研不便，初涉建筑设计加入策划内容，导致自说自话不切实际。作为启蒙第一步暴露出一定的问题。

因此在大方向不变的前提下，重新修改任务书策划，确定下几个原则，不但拥有方便调研的真实地形，而且功能清晰易于理解，空间有发挥的余地。教学组从建筑学专业学生的特点出发，探讨建筑学学习的行为模式，以建筑作业展评站为设计一的内容。选址于校园环境，场地条件宽松。熟悉的场地环境和熟悉的空间功能与行为模式，大大减小了前期策划的难度；宽松的场地条件给了设计新手实现空间发挥的余地（图1）。因此学生的能力、精力允许在初涉建筑设计的第一个8周即体验一遍建筑设计的全过程。

2. 居住的想象

设计二是传统命题的小住宅（图2），随着住宅发展变化，小住宅的居住指标也随之改变。前五年间，为了训练学生对真实场地的回应，将更早的虚拟山地地形住宅设计，改为天津市内的某别墅区，学生可以方便去现场调研，认知场地。然而成熟的地产项目一方面影响学生发挥想象力，另一方面由于地产项目的复杂性，很难在8周的时间里带领初学者体验地产项目的全过程。因此一方面的措施是引入近郊蓟州西井峪山地，场地问题相对单纯，处理较为容易；另一方面的措施是降低地产项目的复杂性，重新划分用地，将周边环境定义为相对纯净，然而此举运行起来影响学生对场地真实性的理解，仍需进一步优化。

场地的真实性体现以西井峪地块为例，地块与周边环境交通、景观、功能的关联需考虑处理起来不难；地形高差虽是场地的一个难点，但是并不需依赖丰富的经验。供选择地块选择交通便利的南向坡向，降低住宅设计的难度。此外还给

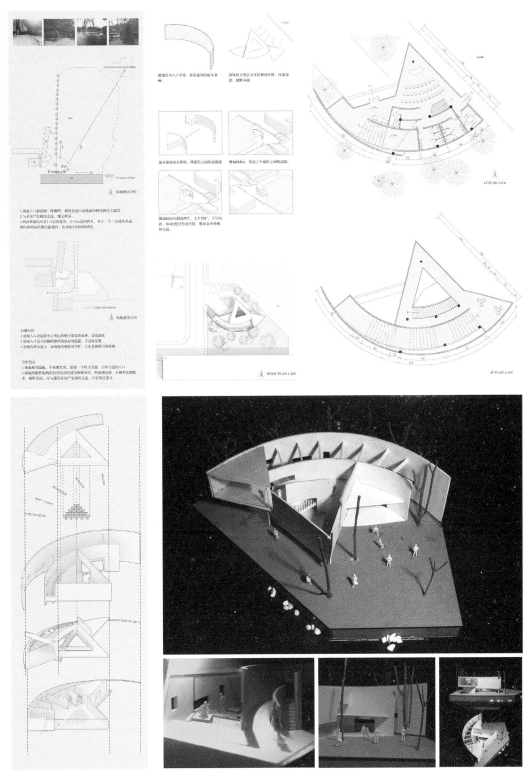

图1 展评站设计作业（2019级刘心竹绘，指导教师张昕楠）

出一定的策划选址训练空间，其中设置一块范围较大的地块，让学生通过调研确定住宅的基地范围，引入部分策划内容。居住功能对于初学者而言，易于理解和掌握，本次优化将小住宅定义为自宅设计，学生从自身二十年左右的居住经验出发，代入感强，以自己家庭为使用者调研需求，做行为模式研究，非常直观自然地触及建筑学基本问题，形成问题为导向的建筑设计思维。鼓励学生在理解基本框架结构体系和承重墙体系原理的基础上，大胆使用新材料新技术，特别是与当地传统建筑材料和工艺呼应的建构方式。学生通过实地调研，对山村真实的生活及其环境，对真实的具有地方特色的建筑材料与工艺的理解，对现代高水平设计师的转译案例都有切身的认知。西井峪是非常理想的全过程建筑设计教学基地。

3. 工学的观念

春季学期是要能够建立全过程知识框架的冲刺阶段，设计三是为设计四做准备，由于构造课程同期开展，因此设计三的节点大样仍然不能达到实际项目要求的深度，仍然是以过程体验教学为内容，不强调结果。将设计三作为承上启下的一个步骤。因此，做出几个重要的措施。首先，简化课题任务，缩短教学时间，为设计四多争取两周做深度设计的时间；其次，选择城市中闹市环境作为场地，以高容积率要求培养学生对空间规划方法的练习和对法规要求的理解。任务要求也因场地的不同设置为三个主题，分别是童装店、24 小时书店和共享餐厅（图 3），学生可以根据自己的兴趣选择设计。

紧张的场地状态和高容积率的要求，与前两个题目环境的周边条件有着鲜明的对比，既要考虑城市公共空间和建筑对场所街道的贡献，又要求学生在容积紧张的条件下考虑建筑内部趣味性的空间规划。同时，根据全过程训练的需求简化了功能分区，而引入空间塑造、结构材料和设备系统的工学思维。这样在保证体验全过程流程而不缺步骤的前提下，不但能够缩短教学时间，而且为集大成的设计四打好基础。

4. 稳固的框架

作为二年级的收山之作，事关能否建立稳固的建筑设计全过程的知识框架。在四个设计任务的设置过程中，舍弃了二年级传统的设计题目幼儿园。因为在以往教学过程中发现幼儿园距离学生的经验太远，调研又非常不方便，而难以实现体验真实建筑设计全过程的目标，故而优化为既有单元式布局又有居住和公建功能综合的国际学生会所设计（图 4，图 5）。其中设置部分并不清晰定义的交流空间作为策划训练。场地同样选择校园内环境，现留学生及外国专家楼地块。具备交通、景观边界条件区分及居住与校园教学界面协调等场地问题，有一定综合性，处理起来却不难。建构的基础课程几乎同步结课，学生已经能够绘制节点大样。因此在这个设计当中，用 10 周左右的时间完成从部分策划到扩大初步设计的建筑专业设计工作步骤。在教学过程中，强调设计习惯和设计思维的养成，指导教师带教体验建筑设计的全过程。通过四个全过程为目标的教学周期，学生基本能够建立建筑设计的知识框架，并在框架上养成自己的设计习惯。

教学组本意釜底抽薪的降低对作业成果的要求，而注重学生设计习惯塑造，希冀同学们借助一个全面的知识框架能在中高年级获得飞跃。而实际操作程中欣喜地发现对成果的放松，并未导致质量下降，反而依赖信息时代优势，本科生纵横向互相学习能力指数级增涨。教学成果实现复利积累，基本功与创意双优的作业成果，是培养基本功扎实的创造型人才的意外收获。

经过近两年的教学改革，天津大学建筑学院

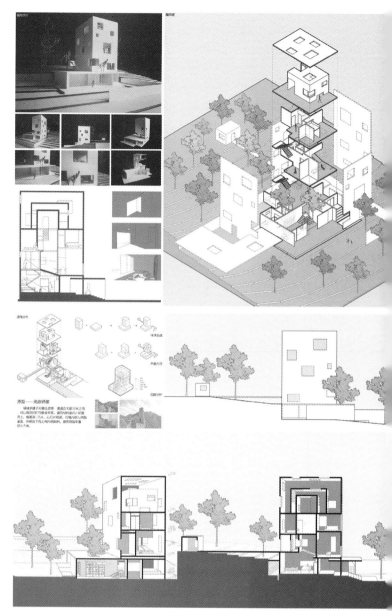

图 2　小住宅设计作业（2018 级孙乐彬绘，指导教师张昕楠）

二年级的教学也取得了十分丰硕的成果。2019 年，二年级教案获得了专指委优秀教案。在中国建筑新人赛中，2020 年二年级入围 5 份作业；2021 年入围 15 份作业。这也在某种程度上体现了教学改革的成效。

四、瓶颈与措施

在专业能力养成的层面，高校教学环境与理想的全过程训练条件尚有出入。若以相应资源配合，整体贯穿建筑学基础教学，学生能有更多的机会参与真实项目，能由工程经验丰富的导师带领实地参观工地、材料、工厂、设计机构、优秀建成作品。从而提高对建筑及建筑设计的认知水平，通过全过程设计训练，建构全面坚实的知识框架，能够尽早从宏观的视野审视细节，实现自主汲取经验，丰富知识结构，从而培养技能全面，善于更新，敢于创造的优秀建筑师。

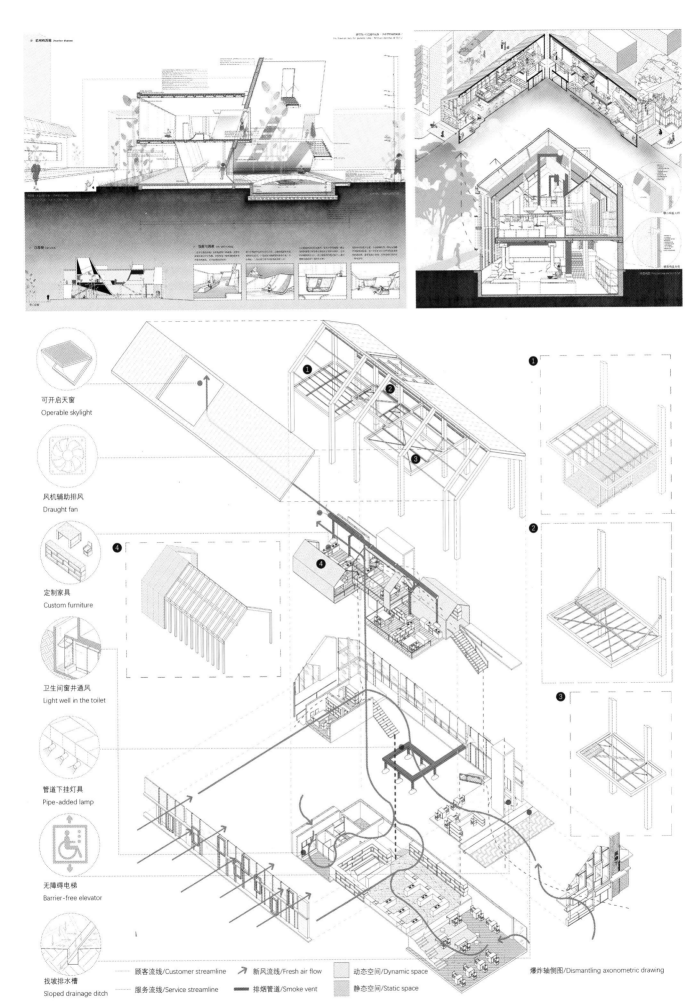

可开启天窗
Operable skylight

风机辅助排风
Draught fan

定制家具
Custom furniture

卫生间窗井通风
Light well in the toilet

管道下挂灯具
Pipe-added lamp

无障碍电梯
Barrier-free elevator

找坡排水槽
Sloped drainage ditch

顾客流线/Customer streamline　　　新风流线/Fresh air flow　　　动态空间/Dynamic space
服务流线/Service streamline　　　排烟管道/Smoke vent　　　静态空间/Static space

爆炸轴侧图/Dismantling axonometric drawing

图3　建筑学院二年级小型商业建筑设计（2019级计乔、朱晓飞绘，指导教师 李伟 张昕楠 肖宇澄）

针对这样的问题，教学组尽量创造条件，让建筑设计启蒙尽量扎实。首先，重视中期评图，外聘一线建筑师参与中期评审指导，让学生能够兼听意见，扩充认知。其次，与结构、构造、场地设计和设计原理等专业基础课教师配合，做到知识点交叉重复，互相解释补充，设计课教学组力争将学生从专业基础课获取的知识深化并融会贯通从而上升到应用和设计的层面。

此外发挥学院古建筑测绘传统的优势，坚持在二年级暑期开展古建筑测绘实习，与二年级建筑设计全过程框架构建相衔接，能够使用两周的时间深入的认知一座建筑，或是一个组群。通过绘制大比例现状测绘图，把实物勘察的信息记录下来。强化学生对建筑问题关注的深度和广度。

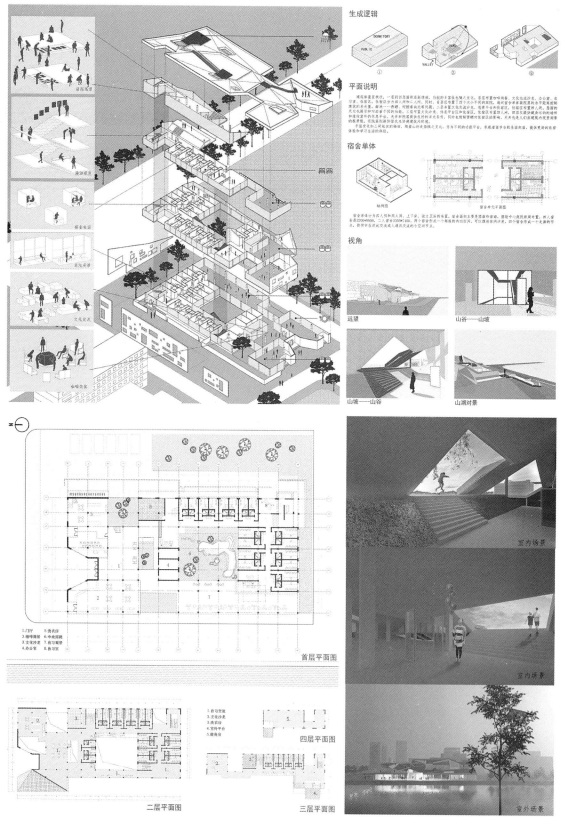

图4　建筑学院二年级留学生会馆设计作业（2018级马琪芮绘，指导教师张昕楠）

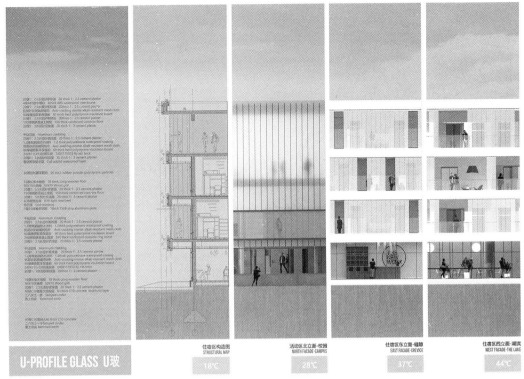

图5 建筑学院二年级留学生会馆设计作业（2018级郑祺绘，指导教师张昕楠）

五、结语

以学生为中心展开的建筑学本科二年级基础教育，将抽象的建筑设计知识转换为对具体的日常生活活动进行设计，在设计题目的设置上较多考虑到了学生的经验。从熟悉的评图日常到家庭作为甲方再到建筑对城市紧张环境的回应以及综合性的国际学生会所设计，二年级的课程题目设置从学生的生活经验出发，从单一到复合的题目设置便于学生快速建立起建筑学学科的基本框架，对建筑学科的学习与研究过程有着清晰的认知。

以通过体验建筑设计全过程，构建综合的知识框架为教学目标；以联通理论课知识点的集大成手段达到布鲁姆认知金字塔的最高层——设计。以终为始，以全面扎实的知识框架作为建筑设计启蒙，不但是对未来的积极面对，也是对维特鲁威《建筑十书》中建筑师定义的延续。

参考文献

[1] 张建龙，徐甘.基于日常生活感知的建筑设计基础教学 [J].时代建筑，2017（03）：34-40.

[2] 中华人民共和国住房和城乡建设部办公厅.住房城乡建设部办公厅关于同意上海、深圳市开展工程总承包企业编制施工图设计文件试点的复函.建办市函〔2018〕347号.2018.

[3] 都设设计.设计完成度的控制之道（五-八）.都设设计微信公众号，2017-2018.

[4] 曲泽军，姚越，范家豪."执行建筑师"模式下的全过程工程咨询企业发展思考 [J].中国勘察设计，2017（07）：44-49.

[5] 顾大庆.建筑教育的核心价值 个人探索与时代特征 [J].时代建筑，2012（04）：16-23.

图片来源

图1：天津大学建筑学院二年级建筑系学生作业，建筑作业展评站设计

图2：天津大学建筑学院二年级建筑系学生作业，建筑作业展评站设计

图3：天津大学建筑学院二年级建筑系学生作业，小型商业建筑设计

图4：天津大学建筑学院二年级建筑系学生作业，留学生会馆设计

图5：天津大学建筑学院二年级建筑系学生作业，留学生会馆设计

作者：张昕楠，天津大学建筑学院院长助理、建筑系主任；张秋驰，天津大学2020级硕士研究生；朱蕾（通讯作者），天津大学建筑学院建筑历史与理论研究所教师，博士，国家一级注册建筑师

天津大学建筑设计教学专辑

Special Issue on Architectural Design Education of Tianjin University

夯实基础　承上启下

——天津大学建筑学院三年级建筑设计教学

邹　颖　张向炜　李昕泽

Reinforcing the Foundation Forming the Connecting Link — Teaching of Architectural Design for the Third-year in the School of Architecture, Tianjin University

■ 摘要：进入 21 世纪以来，随着社会文化的发展和科学技术的进步，建筑教育也面临着变革与挑战。在建筑学整体的教学体系中，三年级是夯实基础、承上启下的重要阶段。天津大学建筑学三年级的设计课教学建构"综合设计＋专题设计"的教学框架，以长短题交替、逐层递进的课程设置，实现以问题为导向的形式生成；强调概念与逻辑的复杂空间组织；以模型为辅助的空间可视化再现；进行建筑设计方法和理论的多领域、多维度拓展等训练。通过优化课程体系，更新知识结构，应对国际化、多元化、个性化的教学需求。

■ 关键词：建筑设计教学；教学特色；训练重点

Abstract：Since the 21st century, with the development of social culture and scientific technology, architectural education is facing changes and challenges. In the overall teaching system of architecture, the third grade is a vital and essential stage. The teaching framework of "comprehensive design + thematic design" is constructed in Tianjin University. The design courses are set up with the alternate length and a layer-by-layer progress to realize the training points such as form generation of problem-based；the complex spatial organization with emphasizing of concept and logic；visualization assisted by model；multi-domain and multi-dimensional expansion of design method and theory. By optimizing the curriculum system and updating the knowledge structure, we can meet the international, diversified and personalized teaching needs.

Keywords：Architectural Design Teaching, Teaching Characteristics, Training Points

　　在建筑学的教学体系中，三年级是承上启下的重要阶段。天津大学建筑学院建筑学专业三年级设计课教学内容与框架，是以教学大纲为依据、以学生的能力和认知为基础、以多年的教学积累为基石，在积年的教学实践中，逐渐探索出了既放眼国际又立足本土、以培养

国家社会科学基金艺术学重大项目：中国建筑艺术的理论与实践（1949—2019）（项目编号：20ZD11）

建筑领军人才为目标、具有"天大特色"的教学内容和方法。

一、三年级设计课的主要特色

1. 承上启下的教学模块

学生进入三年级前，在完成了小规模、简单功能的建筑设计后，已经形成了空间的基本认知，并初步掌握了建筑设计方法。但从二年级带上来的问题也十分普遍，比如追求处处变化的过度设计、空间组织与结构逻辑的背离、只重视建筑本体而忽视甚至无视周边环境与肌理，以及普遍存在的尺度问题等。同时，天大建筑学四年级设计课为专题设计，专题方向涉及绿色建筑、乡建、城市设计、数字设计、复杂结构等不同领域，需要铺垫的专业基础知识很多。因此，在设计课的架构上，三年级的教学框架和内容必须做好承上启下的衔接：既夯实基础、完善通识，又深化知识体系、铺垫专题。为达到这一目标，三年级教学强调了以下四个方面的重点内容：①问题导向下的概念生成与设计逻辑训练；②复杂环境、复杂功能下的空间与空间组织训练；③形式、空间、结构、材料的连贯系统性训练；④专题设计所需的基础知识学习。

2. 知识深度与广度递进的教学安排

三年级设计课秋季和春季两个学期（每学期课程时长 16 周）共设有四个设计题目。在教学安排上，每个学期的两个题目均采用长短制（10 周 +6 周，或 9 周 +7 周），以期达到综合训练与重点训练相结合的目标。

在设计题目的选取上，最近几年通常采用的题目有：

- 短题——校园学习中心（综合复杂空间）：即二年级基础的提升训练，题目选取学生熟悉的校园地形，结合面积大小不等的复杂功能空间，进一步完成空间形态、功能组织、结构逻辑训练。

- 长题——美术馆＋（复杂环境）：即问题导向训练，题目选取复杂城市环境中的局促地形，要求学生进行细腻的基地调研，通过解读基地并从中发现需要解决的问题，由此在美术馆中"＋"入合理的功能，并形成逻辑清晰、组织合理、空间有趣的设计。

- 长题——专题设计（综合＋概念）：即专项知识训练，为四年级的专题设计做好铺垫。不同任课老师提出多个方向的设计题目供学生选择，题目涉及传统建筑原型转译、绿色建筑、数字设计、重木结构、园林转译等方向，同时在设计课中叠加相关方向知识的授课或讲座，并强调理论在设计实践中的运用。

- 短题——设计竞赛：即概念与表达训练，学生自由选取国内外正在进行的建筑设计竞赛题目，在 6 周内完成梳理问题、综合概念、厘清逻辑、鲜明表达等环节。

三年级设计课的题目设置，以承上启下为目标，遵循能力综合、难度递进、点面结合、专项深入的原则，通过不同的侧重点，完成问题导向下的复杂环境、复杂功能、概念与逻辑清晰的空间组织等训练。

3. 贴近学生需求的教学内容

针对三年级学生具备初步的专业知识和设计能力，同时又欠缺综合能力和专项知识的特点，在教学方法上，采用设计课与理论课相结合的方式，将部分专业理论课划分为课程串或知识模块，叠加进入设计课的教学环节中。教学形式除了师傅带徒弟式的一对一教学，设计课中也在不同节点置入了讲课、讲座等多元的内容，以应对学生在设计过程中特定阶段所遇到的普遍问题。在知识传授上强调面与点的结合、通识与专识的结合、理论与实践的结合，多元的教学形式和贴近学生需求的教学内容，成为取得良好教学成果的重要依托。

4. 多元教育资源和综合的评价体系

三年级的设计课为每周 8 学时，分为两个上午进行，目前的师生比为 1：9。在每个题目进行之前，由学生报志愿选取自己喜欢的题目和指导教师，每个学生可以填报三个志愿，基本可以兼顾兴趣与公平。每个设计题目通常包含两次中期评图和 1 次终期评图，评图打破教师一言堂式的评价模式，实现评价主体和评价方式的开放化，使学生能够全程参与评价过程。评图通常分为四个大组进行，参与中期评图的评委除了三年级全体指导教师外，还会邀请建筑学院其他年级设计课资深任课教师加入；终期评图是重要的教学环节，因此每个评图组会特邀 3~4 名国内外其他院校的设计课教师以及富有经验的实践建筑师参加评图，以使学生获得更多元的评价，并接受更广泛的指导。

二、三年级设计课的训练重点

三年级的设计课以培养建筑通才为出发点，围绕提高学生的设计创新思维和综合应用能力展开。在教学中强调以问题导向的设计概念为起点，以逻辑清晰的思维呈现为基础，以综合贯通的专业知识为支撑，以高完成度的完整性设计表达为产出，使设计成果在思想性、技术性、综合性三方面达到课程设定的高度、广度、深度的要求。因此在设计课内容的设置中，重点训练了以下主要内容：

1. 以问题为导向的形式生成训练

在三年级的四个设计题目中，除了面积以及功能的复杂程度不断递增之外，基地的设定也是从学生熟悉到相对陌生、从简单到复杂不断递进的。教师对设计题目中所选基地的精心设定，一方面能够训练学生从基地隐含的各种条件中挖掘出设计线索，找到设计概念，从而以设计成果回应"为什么这样设计"，为空间形式的推演提供能够逻辑自洽的依据；另一方面，在训练学生敏感地观察和思考基地的过程中，在教学环节中也加入了城市设计理论、场所与文脉理论、环境行为学、基地调研方法、图解（mapping）等内容，以期为学生储备必要的基础知识，支撑学生思考的深度和高度。

从三年级第一个题目校园学习中心单纯校园环境，到美术馆＋位于历史文化保护区内的复杂城市环境，再到第四个题目设计竞赛中可能面对的社会、文化、环境、民生等方面的问题，学生逐渐能够基于场地分析、客户需求、调查研究等发现问题，找到设计的出发点，并逐步掌握从基地中发现问题、从问题中寻找概念、从概念中演化形式的设计模式。[1]近年来，三年级教学将以往的类型导向转变为目前的问题导向，形成了比较成熟的从"概念"到"空间"的教学方法（图1）。

2. 强调概念与逻辑的复杂空间组织训练

三年级设计课教学，调研、概念、功能以及技术这四个层面一直贯穿于整个教学过程中，在从概念到形式的转化中，强调以问题为导向的、不断递进的成果呈现。教学中重视设计过程中各阶段性的成果，通过教学环节的设置，设计概念、功能与空间组织、空间与结构逻辑、材料与建构等逐一进入设计过程中，从而使学生做到设计概念是连贯的、设计深度是递进的。

以每学期中的长题为例，在9~10周的设计周期中，三次评图各有侧重：第一次评图（第三周进行）主要考察学生发现问题、概念构思以及设计的依据与逻辑。第二次评图（第六周进行）主要考察学生对概念的空间表达、空间组织与结构逻辑等。第三次终期评图则是对概念、构思、空间、形态、结构、建构以及设计表达的综合考察。课程设置中对各个阶段性成果的要求，也促使学生审慎地在概念以及其对应的形式间做出合乎逻辑的判定，理性地不断推进设计，深化设计成果。当然，学生在设计过程中也难免会推翻原有方案，但教师对问题导向和设计逻辑的重视和引导，也

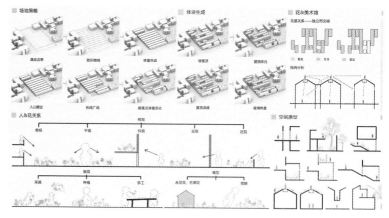

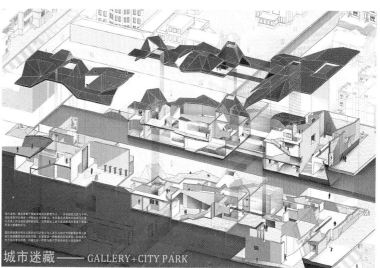

城市迷藏—— GALLERY+CITY PARK

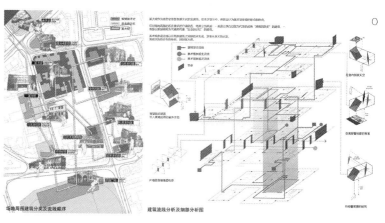

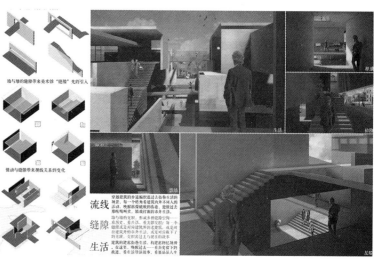

图1 空间形式的推演——课程设计"美术馆＋"学生作业

有助于学生做出自我修正，避免重蹈覆辙，持续推进并深化方案。

3. 以模型为辅助的空间可视化训练

天津大学的建筑教学继承了"布扎"体系和包豪斯体系的特征，重视形式美学与形式语言的训练，着力培养学生的抽象空间操作能力和设计思维逻辑的演进。在设计过程中除了延续传统上优异的图纸表达能力外，近年来也将设计"可视化"作为空间训练的重点，强调模型在设计过程中的重要作用。

在设计开始前，每个设计组需要制作1：500比例的基地及环境实体模型，结合基地调研中获得的图纸及影像、视频资料，深化对基地的整体认识。设计初始阶段重视概念模型对设计构思的作用，要求学生将概念模型置于基地模型之上，推敲设计概念、形式选取、形体关系、空间布局等，并对设计的方向作出初步的判定。

随着设计深度的递进，学生会结合手绘草图，同时完成多轮草模以及计算机模型，以探讨建筑的形体与空间。二维的图纸与三维的模型的结合，可以直观地表达设计成果，帮助学生发现形体组织、空间关系等方面的问题并及时作出修正。进入设计中期阶段，教师会要求学生在草模或计算机模型中完善结构模型，从而认识空间形态构成背后的结构逻辑，明确空间形式与结构逻辑的一致性。在设计的后期阶段，要求学生深化计算机模型，通过更为精细化的设计，对建筑的材质、色彩、细部、节点、构造等作出更细腻的推敲。在终期提交设计成果时，教学组要求每个学生提交比例为1：100的、屋面可以开启的实体模型（特定课题还需要提交1：10的细部或节点模型），以表达空间、呈现结构、将空间体验可视化，同时也更便于与各评委沟通（图2）。

在设计课提交成果之后，随后进行的属于计算机辅助设计课程的模块，要求学生运用特定软件将设计成果制作成动画，更为生动地表达设计

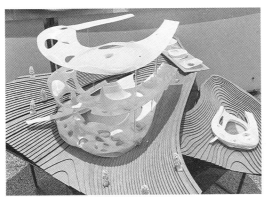

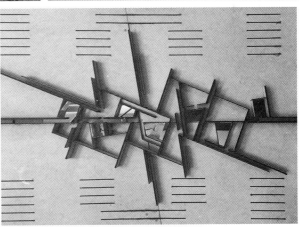
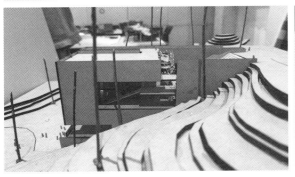

图2　课程设计作业模型

概念、空间气氛、路径关系、形体组织等层面的设计，复盘式的呈现过程也帮助学生进一步反思设计中的成果与不足。

实体模型与计算机模型将设计结果〝可视化〞地表达，帮助学生更好地掌握从二维到三维的转化，并高效地建立了三维的空间认知。作为三维空间的具象表达，模型有着二维平面图纸表现不可比拟的空间表现力。[2] 在教学过程中，教师会逐步引导学生厘清手绘草图、实体模型、计算机模型与机绘图纸等工具，在不同设计阶段推敲方案中的不同作用，使学生在不同设计工具之间作出平衡的同时，能够选取最恰当的手段探讨设计，并逐步递进地深化设计，呈现设计成果。

4．专题设计中的通识与专识训练

进入 21 世纪以来，随着社会文化的发展和科学技术的进步，建筑教育也面临着变革与挑战。互联网、信息与数字技术正深刻地改变着建筑行业的设计与建造方式，学科交叉产生的新知识、新方法也对传统建筑学科产生了巨大的冲击。此外，全球化对本土文化和建筑传统的影响，可持续发展的绿色建筑理念等也呼唤建筑教育向学生提供更多元、更综合、更面向未来的知识储备和设计手段。因此，依据学院整体调整后的教学大纲和教学计划，三年级的设计课教学也贯彻了〝综合设计＋专题设计〞教学框架，通过优化课程体系，更新知识结构，应对国际化、多元化、个性化的教学需求。[3]

〝教学即研究〞，在专题设计中，每位教师结合各自擅长的研究方向设置设计专题，在以科研带动教学的同时，向学生传授相关方向的理论体系、前沿成果、设计方法等，并通过设计题目带动学生的理论知识学习。[4] 同时，学生在不同专题设计组中轮转，将更全面地掌握不同领域的专业知识，应对复杂多元的学科发展。三年级的专题设计通常是四年级专题设计所需知识的铺垫，在设计方向设定上主要分为绿色建筑设计、中国传统建筑文化传承、建造方法与建构、数字建筑设计、前沿设计方法等。

专题设计中需要学生阅读相关文献、具有一定的专业理论基础，同时强调设计中的研究性，倡导理论先于实践、思考先于设计，并培养学生针对特定时代背景和技术手段，创造性地生成设计策略的能力。通过专题设计，学生能够更系统地将学习内容延伸到建筑哲学、绿色建筑技术、环境心理学、建筑行为学、符号学、建筑历史与文化等领域，提高了学生多维度的思维方法和综合运用理论的能力[5]（图3）。

三、三年级设计课成果

依托教育部改革综合试点项目〝国际视野下本土建筑创新人才培育〞、天津市教委项目〝杰出建筑师综合培养体系研究与实践〞等教改课题，经过多年的不懈努力，天津大学建筑学院三年级的教学也取得了丰硕的成果。学生设计课程作业除了获得教育部专指委优秀教案、亚洲建筑新人赛等奖项之外，还获得了eVolo、D3、VELUX、天作杯、霍普杯、AIM 等多项国内外设计奖项。

近五年来教学成果颇丰，这里仅举出部分案例。三年级设计题目：〝古典园林之现代演绎——关于健康办公空间的设计研究〞〝主题展览馆设计——关于艺术与空间的设计研究〞〝图书馆＋设计——关于校园空间和图书馆类型的设计研究〞〝山地建造——河北阜平某气象站设计〞等，均获得教育部专指委优秀教案一等奖（图4）。2016~2020 年东南·中国建筑新人赛暨亚洲建筑新人赛中国区选拔赛中，三年级入围 TOP100 作业份数分别是 11、12、7、6、8 份，其中 2020 年入围的 8 份作业中，3 份作业进入 TOP16，1 份作业位列 TOP2。近五年霍普杯国际大学生建筑设计竞赛均有获奖，〝PRISON BREAKER〞〝'印'造异托邦〞〝唤醒所罗门〞分别获 2017 年、2018 年、2019 年霍普杯三等奖。〝时光隧道·游戏〞〝盐析影舞〞分别获得 2017 年天作杯国际大学生建筑设计竞赛一等奖和三等奖。〝Sand Dam：Anti-desertification Skyscraper〞〝Taobao Tower：Cyper-Mall Skyscraper〞分别获 2018 年、2020 年 eVolo 摩天楼设计竞赛荣誉提名奖。〝Road to Light〞获 2018 年 VELUX 国际竞赛一等奖。〝无宅之家〞〝往之坎坎，来之井井〞分别获 UA 创作奖·概念设计国际竞赛 2017 年佳作奖和 2018 年优秀奖。（表1）

2016~2020 年，天津大学建筑学三年级学生设计竞赛获奖不完全统计表　　　　表1

年份	中国建筑新人赛 Top100（Top16）作业份数	霍普杯国际大学生建筑设计竞赛	天作杯国际大学生建筑设计竞赛	eVolo 摩天楼设计竞赛	VELUX 国际竞赛	UA 创作奖·概念设计国际竞赛
2016	11（4）	优秀奖 / 入围奖				
2017	12（4）	三等奖	一等奖 / 三等奖			佳作奖
2018	7（3）	三等奖 / 优秀奖 / 入围奖		荣誉提名奖	一等奖	优秀奖
2019	6（3）	三等奖 / 入围奖	佳作奖			
2020	8（3）	入围奖	入围奖	荣誉提名奖		

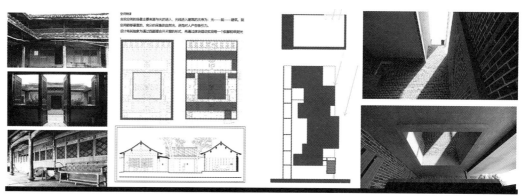

原型转译与场所构建——垂直聚落·古文化街观光中心

参数化设计：居住胶囊

符码转译：形式的逻辑与意义的回归

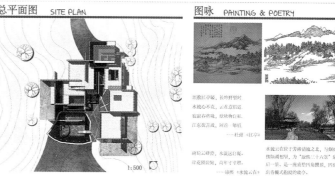

几何·山水·诗画：山地灵修文化社区设计

图3 各专题设计组学生作业

人境庐园——古典园林之现代演绎　办公空间设计

书影同窗——图书馆加建设计

夹缝之间——气象站建筑设计

图4 优秀教案一等奖学生作业

从学生作业成果看，三年级学生在设计概念的合理性、设计逻辑自洽性、形式与概念的一致性、空间组织的系统性以及图纸表达的完整性等方面都呈现出比较高的水平，这也体现了三年级设计课深度与广度并重的教学内容、严谨（甚至严苛）的教学要求等都达到了预期的教学目标。

四、结语

三年级的教学在延续既有建筑教学优势的基础上，明确提出了"建筑专才创新性培育"的教育目标；在既有教学架构的基础上，通过对教学体系的重新整合和重点突破，建立了设计课叠合专业理论课课程串和知识模块的教学模式；在设计训练上，将类型导向转向问题导向，以综合设计与专题设计相结合，强调设计的研究性和逻辑性以及表达的完整性；同时，还打造了具备优秀教学能力的师资队伍和统合优势教育资源的教学平台。虽然成果斐然，但教学组并不满足，目前我们仍然在不断探索适合 21 世纪互联网背景下、培养具有国际视野和本土情怀的新一代建筑师的教学方法，比如尝试多元的教学资源、将可视化技术等引入教学环节等。成绩在后，愿景在前，我们仍会不断努力。

参考文献

[1] 贺永，张迪新，张雪伟.设计基础的"研究导向型"教学——以"城市公共空间调研与解析"教学组织为例 [J]. 中国建筑教育，2020（01）：72-78.
[2] 姜妍，陈煜.基于设计中多维能力培养的《建筑模型课程》教学改革研究 [J]. 华中建筑，2021，39（05）：109-113.
[3] 张颀，许蓁，邹颖，张昕楠，胡一可.变与不变、共识与差异——面向未来的建筑教育 [J]. 时代建筑，2017（03）：72-73.
[4] 顾大庆.一石二鸟——"教学即研究"及当今研究型大学中设计教师的角色转变 [J]. 建筑学报，2021（04）：2-6.
[5] 蔡永洁.变中守不变：面向未来的建筑学教育 [J]. 当代建筑，2020（03）：126-128.

图表来源

本文图片均为学生作业，表格为作者自制

作者：邹颖，天津大学建筑学院教授；张向炜（通讯作者），天津大学建筑学院副教授；李昕泽，天津大学建筑学院讲师

立足新工科人才培养的研究型专题设计

——天津大学建筑学本科四年级建筑设计教学改革十年回顾（2011—2021）

许　蓁　赵娜冬

Investigative Thematic-Design Based on the New-Engineering Talent Training

Review of the 10-Year Teaching Reform of Architectural Design Course of Fourth-year Undergraduates at Tianjin University (2011—2021)

■ 摘要：本文通过梳理近十年来天津大学在建筑学本科四年级建筑设计课程中推进研究型专题设计的历程，侧重研究课程内容的体系建构与教学策划的整体逻辑在具体教学组织中的应用与调试，一方面探讨专题工作室机制在课程教学组织上的具体应用与呈现；另一方面，考察研究型设计在建筑设计课程中的具体（实际）融入方法，以期探讨基于专题设置的研究型设计在本科高年级建筑设计教学中的发展潜力。

■ 关键词：建筑学专业；专题设置；研究型设计；课程策划

Abstract：In this article, through combing the Tianjin university for nearly a decade in architectural undergraduate course grade four course of architectural design course in advance research project design, focusing on the research of curriculum content system and teaching plan of the whole logic in the application of specific teaching organization and debugging, on the one hand project studio mechanism in the course teaching organizational concrete application and the present；On the other hand, the specific (actual) integration methods of research-based design in architectural design courses are investigated, with a view to discussing the development potential of research-based design based on thematic setting in the teaching of architectural design for senior undergraduate students.

Keywords：Architecture Speciality, Thematic Setting, Investigative Design, Course Programming

建筑学本科培养呈现出明显的整合性特征，主要体现在"突出科学与艺术、理工与人文结合的学科整合；形象思维与逻辑思维并重的思维整合；以及理论知识与实践能力并重的技能整合"三方面[1]。从国家教育改革和发展规划的层面看，研究型专题设计在建筑学本科高年级建筑设计教学中的施行，为实现"卓越工程师"与"新工科"等教育改革的阶段性发展目标具有重要的实践意义。此外，观念与技术的不断更新迭代对未来人才的多元与整合需求使得高等教育必须保持动态的良性适应机制。

国内外建筑教育界对研究型专题设计在建筑学本科高年级建筑设计课程中的设置与施行普遍持积极态度。天津大学建筑学院于 20 世纪初逐步在本科三、四年级的建筑设计课中"推出综合设计与专题设计相结合的课程框架"[2]，相关教学实践取得了良好效果。尤其自 2010 年，随着"卓越工程师教育培养计划"的启动与试行，围绕建筑设计这门建筑学本科专业核心课程，对专题设计的教学目标、教学组织、课题设置、效果评价等方面不断研讨、磨合与调试，继而从 2018 年秋季学期起在四年级建筑设计课中正式实行专题工作室模式。

一、创新、整合的人才培养需求

高等教育应该"积极地变革人才培养方案及教学模式，保证人才培养的规格、质量适应行业发展对人才需求的变化。"[3] 不论是 2011 年教育部对卓越工程师教育培养计划提出的"遵循'行业指导、校企合作、分类实施、形式多样'的原则"[4]，还是 2017 年针对开展新工科研究与实践进一步明确的"工程教育改革的新理念、新结构、新模式、新质量、新体系"[5]，都在积极地传递着以创新、整合为特征的高等教育工程类专业的人才培养趋势。

建筑技术为主导的专业领域创新，不仅是设计实现不可或缺的物质支撑，更是设计创意取之不尽的灵感来源。遍及材料、结构、构造、设备等各个层面的技术更新与应用，在方案构思阶段就已经渗透于建筑设计之中，如我们对功能、空间的追求一样，是一以贯之的设计输出。同时，随着全球范围内对碳中和、碳达峰的目标设定，可持续发展理念成为当今建筑设计发展的必然选择，更是上述建筑技术在观念上的整合体现。对于建筑师而言，如何在设计的过程中揭示自然的价值、如何重拾对太阳辐射、风、自然光的感知、如何用适应环境的设计逻辑寻找独特和创新的设计手法并与公共空间有机融合都是值得当今建筑师不断探索的重要课题。

而就国际主流建筑学专业本科教育的培养体系来看，在高年级采取以独立的设计项目为载体的具有明确专题倾向的工作室制教学模式已经成为一种普遍趋势。比如以跨学科的前专业型教育

而闻名普林斯顿大学的四年制建筑学本科教学体系，要求学生在最后一年结合自身既往的训练和兴趣，取得相应工作室的学分，拓展研究新的表现方法。在具体操作中，其组织形式有些类似国内大五的毕业设计，尽管为期一年，但从三年级的相关专业主干课就已经开始铺垫，足见其对建筑学专业学术写作与研究的逻辑性与体系、方法的重视。又比如三年制建筑学本科的英国建筑联盟学院，则从二年级开始就推行工作室制教学模式，"创新的建筑形式、类型、方案、场地和制造的研究方法与批判理论分析、环境问题、结构设计和不同的专业实践模式并存。"[6]

有鉴于此，天津大学建筑学专业本科培养从 2011 年以来，在原有"8+3"阶段组合的基础上，积极推进研究型专题设计的教学模式，逐步明确了以技术迭代来支持设计课程教学的总体思路，以不断实践并完善的专题化作为改革起点，以面向社会与未来的能力培养为教学目标，注重终身学习意识与专业全面认知，摸索与研究生阶段的专业贯通可能。

二、教学思想的演进完善

1．课程模块：以能力框架为基础的培养方案

近十年来，随着高年级建筑设计课专题化的不断研讨与积极实践，天津大学建筑学人才培养体系结合理论课（特别是技术类）在内容、学时、环节等方面的调适，与既有课程串拓展更为紧密的联系，重点搭建遗产保护方向、城市设计方向、技术建构方向的课程模块，面向新工科人才能力培养模式。研讨行业产业发展所需人才能力框架，将教学思路从知识型灌输向能力型拓展，不仅面向国家建设实践，而且兼顾思维模式的逻辑性与开放性，尝试探讨本硕贯通的可能模式，构建专业必修课、专业选修课与专业核心课——综合设计的融汇与整合（图 1）。

本科高年级建筑设计课程处于这一人才培养体系中承上启下的位置，尤其是在五年制培养方案中的四年级阶段，基于专业细分系列的课程模块基本全面铺开，研究型专题设计所要求的绝大

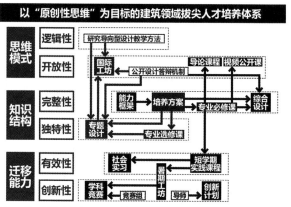

图 1　基于整体人才培养体系建构背景下的课程定位（许蓁）

部分前导课程都已经完成。从学生的认知与能力角度来看，他们"已经基本掌握了建筑设计的一般思路与基本手法，并对空间组织和形式审美具有一定的认知与思考，但也不再人云亦云，具有一定批判性思维。同时，对于个人未来规划的迷茫与彷徨使得他们的专业课学习不再心无旁骛，这就会影响他们对设计课教学内容、教学模式等的偏好以及自身精力的投入程度。"[1]

2. 新工科：开放性知识体系的建构

"面向新经济发展需要、面向未来、面向世界"的新工科教育研究与探索，呼吁体系完整且便于更新升级的专业结构。在对建筑学本科高年级建筑设计核心能力培养的教学改革中，培养方案的课程模块保证了前述专业结构的完整性，而具体课程策划中的专题设计模式则提供了教学与科研的反哺互动。对于教师来说，学生年级越高，教学模式越开放，课程策划与实施对教师主动性的影响也越明显，从而促使教师更为主动地开展有针对性的教学研究，推进研究型设计的深入与细化。

研究型专题设计在本科四年级建筑设计课程中的推行，也满足了学生逻辑思维的发展与主动学习的需求，还可以成为二级专业贯通体系的铺垫与衔接。依据近三年对学生的问卷调查可知，通过两个学期的专题设计，绝大多数学生能够对既有专题产生较深的认同感，而且，普遍比较适应研究型设计的模式，并在此过程中激发了更具创新性的思考。

总而言之，源自卓越工程师的本科高年级建筑设计课程的教学改革，逐渐立足于新工科的研究与实践，其中一脉相承的基本思路就是综合性与复杂性并重、新工科与实践性兼顾、高阶性与贯通性协调。

三、教学内容的整合迭代

作为教学思想的内容载体，课程大纲关注研究导向型的课程内容配置，即推进从知识型向研究型的转变。具体而言，以学习掌握功能复杂或条件严格的综合性公共建筑单体设计为教学目标，进一步分解为综合性公共建筑和高层建筑结构知识、空间造型、交通组织、防火要求等规范性内容，大空间建筑的结构选型、交通组织、建筑物理影响下的性能评估以及对于建筑环境、建筑室内外空间、建筑造型的综合认知与整合处理等能力性的培养。

在组织落实模式方面，通过专题工作室的设置，突出新方向、新技术、新方法在实现上述教学内容中的应用，拓展学生进行设计构思的维度，提升复杂空间的处理能力。课程对于学生能力培养的设定，在新工科大背景下，充分顺应"因需求而产生"这一规律，从可能性层面，设置专题设计方向，满足学生发展高阶能力的可能性；从韧性层面，研讨教学组织制度，激发学生挑战未知的动力与毅力；从知行合一的层面，打磨课程策划细节，保障学生实现知识与能力整合的目标。

1. 空间与结构（摘录自综合建筑专题设计任务书）

设计题目：综合建筑（高层建筑设计、大学生活动中心设计）（图 2）

关键内容：认识高层建筑的定义、分类及高层建筑的结构设计特点与选型；熟悉高层建筑的标准层、垂直交通体系、地下车库等的设计；突出大空间设计特点，学习掌握复杂建筑的功能安排、交通组织；认识大跨建筑的结构体系、围护体系以及相关建构技术。

主题拓展：低碳建筑建筑设计；历史街区城市设计；空巢老人之家；运用废旧材料建构社区活动场所；开放建筑；建筑符码转译，参数化设计；充气膜式建筑实验等。

方法导入：空间句法，体验空间设计，古建筑修复与保护研究，自然光的非常规运用方法研究，关注特殊人群特殊空间处理手法等。

2. 材料与建构（摘录自数字设计专题设计任务书）

设计题目：智能建造引导下的装配式建筑设计、算法与持续变化的学习社区（图 3）

（1）理解"产品化"与"定制化""模数化"与"模块化"的区别和联系，探讨它们对建筑设计的意义；从节点和构造出发，学习钢木结构建筑从设计到实现的全过程；初步掌握参数化设计的思路和方法，完成从概念设计、适应性设计、模块化设计到节点与装配设计的整个过程；将智能建造引导下的建筑设计与动态系统相结合，探讨可变空间模式的发展和创新。

（2）基于对未来学习社区的思考，从历史的校园中提取系统、模式、原型，以编程的方式辅助分析系统生成和演化的算法。在此基础上，添加环境变量和数据条件，最终完成对一个未来学习社区的规划和设计。本专题将学习使用 Processing 和 Arduino 语言，初步掌握算法设计的步骤和原理，尝试将嵌入式计算和实时数据传感技术运用于智能设计的过程，以"自下而上"的方式建构一种数据信息与设计结果的对应关系。

3. 可持续理念（摘录自绿色建筑专题设计任务书）

设计题目：传统民居生态策略的提取与应用、基于性能模拟分析及参数化设计的高层办公综合体设计（图 4）

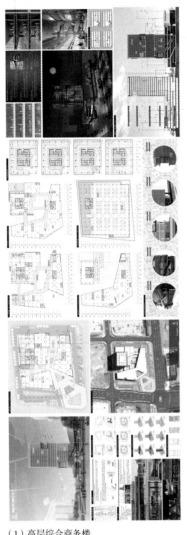

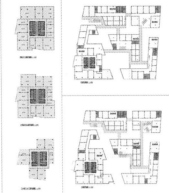

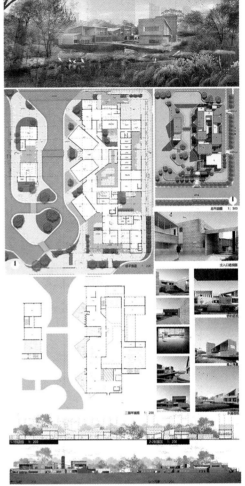

（1）高层综合商务楼
学生：张亚楠
指导教师：刘云月　盛海涛

（2）高层综合商务楼
学生：杨玉玺

（3）湿地展示中心
学生：肖煜

图2　空间与结构——综合建筑专题优秀学生作业示例

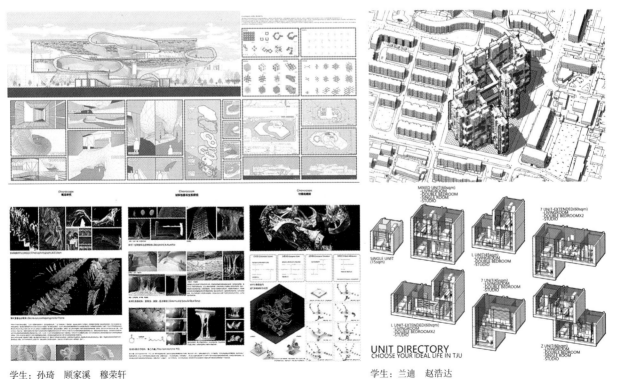

学生：孙琦　顾家溪　穆荣轩
指导教师：白雪海　张烨

学生：兰迪　赵浩达

图3　材料与建构——数字设计专题优秀学生作业示例

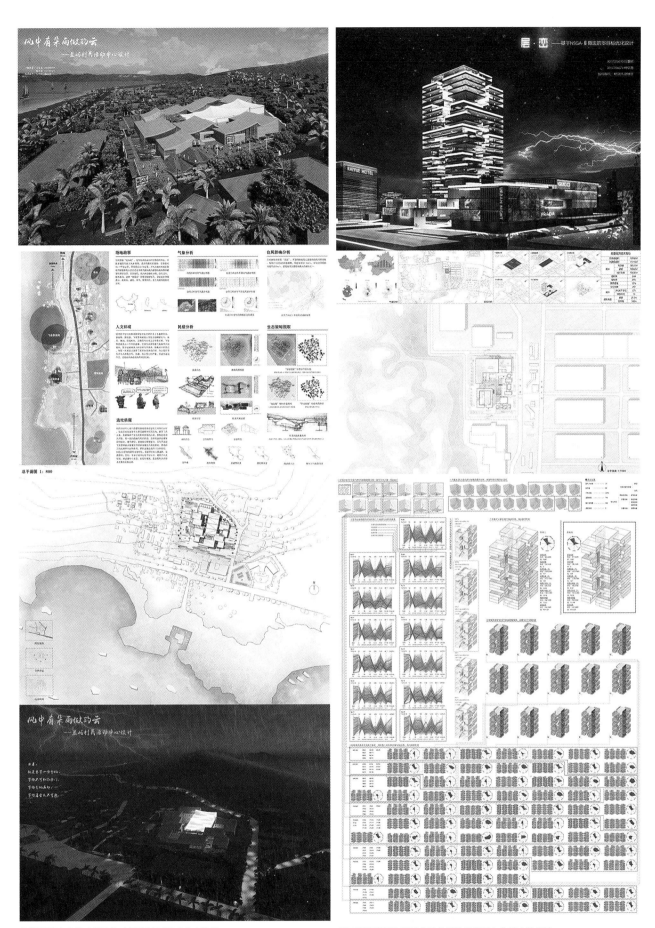

传统民居生态策略提取与应用的社区活动中心设计
学生：肖赞玉　杨正楠
指导教师：刘丛红　杨鸿玮　赵娜冬

基于性能模拟分析及参数化设计的高层办公综合体设计
学生：徐灏轮　杨钦惠

图4　可持续理念——绿色建筑专题优秀学生作业

关键内容：在充分分析当地气候类型、地理特征基础上，综合场地条件、功能需求、设计规范、结构形式与建筑性能等，结合相关模拟软件或参数化工具，探讨多目标优化的设计生成逻辑，控制设计方案的深化。

教学目标：培养科研思维，从传统民居中提取潜在生态策略，实现从设计学习到设计研究的过渡；掌握相关设计规范，包括空间组织、流线排布、防火要求、结构布置等内容；学习绿色建筑设计理论、方法和工具；理解环境要素对方案概念的影响机制，掌握绿色建筑设计方法流程，学习实用的数字化模拟软件或参数化软件，对建筑模型进行性能量化分析与优化；学习从城市环境、建筑性能、文化传承等多角度理解可持续理念，实现绿色理念指导下的建筑设计美学创新。

方法导入：学术写作与研究的初步方法；性能导向的建筑生成流程；数字化模拟与分析的工具与方法；参数化软件在多目标优化中的应用路径。

4. 城市与建筑（摘录自城市设计专题设计任务书）

设计题目：既有地块城市更新与空间重塑、城市建筑建设的未来可能性（图5）

教学目标：建立起城市视角思考设计，避免将城市作为放大的建筑，以建筑设计的思路去处理城市问题。具体包含以下几个方面：

（1）复杂性。城市设计中所涉及的问题从来都是复杂交织的，而非如建筑设计中的单一或少数几个问题。因此城市设计需要为城市各个层面相互制约的一系列问题提供系统性的解决方案。

（2）开放性。城市设计的视野不应被地块的边界所限制，而应当敏锐地洞察跨越边界的种种关联。城市中的地块的关联并不一定因空间的距离而衰减。

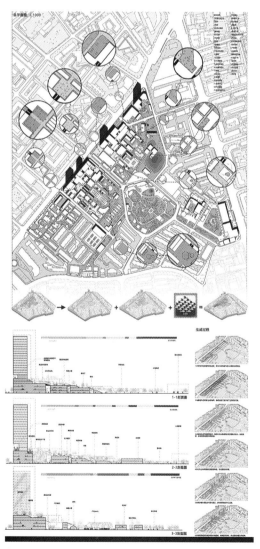

中山公园地块的城市更新与空间重塑
学生：李恒宇　张丞慧
指导教师：卞洪滨　苑思楠　赵建波

图5　城市与建筑——城市设计专题优秀学生作业示例

商业空间的消解——MR技术下的新型商业
学生：许智雷　任叔龙

（3）科学性。城市设计是科学，而建筑设计是设计。城市设计者需要观察城市的现象，理解背后的机制，寻找合理的切入点，再以针对性的方式解决城市中真实存在的问题。

方法导入：引导学生以数据的方式思考城市；学习城市数据采集、数据分析的方法，并以数据支持设计；在建筑层面上，着重训练学生从城市的视角理解建筑的思维方式，并通过建筑尺度下的城市空间积极应对建筑与城市的输入输出关联。

5. 传承与更新（摘录自遗产保护专题设计任务书）

设计题目：历史街区的保护与再生设计、传统建筑之现代演绎（图6）

对选定历史街区的历史建筑遗存、人文环境、物理环境、管理利用状况进行调研分析、评估，提交现状评估报告；依据相关历史文献、图档、照片、访谈等，对所选历史街区的历史演变（空间格局、使用功能）、文化积淀进行研究，提交价值评估报告；基于以上认知，提出历史街区的保护与再生策略，确定设计任务书；通过功能利用调整，建筑的拆除、修复、改造、加建、环境设计等手段完成历史街区的保护与再生策划与设计方案。

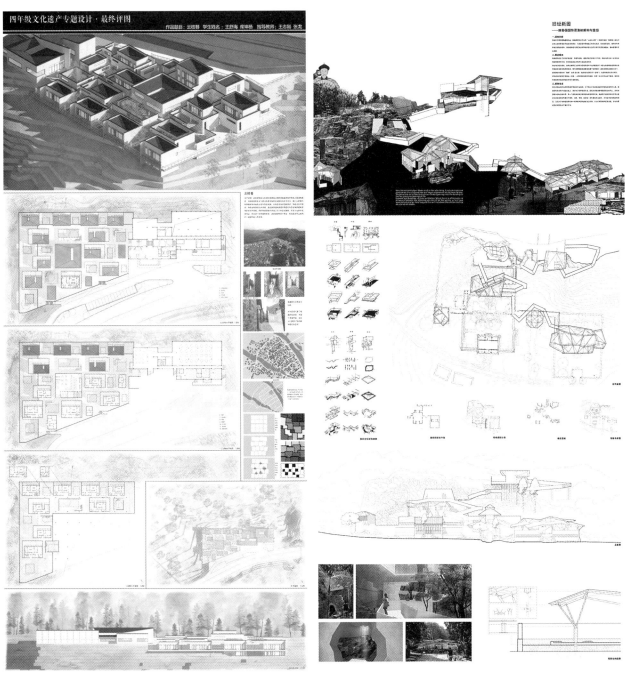

传统建筑之现代演绎
学生：席坤杨　王舒海
指导教师：王志刚　张龙　周婷

颐和园赅春园遗址保护与展示设计
学生：毕心怡　郭布昕

图6　传承与更新——遗产保护专题优秀学生作业示例

针对传统的认知与分析：认知传统乡土建筑的空间、形体、材料、构造、组织的特点，并分析这些特点与气候、地形、行为、文化、宗教等因素的关系，从而更深地理解传统建筑文化及其蕴含的经验与智慧；立足现实的传承与演绎：在上述研究的基础上，结合当前的技术条件和功能要求，从场地、布局、空间、形体、材料、构造等方面体现对传统乡土建筑的传承与演绎；对场地设计、组团布局、空间组织、大跨空间、构造做法等内容进行专项学习。

四、教学模式的更新调整

在这十年中，四年级建筑设计课程的整体策划经历了前后两个阶段。2018 年秋季学期之前，延续"8+3"的阶段组合，其后则拓展为 16 周专题工作室制的设计课模式。教学改革路线总体呈现出由自主专题到固定专题，由短期到长期，由随机到团队的趋向。

（1）卓越工程师——2018 年秋季之前，"专题设计"教学的实践与探索

前一阶段是对后面全面施行研究型专题设计模式的准备与预演，将传统上每学期两个 8 周的设计课程改为"8+3"的课程组合，保留前 8 周的教学计划不变，将原后 8 周的设计课程浓缩在 3 周完成，这样在 3 周的专题设计期间，每天均有不少于 4 个学时的设计课程（总课时为 60 学时），师生进行高强度的互动；3 周之后，学生用额外一周时间独立完成设计表达、展示等环节。这样的课程策划使得设计题目趋于多样化和特色化，教师在教学环节上更具主动性，同时调动了学生的设计兴趣，取得了良好效果。从教师角度，通过短期专题设计，摸索自身科研特长与设计课教学结合的模式，从课题设置、教学组织、学生反馈、整合目标等方面为全面推行专题化建筑设计课程教学提供了宝贵的经验储备。

（2）新工科——2018 年秋季之后，专题工作室模式

自 2018 年秋季学期开始，基于原有教学组教师资源进行专题化重组，八成仍为原有四年级教学组任课教师，同时，考虑到纵向贯通体系的构建思想，形成了综合建筑、数字设计、城市设计、绿色建筑、遗产保护五个专题方向。此外，每个专题方向的人员配置还综合考虑了梯队建设，以便打造更为稳定长效的专题教学团队，便于教学经验的积累与教学体系的建设。专题工作室模式的建筑设计课既明确提出专题化的课程策划要求，又给予任课老师更大的自由度，教学组则主要发挥预案、反馈、激励与平衡的作用。具体课题设置、教学环节与阶段性评价均由每个专题工作室独立完成，而教学组着重控制总体教学目标、主要进度节点、评价标准平衡。

五、教学组织的强化协调

研究型专题设计的课程策划，充分体现了"民主与集中"的辩证关系，教学组对总体教学组织的把控能力提出了新的要求。经过三个完整周期的实践、研讨与反馈，从教学组层面，基本明确了围绕教学成果评价展开必要保障工作的职责。

其一为主动研讨形成预案机制，通过教学组内各专题方向之间、不同年级设计课教学组之间以及与专业理论课之间的研讨，在整体教学目标、节点设置、评价机制等制度性问题上寻求一致，并且专题间的教学交流对提升任课教师教学理念与手段非常有益。其二为及时多样的反馈机制，一种新模式的推行与完善离不开当事人群的评价，借助以课后问卷、阶段性评价、学生评教等多种形式，教学组能够较为及时地掌握学生对于教学工作主要方面的看法与意见，一方面对任课教师有一定鞭策作用，另一方面也是课程策划本身的直接动力。其三是互动密切的激励机制，基于各专题方向在具体教学模式上的不同特点，从能力培养的知行合一方面考虑，通过形式灵活的评图展览以及自媒体宣传，学生的阶段性成果能够得到及时评价，激发探索新知、迎接挑战的内驱力。

六、针对研究型专题设计的思考

目前，基于专题设置的研究型设计在天津大学建筑学本科四年级建筑设计课程中已经完成了三个周期、共计六个学期的教学实践。教学组先后在第二个学期开始与第六个学期结束两个节点向全体选课学生发放评教问卷，平均回收率都在六成以上，为教学效果的评价与后续教学的完善提供了重要的依据。结合教学组内部与年级间的研讨，四年级建筑设计既有研究型专题设计模式的挑战与机遇大致存在于以下三方面。

首先，评价体系的公正性。建筑设计课程的成果评价难免受主观因素的影响，这也是一直以来学生反映最为强烈的方面。对此，教学组也在与各专题方向任课教师充分沟通研讨的基础上，逐步摸索试行了一些改善措施，比如分项打分单、过程性与结果性的综合评价等。然而，由于各专题方向具体设计题目在规模、性质、工作量等方面的差异难以实现客观的平衡，不同专题的学生成果比传统单一题目的评价更为困难。目前，通过学院教学督导组对各专题方向高分段的作业进行统一横向评价的方式，是一种促进专题间评价

平衡的积极尝试，但是，具体实施细则还需要进一步打磨。

其次，专题课题的协调性。研究型专题设计的教学组织，并不是针对同一设计任务的不同角度解答，而是以不同设计任务为载体适应相应专题知识的输入与对应能力的培养。因此，课程大纲中诸如教学目标、教学内容、成绩评定等条目仅统摄较为基础性的要求，而不同专题间的设计题目区分度较大，设计方法、环节、成果等方面的要求都不尽相同，很难具体量化评定专题课题的难度。从学生的学业能力培养与专业体系建构方面看，专题课题间的这种差异性并没有什么问题，但是，从学生间相对评价与本科毕业要求的角度，还是希望能在一定程度上实现专题课题间的大致平衡。

最后，教学内容的结构化是值得坚持不懈的工作。从课程的角度来看，结构化是对培养方案课程模块的落实与细化。建筑设计课作为建筑学专业的核心主干课程，不仅要在课程模块建构中发挥经天纬地的作用，还应该不断完善自身的体系化。尤其在推行研究型专题设计的背景下，四年级建筑设计课程可以从以下三个层次探索教学内容的结构化，首先定义"功能函数"，对既有教学大纲中的知识点与技能进行提炼并打包后下放到各专题，以确保专业评估的基准线；其次明确"专题对象"，以专题方向为教学组织的逻辑线索，选择契合"功能函数"要求的切入点、阶段设置、成果评价来落实具体课程教学；最后衔接"课程模块"，即与专业理论课深度整合，继续完善以课程串为融合单元的模块化课程体系。

建筑学本科高年级人才培养体系中的专题化、研究型特征已经成为国内外本科学科建设的一种主流趋势。尽管在具体课程策划中还需要深耕细作，切实落实教学相长的双向良性互动，但是，这既是专业、行业与学科发展的必然，也是新工科教育研究与实践的选择。

自 2018 年秋季主持研究型专题设计的任课教师（以姓名首字母缩写升序排列）

综合建筑专题：刘云月、盛海涛、赵劲松

数字设计专题：白雪海、许 蓁、张 烨

城市设计专题：卞洪滨、苑思楠、赵建波

遗产保护专题：胡 莲、王志刚、张春彦、张 龙、周 婷、郑 颖

绿色建筑专题：刘丛红、杨鸿玮、赵娜冬

参考文献

[1] 赵娜冬.基于课后评价的本科四年级建筑设计课教学实践探索 [A].全国高等学校建筑学学科专业指导委员会.2019 年全国建筑教育学术研讨会论文集 [C] 北京：中国建筑工业出版社，2019：599-602.

[2] 许蓁，王志刚，王迪，张昕楠."专题设计"教学的实践与探索 [A].全国高等学校建筑学学科专业指导委员会 [C].全国高等学校建筑学学科专业指导委员会，2011.

[3] 教育部关于实施卓越工程师教育培养计划的若干意见（教高〔2011〕1 号），http://www.moe.gov.cn/srcsite/A08/moe_742/s3860/201101/t20110108_115066.html

[4] 教育部高等教育司关于开展新工科研究与实践的通知（教高司函〔2017〕6 号），http://www.moe.gov.cn/s78/A08/tongzhi/201702/t20170223_297158.html

[5] 闫杰，杨涛.适应行业发展的地方高校建筑学专业课程体系改革探索 [J].高教学刊，2020（10）：109-112.

[6] AA School.AA-210428-prospectus_book[EB/OL]，https：www.aaschool.ac.uk/academicprogrammes，2021.

作者：许蓁，天津大学建筑学院副院长，教授，博士生导师，数字化设计研究所所长；赵娜冬（通讯作者），天津大学建筑学院副教授，硕士生导师

天津大学建筑设计教学专辑

Special Issue on Architectural Design Education of Tianjin University

始自"修身"

——建筑历史研究融入建筑学本科二年级设计课程的教学实践

朱 蕾 张昕楠

Starting with Xiushen: the Architectural History Research Integrated into Teaching Practice of Design Course for Undergraduate Second Grade in Architecture

■摘要：新工科建设的背景下，建筑学的启蒙教育需要更高的效率才能开启未来更丰富多元、更有创造力的发展。在建筑历史回顾中可以看到建筑师的知识结构与新工科建设的理念契合度极高，同时中国传统文人的通识教育在中国世界遗产地建设中发挥了巨大的作用。中国传统儒家教育理论与现代西方传入的教育学观点的起点共同指向"认知"，即"修身"。在建筑学的启蒙教育中，充分发挥建筑历史研究的多元成果，浸润在教学的各个环节中。从宏观的治学态度、方法和习惯，到微观的建筑空间秩序、空间操作、结构构造、图学表达都能从古人的营建智慧中得到提高效率的源泉。自从全面实施与建筑历史理论课积极联动的教学实践以来，教学案例质量显著提升。

■关键词：建筑历史研究；建筑学启蒙；本科二年级；认知；教学效率

Abstract：In the context of the new engineering disciplines construction, higher efficiency is demanded in architectural initiation education to achieve more diversified and creative development. There is high fit between architects' knowledge structure and the idea of new engineering disciplines construction, which can be seen in architectural history. The general education of traditional Chinese literary scholars has contributed positively in the construction of World Heritage Sites in China. Cognition, Xiushen in Chinese, is reflected in the Chinese Traditional Confucian Education Theory and is also the starting point of the modern western pedagogy theory. Plenty of achievement in architectural history research should be full used through all aspects of teaching in the architectural initiation education. The construction wisdom of the ancients can help to improve efficiency both in macroscopic aspects, such as academic attitude, methods and habits, and in microscopic aspects, including the spatial order of buildings, operation of space, structural construction and graphic expression.The quality of teaching cases has been improved significantly since the full implementation of teaching practice combined with course Architectural History and Theory.

Keywords：Architectural History Research, Architectural Initiation Education, Undergraduate Second Grade, Cognition, Teaching Efficiency

2017 年 2 月以来，教育部积极推进新工科建设。天津大学本科二年级设计课程积极融入建筑历史研究成果，打通建筑历史理论课，作为启动新工科建设的新时代中国高等工程教育的理解和回应。

一、历史研究视角下理解新工科

纵观建筑历史可以发现，新工科的理念早已萌芽于中外建筑师的训练培养和营建事件对"能主之人"的要求中。

1. 建筑历史中的"新工科"

维特鲁威的《建筑十书》第一书序言后第一节就是建筑师的培养，提出建筑师要具备多学科的知识和种种技艺。①

柯布西耶基于当时的科技发展社会背景，提出工程师的美学·建筑，对建筑师提出革命性的要求，即超越既往窠臼，关注和吸纳工业技术工业美学的发展，解决工业化时代的需求。②

中国传统的国家行为的建造活动通常由受过良好通识教育的工官领工修造。工官制度是先秦至清代近三千年中国家设置的建筑工程管理体制③，臻备于清代，其以工部为最高行政机关，"掌天下造作之政令及其经费"④。工部下辖营缮所，皆以诸将之精于本艺者充任工官⑤，负责规划设计、管理工匠、工料估算、组织施工、监督工程质量、资金管理、档案管理等事务⑥，如蒯祥、徐杲、样式雷等，他们具有全局性、关键性的知识和经验⑦，带领全国优秀工匠实施都城、宫苑、坛庙、陵寝等国家行为的营造。

2. 新工科理念与现象教学

新工科建设聚焦于提高人才培养能力，更加注重理念引领⑧。坚持立德树人的根本要求，德学兼修，强化工科学生的家国情怀、国际视野、法治意识、生态意识和工程伦理意识等，着力培养"精益求精、追求卓越"的工匠精神⑨。2016年芬兰推行起现象教学，形成学科融合式的跨学科课程模块，以之为载体组织实施跨学科教学，培养学生综合能力。⑩

可见无论东西、无论古今，建筑师在各自的时代背景下，探索新的发展模式，主动适应新技术、新产业、新经济发展带来的社会新需求，不断与时俱进，又有其自身的连续性和稳定性，体现继承与创新、理论与实践相结合的发展模式，背负强烈的社会责任感和非凡的主观能动性。新工科理念完美地契合着建筑学科的人才需求。

二、世界文化遗产地的设计师

2021 年中国的世界遗产达 55 个，成为全球世界遗产最多的国家⑪，反映出中国传统文化在世界文明中的贡献。文化遗产与营造智慧息息相关，

中国的自然遗产都充满着中国造园和自然美审美意趣，双遗产和文化景观数量的增加也反映出中国人的环境观在世界范围内的影响力越来越大。

中国世界文化遗产地拥有深谙中国传统文化的文人为营造背书，这些"能主之人"所受的教育大多源于《周礼·保氏》记载的基础教育框架。而这个被概括为"六艺"的框架包括了"礼乐射御书数"，孔子后推行的"诗书礼乐易春秋"亦是基于这个框架的优化。可见成为中国传统文明核心的代代文人所受皆为通识教育。而儒家文化亦将教育的启蒙与发展步骤，总结为"修齐治平"的发展阶段，与现代教育学中"认知到创作"的步骤逻辑相似。

随着科学发展，学科分科到持续细分再到追求跨学科合作，至新工科教育概念提出，学科及教育经历了一个循环上升的发展。在此背景下，思考传统文化与建筑学教育的衔接方式，可以得到更丰富和更深度的结合，培养具有中国特色的领军人才。

建筑学领域特别关注自然、人、产品的关系。传统文化教育下的儒家文人，从自身的修习开始，由山水比德关注自然与内心，由感于物而动，关注内心的外化；从卷放自如的理想追求，实现自身水平锻炼与改造世界的平衡。由内心的外化去实现"平天下"，全面的练内功再外化为创新的力量，这种思路对建筑学科的人才培养非常有价值。将建筑历史研究融入建筑学启蒙教学实践，让学生们在具有鲜活生命力的传统文化滋养下成长，未来的世界文化遗产地兴许就将诞生于他们手中。

三、强调认知

1. 由儒家教育到建筑学启蒙的三个认知层面

自我知觉。儒家文化"修齐治平"对标现代教育学记忆、理解、应用、分析、评价、创造的各阶段，启蒙即为认知，儒家讲究的"修身"则是相对现代科学更加基本的认知——一切的外化皆由内省的认识自己为起点。从这个角度看，作为学科主体的从业者或研究者自身的修为是一切工作的根基。在建筑学启蒙教育则是需要梳理学习主体的过往空间经验，引导至专业角度的审视。

文化知觉。提高"修身"境界的途径是对文化的吸收与理解，只有经历过扎实的优秀文化内化的过程，才能有足够的外化力量。首先构建史学角度的认知基础，在求真求全的史学视角下，建立传统文化背景下的审美理解，最大限度避免以今人度古人的误读。将历史研究成果纳入教学，不但教授知识更注重传授认知方法，学生能够具备举一反三的能力，与古人的智慧产生对话共鸣，追求深刻地理解传统的建筑文化是什么，追踪建筑历史研究前沿成果，探索已建成建筑现象的成因、发展及结果，

逐渐由从审美到设计层面的认知探索。

事件知觉。设计课程可视为理论知识大综合应用，因此实际已是延续了多年的事件教育。在启蒙阶段，带领学生认知建筑设计本身是非常重要的一环。融入建筑历史研究的建筑设计事件认知，与教学大纲要求并无二致。通过抽象出传统与现代的营造事件中的共性，在类比及实操中实现更深入的文化与技术、素养与技法的认知修习。

2．教学措施

对没有建筑设计经验的初学者，二年级建筑设计课教学团队所要精进的任务是提高启蒙教育的效率，教学设计做了针对性调整。在总体教学框架下，从身边的建筑空间感知与干预开始将建筑设计学习与学生既有知识框架接轨。居住空间和学习空间是学生们长期身处其中、最密切和熟识的空间，学生普遍可以从自身的经验出发基于行为模式研究提出对空间的基本需求。启蒙的两个课程任务策划为校园环境中的建筑作业展评站和自然村庄中的小住宅。实践表明设计课题与学生既有体验接轨能够迅速构建对建筑学基本问题的认知框架，即回应儒家教育理论中"修身"为起步，从而进一步将建筑历史研究成果融入教学，拓展对建筑设计的认知。

针对学生既有体验的居住和学习空间，融入建筑历史研究中对"居"的意义的讨论，围绕对"居移气养移体，大哉居乎""可居可游"的理解，针对涉世未深的年轻人，着重建立理论－史料－实物遗存与既有经验之间的联系，逐步升华对空间的理解，避免消化不良。建立基于建筑历史研究的空间逻辑思维，实现从有经验向无经验的推演探索，达到建筑历史研究理论知识的内化并应用于建筑设计。由自身所"居"进入对建筑设计的认知与实践，建立设计逻辑闭环。

建筑历史研究积极融入建筑设计启蒙教学实践的宏观架构，主要体现在：首先，立德修身，扎实基础。引领学生正确认知建筑师责任、建筑设计的工作目标、建筑设计的全过程。建立科学的环境观，明确职业道德，夯实知识技能基础，充分提高教学效率。其次，举一反三，不让于师。基于事件课题教学，注重启发式教育，积极设置翻转课堂，课堂讨论，激发学生独立思维。在此过程中，教师角色定位于与学生共同解决问题，教学方式多为提问引导，鼓励学生自己探索解决方案。最后，史学研究方法强化案例营养。初学者的案例学习容易陷入形式模仿，不知形式如何由来的模仿往往成为"照猫画虎"。史学研究追求事件的原真及因果关系，用史学研究的方法去回溯营建事件的原貌和完整过程，做到追随设计全过程的递进认知，理解到案例中远超过形式符号的深层智慧，进而在空间形态、空间逻辑、空间

文化等关于建筑设计的全过程中得到传统建筑文化研究润物无声的滋养。

自省习惯的养成。在每课题教学的最后一环设置总结兼反馈，该环节不计成绩，自愿提交总结报告，且告知同学们的反馈将作为课程建设的内容。三年来看似松散的组织却逐渐激发起学生们主动学习的热情和主人使命。自省环节对治学的助推以及学生反馈为课程所采纳，形成由高年级向低年级传递的口碑，使得二年级参与这一环节的学生数量和报告质量逐年提升。

建筑历史研究不但支撑宏观教学框架，而且渗透在设计课题的微观教学中，在启蒙教学中建筑历史理论课程教师引导古建筑营建事件的审美与认知，由建筑历史研究背景的设计课教师在基本教学内容中强化建筑历史文化浸润。

四、文化浸润下的核心过程

设计课的核心过程融入建筑历史研究是激活传统及理论落地实践的过程；在建筑学基本问题的框架下，建筑历史研究作为在设计各个阶段提出问题、分析问题和解决问题的视角及方法论工具，追求在基本逻辑框架下，自然而然的发生。

1．建筑历史研究视角浸润下的发现问题环节

外部空间是中国传统建筑文化极其重视的设计内容。现存林林总总的风水选址图中记载着这样的智慧，实物遗存中随处可以发现建筑与建筑、建筑与环境的对话关系，甚至遗址无存的情况下仍能感知精心选址的格局之美。由建筑历史理论课的现场课引领学生感知和理解传统建筑外部空间设计的设计原则及空间审美。在建筑设计课堂上的设计前期工作中，引导学生应用理论课上拓展的认知领域，在尊重空间环境的前提下，积极从外部空间条件提出设计问题。培养学生对他人与环境的关心，即"仁"的修习，建立尊重和平衡的环境观。

伦理空间是中国传统建筑空间秩序的主导，其实与学生主观经验存在潜在的紧密连接。建筑分区是初学者的难点，甚至有从业多年的建筑师在注册建筑师考试时都能暴露出分区基本功的不扎实。在初学者眼中动与静、私密与公共的空间分区形容词是抽象的。通过提示唤醒延续在现代社会的传统建筑空间秩序的生活体验，对接学生既有经验，引导学生意识到校园及家庭中的空间伦理秩序，提高了理解认知分区的效率，养成在设计前期阶段宏观把握方向的习惯。

2．建筑历史研究对空间操作启蒙的支撑

现代社会对建筑空间的需求日趋复杂，适合启蒙学习的小规模建筑案例十分稀有。而中国传统建筑遗存相对规模小，功能简单。存在礼乐复合的空间伦理分区、内外部空间统一的设计统筹、

庭院或夹层形成的共享空间、园林与大空间单体分隔的流动空间等种种丰富的空间操作手法，而且手法应用逻辑清晰，并有丰富的现场及文献记录信息予以支撑，是理想的空间操作启蒙认知案例。由建筑历史理论课完成对各类传统空间操作现象系统化的认知教学，在设计课中反馈练习，以实现运用创造。

3. 建筑历史研究对建造技术认知的入门

传统建筑的建造技术差异小，结构真实清晰，构造层次分明，材料直观、品类较少，是理想的建造技术原理认知入门案例。建筑设计课中所要提示的是传统形式与现代形式的建造技术原理上的同一性，实现由简单的建造技术认知来培养专业视角的观察习惯。

明清官式做法的古建筑以大木作为主的承重结构是一套清晰的力学传导体系。屋面荷载传至梁枋系统再传导至柱网及柱顶石分布到地基，在实物遗存中全套力学结构体系直观可见，是理想的基础的定性认知模型。

建筑的围护结构，对应明清官式做法的小木作及部分砖作，在遗存实物中非常清晰。不破拆的情况下仔细观察也可以大致判断围护结构与承重结构之间的连接措施及力学传递关系。

建筑的保温防水构造，通过对古建筑的测绘勘察，能够通过细致的数据理解古建筑保温防水构造的措施，概括为原理亦可转化为对建筑设计流程中构造设计的认知。

以对古建筑的建造技术定性的原理认知为入门，可以扎实有效地搭建关于建造技术的学习框架，为后续丰富复杂的内容学习打牢基础。

4. 建筑历史研究对丰富表达方式的支持

中国传统的教育中诗、书、画是不可或缺的内容，通识教育下的文人记录及创作的艺术作品，文明的痕迹，由诗文集、书论、画论及丹青墨宝为载体流传至今，从中可以汲取大量中国传统文化及美学的营养。在建筑历史研究中，这些文明的载体大多是重要的研究材料，甚至在有些角度的研究中直接作为研究对象，研究的副产品是对这些传统文化载体的汇编及认知。在建筑设计全过程中，表达是特别重要的工具，因此在启蒙教育中占据了学生学习时间特别大的比重。总结及汇编中国传统文化及美学素材，从中汲取营养，启发表达方式，构图审美。深度研究相关理论可以提示设计者根据设计概念选择恰如其分的表达方式，从而由基本认知过渡到更自如的高级应用。

建筑设计教育启蒙的方方面面都可以得到建筑历史研究的滋养，具体教学操作当由建筑历史理论课教学和建筑设计课教学相互配合支撑，实现教学效率的不断提升。

五、教学案例

二年级设计的四个课题是从学生自身经验外扩，实现从认知到创作。建筑历史研究浸润在建筑设计全过程体验的综合能力培养过程的每个环节。

1. 民居与园林研究深化居住体验

教学案例策划了两个由学生自身的居住体验推演的课题，二年级两个学期各安排一个，上学期安排规模较小的300m² 山地住宅，下学期安排3000m² 留学生会所。两个题目关于居住的个体经验一为居家经验，一为校园生活。围绕建筑历史研究中"可居可游"与"居移气，养移体，大哉居乎"的概念讨论融入逐渐复杂的建筑问题，教学的过程成为从经验外化和习得知识着手引导至应用再创造的过程。

二年级上学期的山地住宅在解题时融入建筑历史研究关于山居、游园、合院、家庭空间伦理方面的理论，通过强化在建筑历史理论课教学中习得的知识点，再激发学生思考尝试应用，并应用于建筑方案设计当中。山地住宅一题选址于历史文化名村，山村空间特征明显，既有居民住宅肌理为半围合合院居多，由墙和房屋组合成特色鲜明的北方村落。学生学习到中国传统民居的空间格局多为一组或多组建筑围绕一个或几个中心空间的组织形式，形成层层深入的院落组合。进一步深入认知到院落划分家庭结构空间，是中国传统文化中大家族能够长期聚居的空间保障。

学生策划的小住宅定位人群为三代同居加居家保姆。复杂的家庭成员对共享与私密空间的复杂需求，促使向传统民居汲取营养。通过学习中国传统民居的空间组织、操作及其成因，学生在八周时间完成作品"院·井"（图1），综合体现出建筑历史学习与认识解决建筑基本问题的成效。

在山地住宅一题中，很多同学的作业体现出对外部空间设计的思考。设计课中注意激发学生在建筑历史理论课的现场课经历到的外部空间设计体验，引导观察山村与既有民宅的选址朝向，分析基地在群山环绕的环境中的朝、对、靠的关系。由外部空间条件分析再归纳为基地内部的景观视线条件，再综合解决一般建筑问题（图2）。从建筑设计训练之初就能够关注外部空间设计，建构更加全面的知识技能框架。

二年级下学期的留学生会所设计选址在校园，建筑问题基于同学们熟悉的校园生活再增加留学生的需求，相当于从本体经验再向外延拓展，有一定难度和复杂性，作为二年级的收官作业，是全面体现和检验二年级全年教学效果的一个环节。

学生已经注意到该用地选址于校园环境，在教学建筑组群尽端与自然形态湖泊联系的地块，

院·井
COURTYARD · SKYLIGHT

岭南传统民居转译——山地独立住宅设计
TRANSLATION OF LINGNAN TRADITIONAL RESIDENTIAL HOUSE——THE DESIGN OF MOUNTAIN VILLA

设计说明

场地介绍

Design Description

Site selection

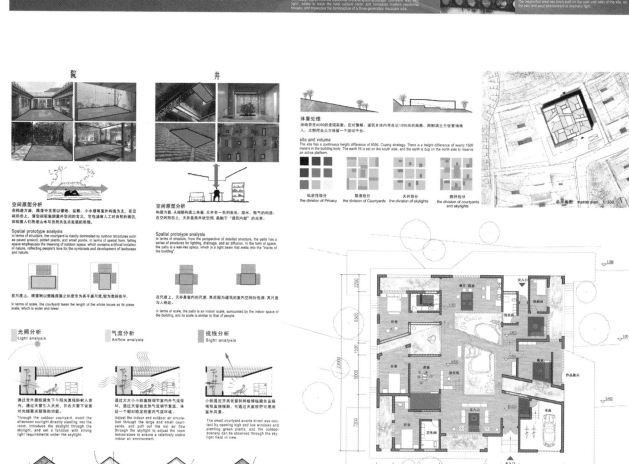

图1　院·井·山地住宅设计（2018级马琪芮）

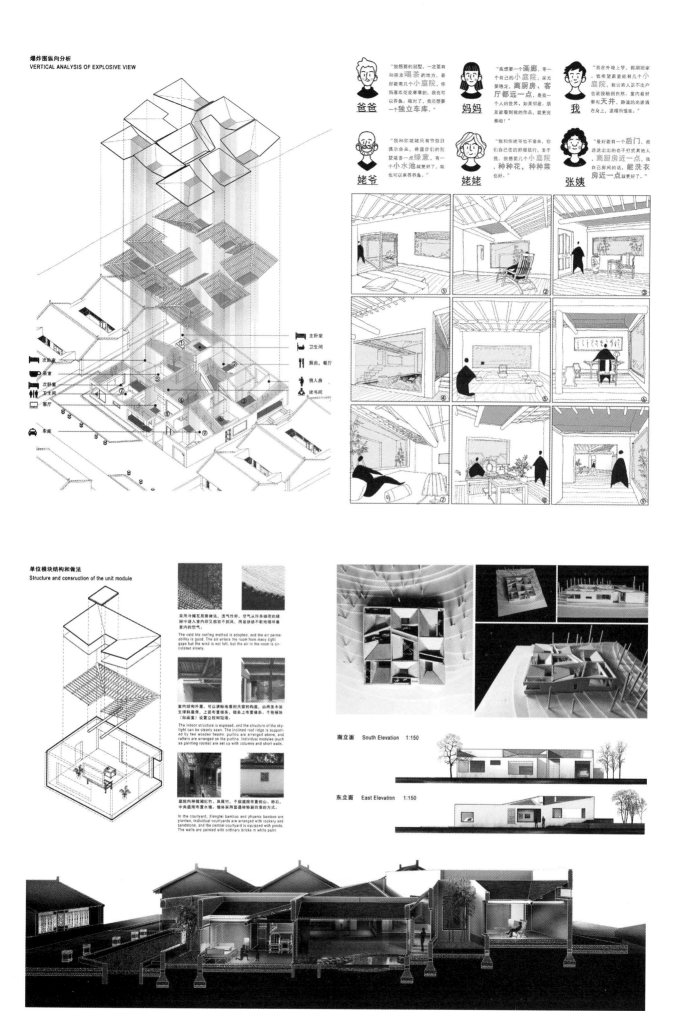

图 1 院·井·山地住宅设计（2018 级马琪芮）（续）

VALLEY-WATCHING HOUSE

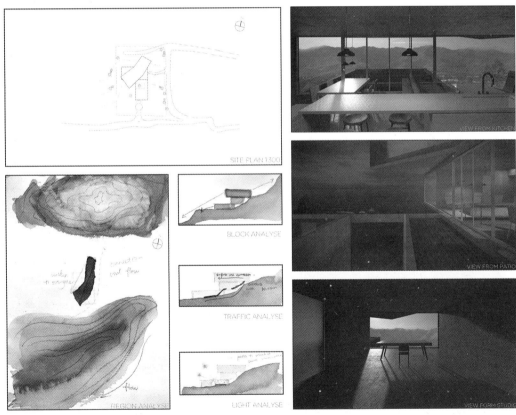

图 2　Valley-Watching House·山地住宅设计（2019 级张宇恒）

用地容积率在 0.6。由此前外部空间设计训练的意识，学生能够充分地分析与利用地形条件。在这样集中式与分散式两可的课题中，从自己校园生活的体验，加入"向仁"的职业修养，客观体察留学生的行为模式。选择分散式布局的学生使用中国园林中可居可游的空间操作方式，将"居移气养移体"的空间理论应用在帮助解决留学生的"文化休克"困难上（图 3）。

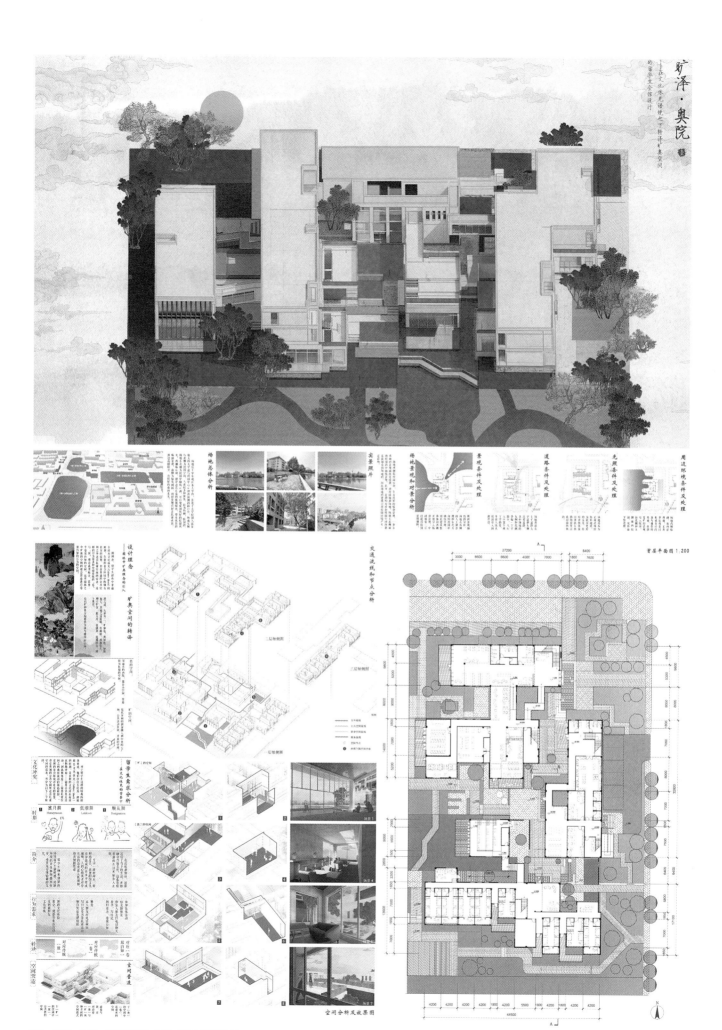

图3　旷泽·奥院·国际留学生会馆（2019级刘继宇）

图3 旷泽·奥院·国际留学生会馆（2019级刘继宇）（续）

选择集中式布局的学生，选择平原民居的格局，即建筑组群以紧凑的院落组织分区，空余大量耕作农田。应用在留学生会所的结果是提高了空间交通效率且空余出大量户外活动场地(图4)。在该课题的表现上，全年在线上课的华人留学生的作业里都可以看到建筑历史研究在设计课教学中的浸润影响。

2. 转译训练助力经验拓展

二年级另外两个课题策划为发散性很强的小型公建，即从自身学习经验出发的建筑作业展评站（300m²）和熟悉的城市环境中的小型商业建筑（600m²）（童装店、24小时书吧和共享厨房）。这样的小型单体公共建筑几乎没有实例可以参考。

建筑作业展评站是第一个设计。由自己对建筑作业展评的需求推演到一个班的学生对这一活动各个流程的空间需求，对参与活动的教师、同学、来宾和观众的体察，是一个推己及人训练对使用者关怀之"仁"

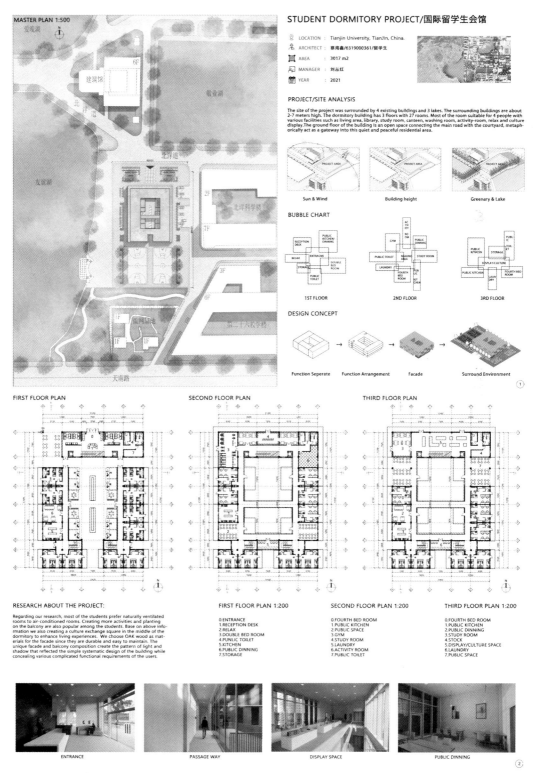

图4　国际留学生会馆（2019级留学生蔡海鑫·柬埔寨）

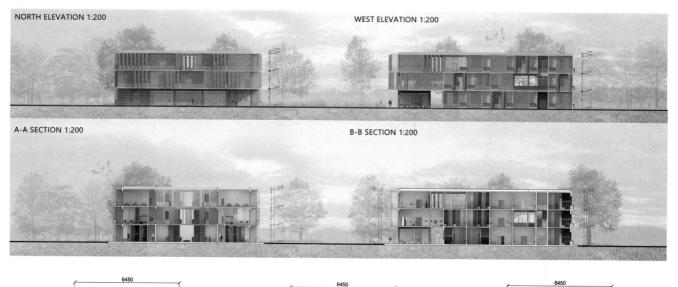

NORTH ELEVATION 1:200　　　WEST ELEVATION 1:200

A-A SECTION 1:200　　　B-B SECTION 1:200

1ST FLOOR DOUBLE BED ROOM 1:50

2ND-3RD FLOOR FOURTH BED ROOM 1:50

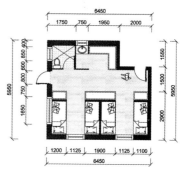

2ND-3RD FLOOR FOURTH BED ROOM 1:50

③

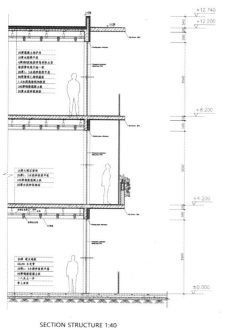

SECTION STRUCTURE 1:40

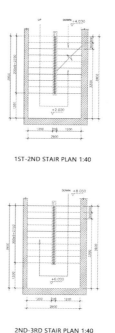

A

A

PROJECT FACADE

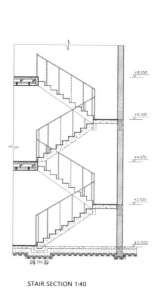

1ST-2ND STAIR PLAN 1:40

2ND-3RD STAIR PLAN 1:40

STAIR SECTION 1:40

④

图4　国际留学生会馆（2019级留学生蔡海鑫·柬埔寨）（续）

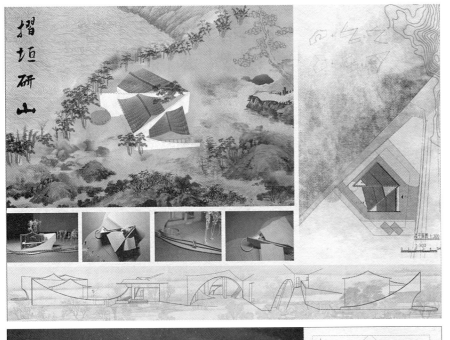

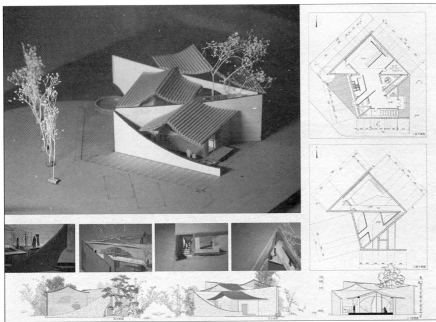

图 5 折垣研山·建筑作业展评站设计（2019 级刘洁雯）

的过程，是树立建筑师社会责任感的起步。另外，大场地小建筑的训练为学生输入尊重环境的外部空间设计的中国传统环境观。学生在这个设计中第一次体验建筑设计的全过程，也是初涉系统的建筑历史理论课程，建筑历史研究融入工作主要在立德树人。能力较强的学生已可以在作品中尝试转译的方式简单使用中国传统美学形式解决部分建筑问题（图5）。

在第二学期的小型公共建筑训练中，是熟悉的城市环境中的小型商业建筑。学生既有消费者的体验经验外化为对不同的消费者，童装店关照不同年龄层次的幼儿、儿童及家长，共享厨房关照病人及病人家属甚至社区居民，只有校园环境内的书吧与既有体验接近，但是需要关照 24 小时的消费者与经营者的行为模式。在紧张的用地和紧张的课程周期条件下，学生们高效率地体验一次设计全过程。在非常前瞻的功能策划中，学生能够从建筑历史研究中汲取营养，形成综合能力转译形成优秀的建筑问题解决方案。共享厨房设计作业中，从传统古镇高密度的合院空间组织中学习（图6），将背弄与功能空间的逻辑转译为辅助空间与功能空间的并置，将民居中的天井转译为共享空间，巧妙地解决了紧张用地中的分区和交通。由专心创造丰富舒适的分区，充分关照三甲医院病人及家属的需求，表现出"向仁"的温暖价值观（图7）。

六、总结

建筑学科的综合复杂性，要求建筑设计启蒙需要快速扎实地建立全面的知识框架。新工科的理念是对建筑学科既往的培养方式的肯定与提高要求。建筑历史研究融入建筑学启蒙教育，浸润在立德树人、建筑学基本问题认知、在认知基础上的演绎和转译、分析问题解决问题及至表达方式中；建筑历史研究方法助力营建事件、营建案例认知与学习。设计课程有建筑历史理论课支撑，大大提高了建筑学启蒙教育的效率。

图 6　无锡惠山古镇民居测绘图（2018 级苏畅绘，2014 级黄睿、郑婉琳测）

图 7　屋檐下·共享厨房设计（2019 级朱晓飞）

注释

① 维特鲁威著．高履泰译．建筑十书 [M].知识产权出版社．2001.
② 柯布西耶著．陈志华译．走向新建筑 [M].天津科学技术出版社.1998.9-17.
③ 傅熹年，钟晓青.中国古代建筑工程管理和建筑等级制度研究 [J].建设科技，2014（Z1）：26-28.
④ 王蕾.清代定东陵建筑工程全案研究 [D].天津大学.2005.67.
⑤ 张映莹.中国古代工官制度 [J].古建园林技术，1997（01）：51-52.
⑥ 汪江华，王其亨.清代惠陵工程处的建制与职能 [J].建筑师，2008（02）：13-18.
⑦ 傅仁章.中国古代的工官制度与工程主持人 [J].建筑经济，1990（11）：30-32.
⑧ 张凤宝.新工科建设的路径与方法刍论——天津大学的探索与实践 [J].中国大学教学，2017（07）：8-12.
⑨ 新工科建设指南（"北京指南"）[J].高等工程教育研究，2017（04）：20-21.
⑩ 于国文，曹一鸣.芬兰现象教学的理念架构及实践路径 [J].外国教育研究，2020，47（10）：117-128.
⑪ 数据统计自联合国教科文组织官网 http://whc.unesco.org/en/list/xls/?2018.

作者：朱蕾，天津大学建筑学院建筑历史与理论研究所教师，博士，国家一级注册建筑师；张昕楠（通讯作者），天津大学建筑学院院长助理，建筑系主任

避暑山庄禅佛意匠的当代再创作：

山地禅修中心专题设计

王　迪　杨　菁

Contemporary Re-creation of Zen Scenes in the Summer Resort: Zen Meditation Center Design

■ **摘要**：结合天津大学建筑学本科三年级专题设计的要求，笔者在从事佛教建筑相关研究、设计实践和教学的基础上，提出在现有的体系下，加入以佛教禅修建筑设计为代表的、具有回应传统文化的设计题目，通过对避暑山庄康乾七十二景中相关景点图咏的研究与分析，以"概念"为主导、以"意境"为目标，指导学生学习传统设计方法、设计逻辑和对待环境的思考方式，并以当代的方式进行转译；进而对教学过程中环节的设置、学生设计作品和教学效果进行了论述和分析。

■ **关键词**：传统设计思维；禅修中心；避暑山庄七十二景图咏；设计概念；体验；意境

Abstract：Combined with the grade 3 design studio's requirements at Tianjin University, and experience in Buddhist architecture, the author tries to infuse the existing curriculum with Chinese traditional culture, by the design studio of the Buddhist meditation center. Through analyzing of artistic image and conception of the Anthology of Poems with Illustrations of Summer Resort 72 Scenes by emperors Kangxi & Qianlong, the students translated selected scenes into contemporary versions with the function of the Buddhist meditation center, in order to learn traditional design method, logic, and understanding of the environment. Furthermore, the author analyzes the schedule arrangement, students design works and questionnaire survey.

Keywords：Chinese Traditional Design Thinking, Buddhist Meditation Center, Anthology of Poems with Illustrations of Summer Resort 72 Scenes, Design Concept, Spatial Experience, Artistic Image and Conception

国家自然科学基金项目：
"佛教宇宙世界"空间体系解析与汉传佛寺空间布局研究（51778205）；
国家自然科学基金重点项目：基于中华语境"建筑－人－环境"融贯机制的当代营建体系重构研究（52038007）

一、教学基本目的

在全球化的背景下，面对现代建筑的国际化和趋同化，如何在当代建筑设计教学中融

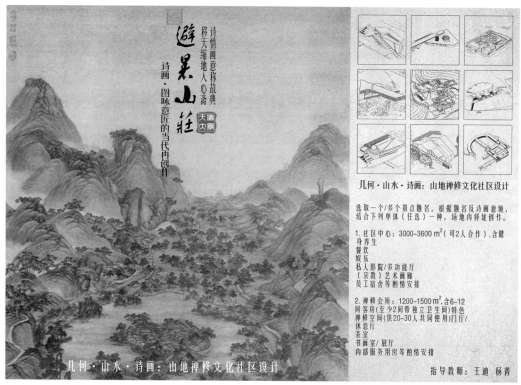

诗情画意称故典
移天缩地人心斋

避暑山庄

诗画·图咏意匠的当代再创作

天津大学

几何·山水·诗画：山地禅修文化社区设计

几何·山水·诗画：山地禅修文化社区设计

选取一个/多个景点题名，根据题名及诗画意境，结合下列单体（任选）一种，场地内择址创作。

1. 社区中心：3000~3600 m²（可2人合作），含健身养生
餐饮
娱乐
私人影院/多功能厅
（宗教）艺术画廊
员工宿舍等酌情安排

2. 禅修会所：1200~1500 m²，含6~12
间客房（至少2间带独立卫生间）特色
禅修空间（供20~30人共同使用）门厅/
体息室
茶室
书画室/展厅
内部服务用房等酌情安排

指导教师：王迪 杨菁

图1 专题设计简介（作者自绘）

入中国传统建筑文化，培养学生的历史文化意识，是天津大学建筑学院几代教师持续思考和探索的基本命题。特别是在以舶来的"鲍扎"体系为背景的我国建筑教育环境中，在当代建筑语言和物质手段已然发生翻天覆地变化的背景下，究竟该以何种方式将"传统"植入建筑设计教学之中？本项专题设计的设定正是回应这一问题的尝试之一。

在天津大学本科建筑设计课程体系中，三年级是"空间研究"的高级阶段，是承上启下的重要环节，也是设计由抽象的空间操作到真实体验落实深化的过程。空间既是设计的核心，更是解决设计问题的载体。在这个阶段，学生除了面对越来越复杂的内、外部客观条件，设计过程中"概念"的生成、推演与实现是尤为突出的重点与难点。因此，专题设计课题在原来的抽象空间训练中注入了人文性的"灵魂"。而这个"灵魂"，从创作的主观角度来说是"概念"，从设计的结果导向来说则是"体验"（包括视觉体验、空间体验、意境体验、文化体验乃至存在体验）。禅修中心设计是用当代的物质手段和新的建筑语言，基于传统建筑文化理念与体验的一种再创作。这种再创作仍然立足当代、以空间问题为引领，但更加关注环境（山地）的外在制约性和社会文化（佛教禅学）的内在导向性，并着重训练学生在设计过程中对"概念"的把握和最终"体验"的达成（图1）。

二、题目设定的思考

基于从事佛教建筑的研究与实践的经验，笔者认为佛教禅修中心专题设计是训练学生进行本土文化设计思维的有效载体。首先，佛教禅学对中国传统建筑文化的影响深远而广泛，比如：中国古代许多重要的美学范畴如"境""意境""境界""观照""圆""妙""空"等美学范畴，"曲径通幽""色空一如""芥子纳须弥""大圆镜智""闲云不系""镜花水月""天香花雨""清凉世界""般若虚舟"等审美境界，都是佛教思想的慧果；佛教还提供了"妙悟说""现量说""触类是道""即境而真""寓意于物而不留意于物"等建筑、园林的审美关照方式；佛学甚至引发了城市山林的中隐观、园林"品题"、园林小型化、写意化等与园林相关的一系列文化现象；而诸如"须弥世界""净土世界"等佛教宇宙观更是汉、藏传佛寺建筑及寺院园林形制、布局、流变的重要内因。其次，佛教空间，尤其是山林寺院及园林景观，是寄托了中国人高尚审美情感和宗教体验的精神居住。这种深层次的居住现象高度地融括了主体与客体，实现了人与自然、人与社会的情感交流和精神对话。因此，佛教空间绝不仅是负载着狭义使用功能的物质空间场所，而是与审美主体精神交相辉映、相得益彰的文化共生体。在这里，空间被赋予了人的精神内涵，物境被情境化了，客体打上了主体的烙印；建筑与自然不再是身外之景，而成为内在主体精神的外在显现，成为超越主客体差别、注重意境、注重精神超越和本体存在的生命终极关怀。再次，"天下名山僧占多"，传统山林佛寺建筑组群

往往与复杂的山地环境巧妙结合，利用自然景观营造出错落有致且意境丰富的空间序列，体现出了中国传统建筑独特的环境设计观和技巧。最后，遍布全国各地的禅佛建筑及景观遗存也为学生提供了丰富而方便的借鉴案例。因此，课程设计题目以"禅修中心"这种带有佛教禅修意味的小型主题会所作为功能设定，一方面可以让学生更多地关注"概念"和空间、意境、文化乃至存在性的多重"体验"，另一方面可以从传统佛教建筑和景观中汲取更多的设计智慧。

而承德避暑山庄中的禅佛景点，无疑是这一传统智慧的代表。这座现存中国最大的皇家宫苑，始建于康熙四十二年（1703 年），乾隆五十五年（1790 年）完工，历时 87 年，占地面积 564 万平方米，楼、台、殿、阁、轩、斋、亭、榭、庙、塔、廊、桥一百二十余处，尤以康、乾御题七十二景闻名，而其中带有明显禅佛意味的景点就有三十余处，如："无暑清凉""万壑松风""四面云山""锤峰落照""曲水荷香""香远益清""金莲映日""远近泉声""云帆月舫""澄泉绕石""镜水云岑""双湖夹镜""水流云在""驯鹿坡""畅远台""冷香亭""观莲所""清晖亭""般若相""沧浪屿""一片云""宿云檐""澄观斋""翠云岩""罨画窗""千尺雪""宁静斋""素尚斋""永恬居""如意洲"等。

正是基于上述原因，笔者结合天津大学建筑学院专题设计改革，在三年级设计课程中，设置"避暑山庄禅佛意匠的当代再创作：山地禅修中心"设计专题，要求学生在避暑山庄康乾七十二景图咏中选取相关景点，结合题名及诗画意境，提炼出形式概念（形式要素或形式关系），并在一处全新的自然场地中自由择址，结合下列单体（任选）一种进行创作，以满足人们进行礼佛仪式和禅修、饮茶、体悟、交流等活动的场所，并共同组成禅修主题度假社区。

社区服务中心：3000~3600m²，含健身养生、餐饮、娱乐、私人影院／多功能厅、（佛教）艺术画廊，其余如员工宿舍、辅助空间等酌情安排。

禅修中心（会所）：1200~1500m²，含 6~12 间客房、特色禅修空间（供 20~30 人共同使用）、门厅／休息厅、茶室、书画室、展厅、其余内部服务用房等酌情安排。

在教学过程中，强调学生时刻关注设计中三个相互关联的要素（图2）：

（1）意境的原始文本：避暑山庄康乾七十二景图咏；

（2）内在形式：包括基本的形式要素、形式要素之间的相互关系、形式组织产生的空间体验；

（3）外在场地：包括选址、认知场地自身的空间属性，处理形式与场地的关系，依托场地组织造景，从而达到建筑意境的最终完成。

具体来说，通过对选取图咏诗文绘画的研究及其背后典故和历史意义等人文精神的拓展性阅读，学生需要提炼出一个"基于空间体验的关键词"，比如"漂浮""虚朗灵动""虚含无尽藏""变化归静寂""动与止"等。其中有些关键词本身就包含着一组对立的关系，这非常有利于进一步组织空间关系，生成空间体系；而那些不包含关系的关键词，则可以将其"对立面"加入，构成一组关系，比如"漂浮—拥抱""虚朗灵动—坚实静默""静止·永恒—运动·瞬间"，作为生成空间体系的依据。另一方面，学生可以从景点图咏或相关的艺术作品中寻找具体的形式要素和原型，比如"镜""云纹弧形""帆舟""虹桥""起伏的承载面"等，用其表达基于空间体验的关键词、容纳禅修相关的行为活动，并最终塑造出景点图咏中的意境。

作为整个设计过程核心的"形式概念"包括了两个方面：其一，作为手段的形式要素——可以是空间或造型的母题、结构和建造体系、交通动线的特殊方式、特定材料的表达（如透明、半透明、反射）等，它作为形式生成的出发点，主导并贯穿整个设计过程；其二，作为目的的空间意境，它指导着形式操作的方向和评价标准，决定着设计过程中各个环节的判断与选择，从而避免设计流于手法的盲目堆砌。

在课程设计中，学生以基于传统文化"意境体验"的避暑山庄图咏作为设计概念生成的"原始文本"，从中提炼形式要素和／或形式关系，设定要力图达到的"意境"目标，并将其置于复杂山地环境之中，通过选址、落位、调整、造景、空间序列营造等一系列操作，最终将避暑山庄景点的意境以全新的建筑手法转译出来。在此过程中，结合相关的专题讲座和实地参观，学生会不断地将"意境体验"的"平行创作"——避暑山庄中的原始景点（遗址），与自己各个阶段的设计

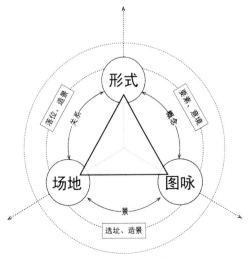

图2　专题设计三要素概念图解（作者自绘）

成果进行横向比较，从中发掘、体验传统建筑在择址、对景、借景等方面的设计意匠，仿佛自己同历史深处的设计者们（帝王、文人、匠师）采用各自时代的语言，在不同的场地中做着同样的"命题作文"。可以说，避暑山庄原景点与专题设计题目无论在外部环境、内部功能抑或建筑语言上，都是迥然相异的，但二者"共享"着同一个"概念的原始文本"——避暑山庄图咏诗画中的"意境体验"。

三、教学环节的设置

教学过程中，"山地禅修中心"专题设计由教学初期、中期、后期的三个阶段，以及设置其中的专题宣讲、避暑山庄七十二景图咏解读及意境体验选择、形式概念生成、场地解读及方案择址、概念落位、草案生成、避暑山庄实地参访、方案调整和方案深化等九个环节构成，中间穿插相关的专题讲座（表1）。

教学环节的设定　　　　　　　　　　　　　　　表1

阶段	序号	教学环节	内容要求	教学目的
课程初期	1	专题宣讲	1. 介绍专题 2. 阅读《避暑山庄图咏》《避暑山庄禅佛景点概览汇编》 3. 制作 1/1000 基地模型以及 SU 模型 4. 山地景观性建筑案例搜集及分析。按照位置（山顶、山脚、山腰、山谷）和坡度(1/10 以下、1/10~1/4、1/4~1/2、1/2 以上)分类归纳。 5. 系列讲座	1. 初步场地认知 2. 选择意向景点
课程初期	2	图咏意境解读	分析选择的景点图咏，提炼基于空间体验的关键词	形成基于体验的抽象概念
课程初期	3	形式概念生成	提炼形式要素及形式关系，绘制草图及制作 1/1000 概念图解模型	将抽象概念具体化为形式概念
课程初期	4	场地解读及择址	1/1000 基地模型结合 SU 场地模型	感受场地空间特质，体会建筑形式与场地的内在关联
课程初期	5	概念落位	1/500 模型	处理建筑形式与场地的关系，初步尝试组景、借景与造景
课程初期	6	草案生成	1. 绘制 1/200 建筑平、剖面一草图纸 2. 制作 1/200 模型	以"意境"为目标，进一步处理建筑、场地、概念之间的关系
			初期评图，由年级组教师对学生方案进行评审	
课程中期	7		避暑山庄参访	
课程中期	8	方案调整	1. 结合初期评图意见及避暑山庄实地参访的体会，调整概念草案 2. 绘制 1/100 建筑平、立、剖面二草图纸 3. 制作 1/100 模型	表达概念，设计同环境的关系，空间序列的组织
			中期评图，由年级组教师及客座评委对学生方案进行评审	
课程后期	9	方案深化	1. 设定深化方向（如空间、光、材料、环境景观等） 2. 制作 1/50 特色（禅堂）空间模型	紧扣设计概念，营造空间环境的意境
			终期评图，由年级组教师及客座评委对学生方案进行评审	

在专题宣讲的第一周，围绕专题设计的主题，指导教师及学院相关领域的研究者为学生举办避暑山庄的建筑园林艺术、中国传统建筑文化中的禅佛基因、山地建筑设计、滨水建筑设计、当代精神空间设计实践系列专题讲座。这些讲座帮助学生高效地了解了专题设计涉及的知识点，为下一步的设计做好铺垫。讲座依据各年专题设计的时长、学生的能力养成等具体情况灵活增减。讲座进行的同时，教师指导学生通读《避暑山庄图咏》《避暑山庄禅佛景点概览（自编）》，并选择自己准备转译的意向景点。在场地方面，教师组织学生进行山地景观性建筑案例的搜集和分析，按照位置（山顶、山脚、山腰、山谷）和坡度（1/10 以下、1/10~1/4、1/4~1/2、1/2 以上）分类归纳，集体讨论。与此同时，教师要求学生在课下按照空间 XYZ 轴的三个不同相度，用木板制作水平、横、纵剖切而成的场地模型，将山体环境以三种不同的肌理予以表达，并辅以 SU 的三维模型，激发学生对基地环境的不同理解。

进入专题设计第二周，学生首先结合相关研究论文，进一步分析前期选定的意向景点和图咏，提炼基于空间体验的关键词，并形成基于体验的抽象概念。之后，教师会根据每位同学的具体情况，指导学生阅读有关典籍或宗教绘画雕塑中对空间场景的表达，或搜集文学、美术、音乐和影视作品中表达相似意境与体验的案例，将抽象概念具体化为形式概念（形式要素及形式关系），明确空间意境的目标，并绘制草图及制作 1/1000 概念图解模型。

接下来，学生分别在 1/1000 实体基地模型和 SU 场地模型中感受场地的空间特质，选择建筑安放的位置，体会建筑形式与场地的内在关联。其中实体模型更便于从"上帝视角"高效地选择场地区域、判断建筑与场地的相互关系，而 SU 模型则在确定借景、对景中更为直观。建筑落位后，学生会将局部场地模型放大为 1/500，以便更清晰地处理建筑形式与场地的关系，并尝试组景、借景与造景。而后，学生以"意境"为目标、以"形式概念"为手段，根据教师指导意见进一步处理建筑、场地、概念之间的关系，绘制 1/200 的建筑平、剖面一草图纸，制作 1/200 模型，形成初步的设计草案，并参加年级组的初期评图。

基于之前对避暑山庄七十二景图咏的研读，以及近三周以来围绕主题景点的择址、设计、造景体会，教师组织学生赶赴承德避暑山庄实地考察。由于之前的积累，学生带着更主动和敏锐的眼睛，体验这座凝聚着传统智慧精华的皇家宫苑，并与自己的草案进行横向比较，从中发掘、体验传统建筑在择址、对景、借景等方面的设计意匠。

带着初期评图教学组提出的意见和实地参访避暑山庄的心得，学生进入设计的中期阶段：着手调整概念草案，强化设计概念，细化建筑同环境的关系，深入组织相应的空间序列，绘制 1/100 的建筑平、立、剖面二草图纸，并制作 1/100 的模型进一步推敲建筑的空间。

在专题设计最后两周，学生结合中期评图时教学组的意见和个人思考，设定深化设计的方向（如空间、光、材料、环境景观等），紧扣设计概念，营造空间环境的意境，并制作 1/50 的特色（禅堂）空间模型。最终，学生提交设计成果，由年级组及客座评委进行终期评定。

整个教学周期中，通过内在的形式概念、外部的场地要素，以及作为参照的原始文本——避暑山庄图咏三者之间的反复操作，训练了学生发展和组织形式概念、应对场地外部环境、塑造空间意境的能力，发掘其对于空间体验的洞察力和想象力，并以此为契机，培养学生体味、尊重、继承传统设计文化的意识。

四、客观评价：学生作品分析

学生提交的设计作业在客观上反映出专题的目的得到了实现，学生在一定程度上理解并学习了传统文化以及传统的设计方法和思维，对于把握、发展设计中的"概念"有了较大的提升。

在《一片云》的设计作品中，作者从乾隆御制诗"白云一片才生岫，瞥眼岫云一片成。变幻千般归静寄，无心妙致想泉明"中提取出"一片云"与"云一片"：以写仿片云的"弧形"作为基本造型语言，以"无心"和"变化归静寂"作为设计策略，结合场地植被，通过正反、虚实以及对应人体尺度不同高度的弧形界面雕凿内部漫游空间与停留空间，塑造复杂多变的光影感受，写仿流云卷舒的动态效果，最终导入静寂的灵修空间（图 3）。

在《水流云在》的设计作品中，作者从"云的倒影在流动的水中静止不动"这一充满禅意的画面中提炼出"静止与流动""虚与实"的相互转化，并以京都龙安寺石庭作为形式原型：枯山水中"七一五一三"块大、中、小三类"静止与实"的石块分别被转译为贯穿两层楼板的混凝土导光筒、下层向水面探出的下

图 3　一片云（学生：梁嘉何）

沉坐禅台阶，以及最上部开在屋顶上的小型采光天窗；而枯山水中象征水面、代表"流动与虚"的白砂石铺面，被转译为底层室外反射水面和架空层楼板两个水平面。底层的室外反射水面空间、二层带有"漂浮"的坐禅空间和屋顶垂下巨大导光筒的低矮夹层，以及在巨大混凝土"光筒丛林"和"光斑云朵"中的上层空间，都呈现出一种静止与流动、虚与实恍若梦幻的佛教空间体验（图4）。

在《云帆月舫》的图咏之中，康熙着力描绘了一种洒脱自在、虚舟不系的"浮居"体验。设计者从中提炼出"帆舟"的造型元素以及核心的空间概念"个体自由的漂浮感"。结合禅修中的集体修习与个人清修，在"个体自由的漂浮感：独立清修"之外，又增加了其对立面"群体归属的拥抱感：集体修习"。那么概念的核心就成为：如何用"帆舟"的造型元素塑造这样一组对立的意境体验？设计者选址半山腰一处台地，以"如来佛掌"的姿态放入场地之中，四个折板屋顶构成"帆舟"造型的半屈"手指"，内侧形成的类似包厢一样的"半私密领域"共同围抱出一个面对山坡的"集体禅修空间"，上部覆盖"云状"玻璃屋顶，由穿插在场地中的树状斜柱支撑，塑造出释迦牟尼树下参禅的空间体验；而"帆舟手指"的外侧，悬在山腰之上俯瞰山下的独立空间，则成为个人清修的"浮居空间"。整体方案从内向外形成公共、半私密、私密的三个层次，空间关系简明而统一（图5）。

《南山积雪·须弥灵境》的图咏传达出苍凉的皑皑白雪看似恒常却又稍纵即逝的"永恒—瞬间"的佛教虚空观和无常观。设计者将佛教宇宙观中的"须弥山"（内）与场地中的"积雪南山"（外）相互对照，提炼场地山体等高线"三角形母题"的形式要素，并以佛教"转山、转塔"的独特方式将其螺旋向上生成建筑体量，螺旋向内生成一条"转经"动线，二者共同组成由动到静、由外至内盘旋至最高点转而向外回看的空间序列：沿等高线往复向内接近建筑的三角形转山流线——建筑内部穿插在"须弥山"（核心筒禅堂）之间的转塔流线——逐步内省、直达地下核心的向下动线——回头向上，盘旋进入上层悬挑的静观空间、面南赏雪（静观空间为场地等高线"倒模"形成的木质观景墙）。方案中以提炼自场地的动态三角形作为形式母题，将"运动—转经—瞬间"与"静止—观照—永恒"交织在一起，产生戏剧化的空间体验（图6）。

在《镜水云岑》中，设计者结合御制诗画所描述的"水镜涵虚朗，岑云远接连。尽看流动意，不著象言诠。岚影落空翠，波光合暝烟。仰参兼俯察，易蕴睿题全"的意境，提炼出"动—静、虚—实的变化间探寻灵魂本真"的精神内核。形式要素选取连续起伏的界面，衍生出"起伏、打破、串通"三个空间原型，凹处聚集成水池，凸起部分则根据高度具有不同的功能，共同构成"虚／动：水疗"与"实／静：禅窟"的内部场景。不同维度的地表、顶面起伏，将山水动静对立的意象引入建筑，以求在虚实变化间探寻灵魂本真（图7）。

而《长虹饮练·妙有含藏》的设计作品，作为整个禅修社区的服务中心，选址在场地前端山口处、横亘在两山之间，以"长虹饮练"作为造型意象，以"妙有含藏"作为空间意象，创造"桃花源"中的溯溪而上、

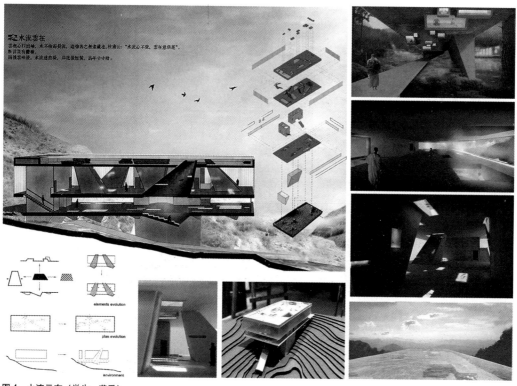

图4　水流云在（学生：龚乔）

图5 云帆月舫（学生：于嘉琦）

图6 南山积雪·须弥灵境
（学生：朱斯琪）

转过山口另有天地的整体空间序列。"虹桥"既是整个社区的入口界面，又是联系两山步行系统的纽带；既是山地环境中的景观，又是俯瞰入口山谷、回看远处浩渺水库的观景器。设计中，大跨度空间桁架结构结合不同视角的山地景观，塑造出一系列对景、借景的室内景观（图8）。

五、主观评价：教学效果的调查与分析

针对教学效果，笔者在设计专题结束后对专题组24名学生进行了有针对性的问卷调查，调查结果显示：

专题设计中，全部学生都曾积极了解避暑山庄相关景点图咏和其背后的意境与文化体验（其中33%的学生选择"有"，67%的学生选择"非常深入"）；全部学生（100%）认为专题设计有助于其理解、学习传统建筑文化和设计思维（其中50%的学生认为"非常明显"）；67%的学生认为专题设计对其把握、发展设计中的"概念"有"非常明显"的提升，另有33%的学生认为有一定的提升；在教学强度的反馈上，71%

图7 镜水云岑（学生：杨钧然）

的同学认为专题设计与三年级其他设计相比，在工作量和强度上持平，其余29%认为"相比有所增加，但能够承受"。

由上述参加专题同学的主观反馈可以看出，"山地禅修中心"专题教学在比较合理的强度前提下，很好地达到了预期效果（表2）。

六、结语

西方建筑设计思想引入中国是对我国现代建筑文化的一种启迪，对我国的建筑设计有着深远的影响。基于新的建筑材料、技术和严格的逻辑体系，国际通用的建筑设计语言有其强大的合理性和优越性；另一方面，基于文化的多元性，建筑设计的本土化也在不断做出回应。在这一大背景下，建筑创作中盲目地泥古仿古，已非新一代建筑师的明智之举。21世纪今天的建筑创作，如何立足于当代的建筑技术和建筑语言，同时将我国传统建筑文化和建筑设计思维的"灵魂"注入其中，并养成一种自觉，这副来自老一辈建筑教育工作者的重担，也需要我们传递给未来新一代的建筑师。

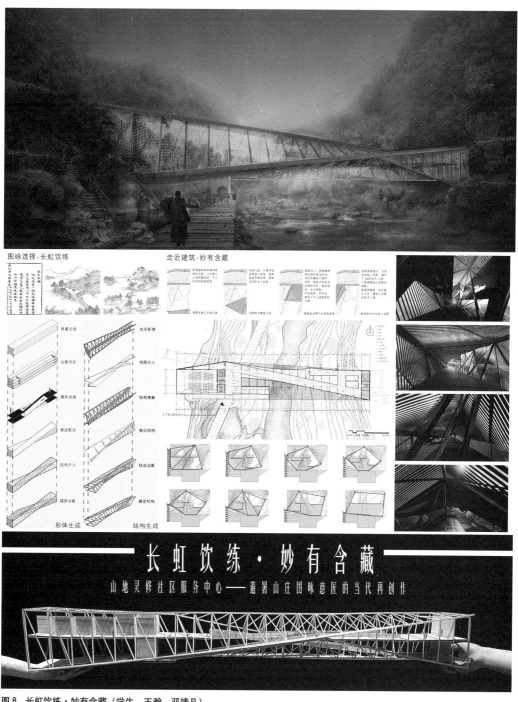

图8 长虹饮练·妙有含藏（学生：王瀚 邓靖凡）

教学效果问卷调查结果统计（共24人）　　　　　　　　表2

调查问题	完全没有	有	非常深入或显著
专题设计中你是否深入了解了避暑山庄景点、图咏的意境与文化体验	0	8	16
	0%	33%	67%
专题设计是否对你理解、学习传统建筑文化和设计思维有帮助	0	12	12
	0%	50%	50%
专题设计是否对你把握、发展设计中的"概念"有提升	0	8	16
	0%	33%	67%
设计过程中安排的讲座是否对你的设计有帮助	0	15	9
	0%	63%	37%
避暑山庄考察是否有助于你理解中国传统建筑的择址与造景	0	7	17
	0%	29%	71%
避暑山庄考察是否对你的设计有帮助	0	6	18
	0%	25%	75%
专题设计与三年级其他设计相比，在工作量和强度上是否有明显区别	17	7	0
	71%	29%	0%
	持平	有所增加但能承受	增加很大无法承受

参考文献

[1]　御制避暑山庄诗.三十六景诗.康熙书.沈喻画.清康熙五十一年 [Z]. 天津：天津古籍出版社，2008.

[2]　避暑山庄七十二景诗 [Z]. 北京：地质出版社，1993.

[3]　清朝中央政府. 钦定热河志 [Z]. 天津：天津古籍出版社，2003.

[4]　弘历. 清高宗御制诗文集 [Z]. 北京：中国人民大学出版社，1995.

[5]　天津大学建筑学院，承德市文物局. 承德古建筑 [M]. 北京：中国建筑工业出版社，1983.

[6]　彭一刚. 中国古典园林分析 [M]. 北京：中国建筑工业出版社，1986.

[7]　周维权. 中国古典园林史 [M]. 北京：清华大学出版社，1990.

[8]　王其亨等. 风水理论研究 [M]. 天津大学出版社，2005.

[9]　于佩岑，段钟嵘. 避暑山庄御制诗联解读与品评 [M]. 保定：河北大学出版社，2013.

[10]　赵晓峰. 禅佛文化对清代皇家园林的影响——兼论中国古典园林艺术精神及审美观念的演进 [D] . 天津大学博士学位论文，2002.

[11]　崔山. 期万类之乂和；思大化之周浃——康熙造园思想研究 [D]. 天津大学硕士学位论文，2004.

[12]　赵春兰. 周裨瀛海诚旷哉，昆仑方壶缩地来——乾隆造园思想研究 [D]. 天津大学硕士学位论文，1997.

[13]　王戈. 移植中的创造——清代皇家园林创作中类型学与现象学 [D]. 天津大学硕士学位论文，1993.

图表来源

本文所有图表均为作者自绘或学生作业

作者：王迪，天津大学建筑学院副教授，工学博士；杨菁（通讯作者），博士，天津大学建筑学院副教授，建筑历史与理论研究所副所长

从传统民居到当代民宿

——基于传统建筑的当代演绎教学探索

张 龙 赵晓彤 王志刚 周 婷

From Traditional Residence to Residential Hotel
—Exploration of contemporary deductive teaching based on traditional architecture

■ 摘要：回顾国内外"基于传统建筑的当代演绎"的建筑作品及其理念方法，分析、总结设计难点与转译手段。基于"针对传统的认知与分析"与"立足现实的传承与演绎"两个层面，提出天津大学本科四年级"传统建筑之现代演绎——基于传统乡土建筑研究的民宿酒店设计"的课程教案。从教学成果中"民居的研究转译"、"民宿的方案设计"和"结构方面的创新"三方面反思建筑学研究与教学的经验，讨论"诗性思维"和"理性思维"在传统建筑演绎领域的意义。

■ 关键词：现代演绎；建筑教学；传统民居；民宿设计

Abstract：This paper reviews the attempt of "contemporary deduction based on traditional architecture" at home and abroad, and analyzes and summarizes the difficulties and translation methods of design. Based on the two levels of "traditional cognition and analysis" and "inheritance and deduction based on reality", the curriculum teaching plan of "modern interpretation of traditional architecture—— Design of residential hotel based on traditional local architecture" in the fourth grade of Tianjin University is proposed. This paper reflects on the experience of architecture research and teaching from three aspects of teaching achievements, namely "research translation of residential buildings", "design of accommodation scheme" and "innovation in structure". The significance of "poetic thinking" and "rational thinking" in the field of traditional architectural deduction is discussed.

Keywords：modern interpretation, architectural education, traditional residence, residential hotel design

基金项目：国家自然科学基金重点项目（52038007）基于中华语境"建筑—人—环境"融贯机制的当代营建体系重构研究；
自然科学基金面上项目（51878435）基于传统民居模块化分析的装配式生态农宅设计研究。

在中国快速城镇化进程的背景下，如何让传统建筑与现代建筑产生对话是建筑创作与建筑教育一直关注的话题，国内各建筑院校也纷纷尝试将传统建筑文化传承与创新带入课堂，取得一系列探索性成果。如清华大学开展"城市翻修"系列教学，包含对北京历史街区的更新与改造，以求能够解决城市空间更新发展问题，传承与创造新的城市空间特色[1]；东南大学杨靖老师以我国典型的传统民居为研究对象，在对当地气候特点、居民生活习俗及当代生活需求探究的基础上，进行传统民居的现代多高层住区演绎设计教学课程①；同济大学以文化输出为导向，进行老城厢历史街区更新与建筑改造设计[2]；为让学生进一步了解传统建筑、触及细部、感受空间，并将传统建筑之精髓汲取到现代建筑设计上来，天津大学建筑学院构建了"传统语境下的设计与理论教学"体系，并承担了国家自然科学基金重点项目——《基于中华语境"建筑—人—环境"融贯机制的当代营建体系重构研究》。四年级"基于传统乡土建筑研究的民宿酒店设计"课程便是其中一环，希望将历史作为设计构思的原初性指向，并结合当代的文化语境与行为方式进行知识建构与传承，从而形成指导建筑实践的设计方法[3]。

一、基于传统乡土建筑的当代演绎研究

民居聚落是乡土建筑②中的一种，其根植于当地资源、生活方式、家族观念、邻里关系与社会文化，具有以下特点：和谐共存的环境观念，独具特色的建筑风格，巧妙实用的建构细节。乡土建筑多出自民间工匠之手，属于"没有建筑师的建筑"，但在经历了千百年的生长与演化后，与自然环境和谐相处，与日常生活息息相关，与地方文化融为一体。它们既是重要的文化遗产，也是当代建筑创作的灵感源泉。

1. 当代演绎的途径

国际上有许多优秀建筑作品是基于乡土建筑演绎而来的：在梼原木桥博物馆，隈研吾利用日本传统寺庙建筑中的重叠木构系统"Tokiyo"，创造了一种"木砌体"，从两端逐渐延伸形成桥梁，从结构和材料两方面都实现了"具体性"与"抽象性"[4]；在圣·本尼克教堂，卒姆托选用当地不同宽度的瓦木以鳞片状排布，瓦木上深浅不一的痕迹，让教堂更回归自然[5]……国内亦有不少建筑作品以乡土建筑为原型加以转译，如"中而新，苏而新"的苏州博物馆、"整山理水，在地造园"的中国美院象山校区、"留树作庭，折顶拟山"的绩溪博物馆[6]等，均体现出古典的诗性与现代的理性。这些优秀的作品虽然背景不同、需求不同、采取的设计策略也不同，但其操作方法则是相似的，都是遵循着"研究—抽象—具象"的过程。

研究，是将对象剖析，将建筑置于大背景下探究其生成过程以及与人和环境的关系，学习其中的原理、规律、内涵、逻辑，形成整体系统的认知。

抽象，则是以研究为基础，取其共同的、本质的特征，从传统建筑中探求它们对自然的应对方式、与人的相互关系、地域文化的呈现，并形成自己的总结、理解、判断，最终获取概念。

具象，是以抽象的概念为指引，结合现场和实际，运用具体的设计手法解决问题、满足需求、提供"产品"；其中对于形式的生成，涉及理性逻辑下对建筑基本问题、基本要素和语言的重新理解：建筑的基本问题包括功能使用、身体感知、材料结构、场地环境等因素；建筑的基本要素和语言则应重新追溯基本要素及其构成，在摒除装饰性要素的基础上，继续打破固有模式（如功能体量的组合模式），回归更为抽象的空间形式要素，由此重构现代建筑的语言[7]。

这是一个理性思考与分析的过程，如解一道数学题一般，每步都有其中的道理与缘由，但诗性与感性也必不可少，参与者的审美与偏好能够赋予其逻辑之外的美感，这是范式的唯一解答案替代不了的。

2. 问题与难点

在当代中国的建筑体系下，依传统建筑演绎而来的新建筑的设计与建成依旧面临着许多问题与困难。

在地理环境方面，应着眼环境对建筑的制约上。现代建筑所处的自然环境往往同传统民居建筑的营建条件大为不同。传统民居对待自然的策略，以及因环境而特有的层次、布局等，并不都适用于现代建筑设计。

在文化内涵上，演绎过程易陷入仅体现某一时期的地域特性从而将历史特性简单符号化的僵局（为了传统而传统，局限地使用传统语言）。除此之外，设计也易过度依赖引入的外来建筑理论或局限片面地使用传统语言③，纠结于"传统建筑"的表面而忽略了"建筑传统"④的内涵，传统建筑内在的文化特性和演进规律便不复存在了。

在空间尺度上，由于人们生活居住习惯的改变，传统民居建筑的空间、采光等设计已无法满足现代人的需求，传统民居的小尺度也不易适用于部分大尺度的空间设计，其中的空间节奏、视线流线等很难直接应用于现代建筑上来。

在工艺技术上，现代营造的技术、材料的变革与传统建造相差较大。传统建筑往往就地取材，这使得其在自然面前更加谦逊相融，但就现代建筑营造而言，考虑到经济、安全与施工原因，选材多为现代材料。"岁月对材料的侵蚀远远小于自然材料，而当人们进入现代建筑之中时的那种生硬冰冷感就是源于此，当建筑失去了年轮的指引，它就已经脱离了这个真实的自然世界。由此，中国建筑的追寻不只是传统工艺的现代化，更是现代冰冷材料的生命化"[8]。

图1　梼原木桥博物馆

图2　圣·本尼克教堂

图3　中国美院象山校区

图4　苏州博物馆

二、课程教案的设计

基于对传统民居建筑的现代演绎的研究，我们确定了教学的整体思路，并在此次教学中选用了"民宿酒店"这一主题。在乡村振兴背景下，国家相继出台政策发展乡村旅游，有规划地开发"乡村酒店"、"特色民宿"[9]，民宿设计成为当下较为热门的话题，但也随之产生许多同质化无特色的民宿，无法彰显传统村落文化[10]。因此，学生在校期间能获得传统建筑在现代语境中传承与创新等相关的研究学习便是一件十分有意义的事了，这不仅能使他们重视中华传统中人和环境的密切关系，研究传统建筑的形式与结构特征，综合地看待建筑问题，也能够培养他们建立传统营建信息与现代建筑语言之间联系的能力。于中华营造和现代演绎方面而言，则希冀教师和学生的共同探索能够为传统建筑融入现代设计提供新的思路，有助于推动延续中华传统文化基因的建筑学知识体系的整体建构和建筑学范式的转变⑥。

1. 教学目标

此次课程的教学重点在于引发传统建筑与现代建筑的对话，引导学生探索演绎之方法，因此教学目标在于以下两点：

1）针对传统的认知与分析：认知传统乡土建筑的空间、形体、材料、构造、组织的特点，并分析这些特点与气候、地形、行为、文化、宗教等因素的关系，理解传统建筑文化及其蕴含的经验与智慧。

2）立足现实的传承与演绎：在上述研究的基础上，结合当前的技术条件和功能要求，从场地、布局、空间、形体、材料、构造等方面体现对传统乡土建筑的传承与演绎。对场地设计、组团布局、空间组织、大跨空间、构造做法等内容进行专项学习。

2. 设计任务

此次课程给定一南方沿湖坡地地场地，西南侧有车行道路，东北方向为生态林地和湖区，用地面积约10000m²，设计时应尽量减少对地形和植被的影响。学生需结合所选传统民居建筑进行现代演绎，完成民宿酒店设计：面积约为4000m²，不超过3层，包括住宿和服务两大功能；住宿部分2400m²左右；服务部分约1600m²，其中包含一个多功能大空间，可用于大型宴会、展览和会议，面积约为800m²，主体为1层，其他功能如娱乐、健身、办公、厨房、设备、储藏等空间约800m²；除了集中设置20个公共停车位，客房区建议设置少量车位。根据传统民居村落的基本形式特征，我们建议学生在客房区借鉴聚落民居的组织方式，分为若干客房组团，客房间组合关系类似于村落中的民居，在相互独立的前提下，又可保持一定的联系；客房可包括多种类型，除了标准间，也可以考虑院落式、跃层式等类型；服务区功能可结合所选地域的文化特别设定；在多功能大空间的结构方面，建议采取坡顶或曲面屋顶形式及新型木结构体系。

3．教学组织

根据以往传统建筑现代演绎的方式方法与特征，我们将教学内容拆分为三大阶段进行教学任务的组织，分别是传统民居建筑的认知阶段、民宿酒店方案设计阶段以及乡土建构现代演绎阶段，也是学习—抽象—具象的过程。教学过程中注重同学生间的讨论分享，关注建筑演绎涉及的本质问题，探究其机理、方法与逻辑，尝试设计的多种可能。

传统民居建筑的认知阶段，学生根据自己的家乡或者喜好的地域选择此次研究的对象，进行实地调研及相关文献书籍的研读。通过分析传统民居案例，研究其建筑及组团的空间特点，以及建筑与环境、气候、行为之间的关系。并搜集与学习国内外设计案例，分析其设计理念及手法与传统民居的关系。

民宿酒店方案设计阶段就是在研究传统民居建筑的基础上，建立人、建筑、环境三者之间的关系，提炼其建筑本身以及与场地、环境之间的设计策略。解决抽象什么、转译什么的问题。结合所给场地，确定方案的基本概念并进行中期汇报，计划三周完成，后两周则着重解决空间、形式、视线及功能组织等设计问题，完善设计方案，进行中期评图答辩。

乡土建构现代演绎阶段位于课程的最后四周，前阶段评图过后，学生们需结合指导老师及专家评委的建议进行方案的调整，并深化大空间设计和构造做法的研究利用。

4．各教学阶段的难点与方法

在传统民居建筑认知阶段，难点在于应具体从哪些方面学习传统民居建筑，如何挖掘传统民居中深层次的内涵，如营建理念、场地应对策略等，而不仅局限在建筑外观的传统元素或是建筑的组成部分上。教师向同学们讲解传统民居的基本知识，引导学生发掘自然因素和社会因素对传统村镇聚落形态的影响，从美学角度看待村落景观问题，研究村镇聚落形态的形成，以求乡土建筑文化的延长与再生[11]。在此阶段形成的成果应包含对于传统民居建筑全面而深刻的研究分析，挖掘传统民居中的闪光点，并将这些运用于确立演绎的整体思路及方向中。

在民宿酒店方案设计阶段，难点在于概念的产生。如何从传统民居中提炼出设计理念也几乎是每一次演绎的难点，但概念的产生确也需要设计者灵感的迸发以及经验的积累，教师在其中的作用则主要为学生提供后者上的支持，判断概念产生的合理性及可发展性，并给出概念改进的可操作建议。为保障方案的逻辑与连贯，教师也需引导学生回顾传统民居中的场地和气候因素，展

图5　绩溪博物馆

开场地及气候研究与相关设计讨论；回顾传统民居中的空间和形体特色，展开空间与形体研究与相关设计讨论；回顾传统民居中的视线与流线处理，展开视线与流线研究与相关设计讨论。学生在回顾与讨论中优化功能流线、厘清生成逻辑、深化空间布局，形成图纸及方案模型。

在乡土建构现代演绎阶段，难点在于如何选择合适的结构做法，既能符合空间的具体特征又合理、科学、坚固、美观；另外，木构作为传统建筑关键之所在，如何在存其内在逻辑与韵味的同时，加以创新形成"新"的设计也是转译的难点。在此过程中，对传统结构进行现代演绎离不开基于传统木结构与新型结构的研究与分析。例如，传统木构中，各构件是如何联系互相作用的、受力体系是如何组织的、哪些结构、节点是可以简化或者省略的……诸如此类，皆需要从整体到细节的剖析学习。在此阶段，我们安排结构专业老师帮助学生分析传统木构实例与结构转译案例、纠正学生结构设计中的不足，为学生们提供了理论与实践上的帮助；建筑专业老师则在其中把握结构与形式之间的度，保证最终呈现的合理与美观。学生在此阶段的主要任务则是基于对木构的研究进行大跨空间结构的推敲与设计，并通过相应软件进行结构受力上的计算分析，深化整体方案以及制作方案、结构节点模型。

三、民居研究在设计中的体现

根据我们对现代演绎总结出的策略与方法，在教学过程中着重引导学生方案的出发点、整体

逻辑以及设计手法,并注重培养学生"诗性"与"理性"思维的表达。

1．演绎的切入点

一是从平面入手,探究传统民居村落的图底关系,或延续其手法,或重组其空间,或抽象出规律,形成新的概念。如《游·观·居》组学习浙北民居中入其内而游的平面空间布局,将水巷间的园林宅邸搬到山间,并巧用了游廊空间的融合性与引导性,沟通四方、赏廊下百景;《重巷叠院》组以提取苏州民居的庭院、交通两元素,改用竖向交通产生丰富的空间组合形式,将苏州民居在山地上立体化垂直分布;《云枝巷》组从江西民居房屋与街巷的网络中抽取出部分形态规律,并结合民宿的功能需求,形成正交与错动、体块加树洞的空间布局,并将巷道网络提升高度形成平台来规避坡度地形的不利影响,形成巷道与树洞上与下的空间趣味。

二是从立面造型或结构形象入手,探究各元素间的关系或转译其形态特征,并运用在概念的生成中。如《街·廊·檐》组以四川东南部地区古镇为研究对象,探究街、廊、檐之间的过渡、承接与从属关系,注重公共到私密的有效过渡层次,形成对川东南民居街道空间虚实结合,相互渗透的再现;《连巷 隔墙》组注重徽州地区传统聚落中的巷道与马头墙,以白墙为"底"、门窗为"形"形成虚与实的图底关系[12],并在街巷空间转折处设计了小节点的惊奇空间体验;《栽桩 巢架木为寨》组的同学们从黔东南民居建筑的构造特征入手,逐渐延伸至整个聚落的外部空间形态,是对侗居村寨因形就势、自然衍生的凝练与重构。

2．实际演绎过程

从抽象到具象往往并不是符合了理性就能达到一个令人满意的效果,最终成果的产生需要不断地斟酌与取舍,以及尝试从多方面去解决接连出现的问题。这需要结合实际场地、背景与环境,把握整体尺度,合理地转换设计手法与应对策略。以两组学生案例进行说明:

《连巷 隔墙》组一开始尝试通过天井空间形成组团之间的联系与秩序,但传统民居里的天井空间有着明显的特性,将它放在方案里作为连接形式过于生硬,传统与转译之间的度难以把握——

要么是失去了传统的感觉,要么是极度的相似。另外,异形的天井太过于注重形式而对空间本身没有优化作用,即单体和天井两者皆是散落存在,难以实现用天井组织单体,在大组团之间的组织上也很难依靠天井形成。可见单纯地变化传统民居中天井的形状而忽略它"分隔"的特性,无法使其在具体的设计中起到连接空间的作用。该组同学选择尊重民居元素原有的特征,逐渐将设计重点转化为对于传统徽州民居中的隔墙与连巷的转译上,更加突出传统聚落中墙外畅而生趣、墙内私而精致的空间意象与特质。接下来在公共部分与客房部分的空间选型上,该组依据隔墙在聚落空间中平行存在的模式将公共体块与客房部份都呈扇形放射状排布,虽有徽州民居布局的图底特点,但整体感觉较为散乱,公共与客房部分无论是从空间形式还是建筑体量之间的区分都不明显。这是因为忽略了公共与客房间的属性差异,而将其用相同手法处理,后将公共体块与客房部分体块采取不同的布置策略,即一横一纵,形成对比。这一变化改变了原有的整体空间布局,使得民宿酒店的特质更加明显,尤其是对于中间街巷的考虑以及公共部分的功能布置也产生了完全不同的结果。在乡土建构的现代演绎阶段,该组同学在传统结构的基础上加以优化,实现与现代的对话。大空间的屋架结构选择了单榀木屋架顺序布置,以顶部的联系杆联系相邻屋架,和两侧厚重的山墙承担侧推力。其间多层木杆件层层联系组织,形成三个结构层次,共同承担荷载。最终,巷道作为大体的交通组织的划分意向,做到通而不畅且随山形地势而行,控制界面和聚落的位置,使整体的布置理性合理的同时在各个节点又有着惊奇的空间体验。而山墙作为更细的一个层次对建筑空间与功能进行划分,同时控制建筑与街巷的关系,做到随机应变,有时阻隔而不打断,有时可视而不可达。

《栽桩檐巢 架木为寨》组在场地布局时,为遵循侗寨普遍重视村寨中心的布局特点,将最常规的四边形作为单体平面基本单元进行向心性组合布局,但因面积功能所限,四边形形状大小趋向同一,布置走向也易产生消极空间而多多受限,

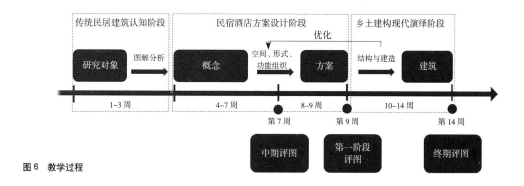

图6 教学过程

71

向心性的感觉无法很好体现，整体效果也较为散乱，没有逻辑。后转变思路，逐渐关注侗寨民居的外部空间形态，提出民居歇山顶、结构中的三角形元素本身就具有内部向心性的几何特征，可将具有同构异形关系的三种尺度的三角形排入场地网格中，使得整体平面布局更有逻辑。在建筑单体的转译上，学生最开始完全依据黔东南干栏式民居中通过设置灰空间来达到公共－半公共－私密的过渡关系这一特点，将功能用房和火塘作相同布置，并在造型上采用半透明三角空间屋顶进行拟态，于立面加以竖向杆件装饰，以呼应民居特有的均质线条感。但这种方法只是生硬地对于传统民居空间及形象的模仿和还原，处理过于呆板，实用性和美观性也不强。随着总平三角形母题的使用，单体平面也由最开始的四边形逐渐演变成三角形平面，并延续了与总平布局相同的逻辑对其空间进行划分，方案特色开始突出，主题明确，转译手法也较灵活鲜明。但，随着三角形的使用，新的问题也随之出现——柱子楼板的感觉稍显厚重不够轻盈，传统木构无法满足设计的需求。于是在结构转译阶段，教师鼓励学生用新的结构形式建立传统与现代的连接，最终选用张拉整体重构建筑空间。具体方法为：首先利用 kangaroo 对设计进行模拟，去求得结构的平衡态，得到一个基本的结构单元；然后由侧杆和横向的构件以及索形成一个张弦梁，通过张弦梁去固定上述的结构单元，配合张拉膜结构，形成一种悬浮的视觉效果。因为结构的原因，大空间上部分形成一个全开放的空间，整体的空间效果通过张拉整体和膜结构形成一种轻盈的效果，和干栏式民居轻盈的视觉效果以及山地的环境更加适应。另外，学生也将张拉整体运用在单体建筑的结构设计中，不再一味强调杆件裸露在外的装饰效果，而是利用张拉整体的简洁感搭配屋顶膜结构，在保留将作为结构的木杆件暴露在外部，将内部的围护与其分离，更加突出对干阑式民居在意向上的转译的同时，减少原有杆件及屋顶的笨拙感，使得整体结构更显轻盈、能够更灵活地适应山地地形、消隐其中。

宏村西递街巷空间分析
线性

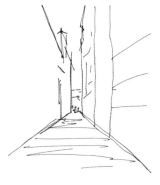

一维的街巷空间大多表现出明显的线性的因素，两侧的建筑物高度与形式相仿，给人一种较为均质的行走体验，但其比例大多都偏高偏窄，视线会集中在前方与上方。一般会在长度足够且距离出口较远的点有此种一维的线性感受。

图7　传统民居认知与研究阶段学生作业

图8　民宿酒店方案设计阶段学生作业

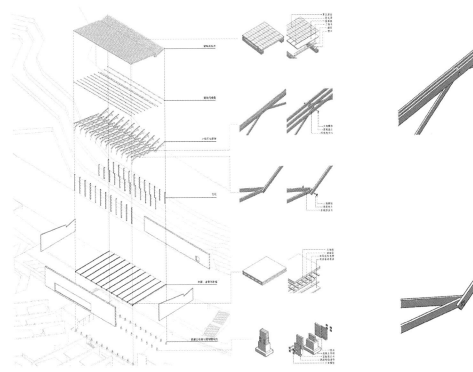

图 9 乡土建构现代演绎阶段学生作业

图 10 教学照片

四、教学成果对研究的印证与反思

　　学生产生概念的逻辑能力对设计的最终成果是影响深远的，从传统到演绎，首要的是概念的生成，而概念的生成更离不开研究过程中归纳与抽象方法的使用。在归纳中寻找传统乡土建筑中的普遍特征，并认识它有别于其他地域传统建筑的特点，并舍弃非本质的内容，从中提取出纯粹的理念，选取其中合适的，进而生成概念。就如前文《连巷　隔墙》组最开始将天井这一普遍但非本质，且不适宜的元素作为连接空间的手段，所形成的概念并不足以支撑合理的设计要求。

　　本次设计课程单独留出 5 周时间进行结构的深入研究与设计，为同学们讲解结构逻辑与实际建造，解决同学们面临的结构与空间设计相结合的矛盾与难点，配合软件模拟和手工模型制作完成整体方案的调整优化，从而避免最终成果的粗浅。相关领域的评图评委及甲方也根据自己多年来的从业经验和直觉给予学生们关于空间意象、精神营造和实际建造等层面的建议。这于我们研究传统建筑、寻找传统到演绎的途径也是一样，倘若只从建筑美学角度出发，得到的结果必定是局限的、片面的。传统建造者对材料的直觉，对结构的把握，对地理环境的预估，都源于他们世代生长于脚下的这片土地。作为旁观者，只有将各方知识进行汇总筛选，再结合实际所需，方有可能获取真实可靠的研究成果与丰

图 11 《连巷 隔墙》——基于徽州传统民居的民宿设计

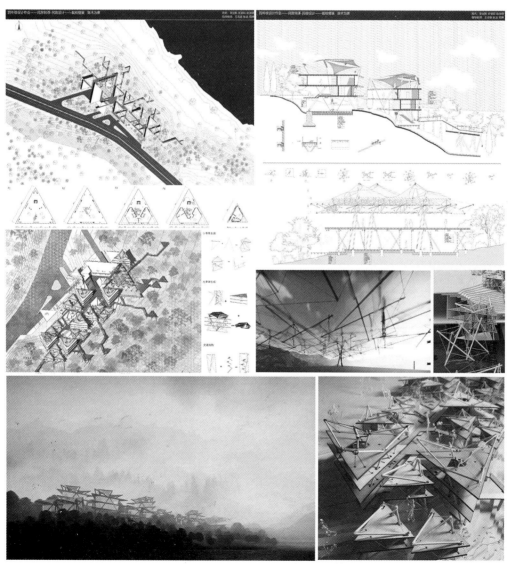

图 12 《栽桩槛巢 架木为寨》——基于黔东南干阑式传统民居的现代转译

富有效的演绎成果。

从民居到民宿、从传统到现代，这一选题也充分证明了成功的转译离不开"诗性思维"与"理性思维"的相辅相成。传统建筑中的韵味和空间体验，需要转译者体悟人在看到或身处其中的感受，并将这种感受延续到新建筑的设计中来。所以，对传统建筑空间意象以及使用者行为与感知的把握就格外重要。而关于设计过程中的整体逻辑以及结构层面的演绎则大多需要理性的思考，基于现实的限制将层层愿景经由现代的技术与材料来实现，追求合理、经济与美观。

此次课程是基于传统建筑的当代演绎教学的一次实践，希望从中我们获取的教学成果和经验能为相关教学研究及设计实践提供新的思路与借鉴。

注释

① 来源于杨靖.东南大学《东南大学建筑学四年级住区类课程设计》任务书。
② 乡土建筑：包括乡土的住宅、寺庙、祠堂、书院、戏台、酒楼、商铺、作坊、牌坊、小桥等，本质上是乡土性在其岁月流逝中乡土精神和本土文化的外在显现。
③ 来源于孔宇航.天津大学《基于中华语境"建筑—人—环境"融贯机制的当代营建体系重构研究》申报书。
④ 建筑传统：各时代人们创造的建筑文化,是内在于主体的（体系的),能够支配系统行为与观念。引自：王竹,范理扬,王玲."后传统"视野下的地域营建体系 [J].时代建筑,2008（02）：28-31.
⑤ 来源于孔宇航.天津大学《基于中华语境"建筑—人—环境"融贯机制的当代营建体系重构研究》申报书.

参考文献

[1] 朱文一,王辉."城市翻修"教学系列报告（十二）：北京白塔寺菜园社区和西单交流中心设计构思 [J].世界建筑,2012（03）：124-129.
[2] 徐宁,陈烨,陈洁萍.过程导向的景观建筑设计课程教学探讨 [J].建筑学报,2018（01）：112-117.
[3] 孔宇航,辛善超,张楠.转译与重构——传统营建智慧在建筑设计中的应用 [J].建筑学报,2020（02）：23-29.
[4] KENGO KUMA And ASSOCIATES.梼原木橋ミュージアム https：//kkaa.co.jp/works/architecture/yusuhara-wooden-bridge-museum/.
[5] 宋静文.建筑氛围的营造手法探究 [J].中外建筑,2019（06）：48-50.
[6] 李兴钢,张音玄,张哲,邢迪.留树作庭随遇而安折顶拟山会心不远——记绩溪博物馆 [J].建筑学报,2014（02）：40-45.
[7] 朱雷.范本转化与理性生成——建筑设计课程教学模式及思想演变 [J].新建筑,2019（05）：139-141.
[8] 许沛琪.对中国传统建筑语言在现代背景下如何演绎的探讨 [J].华中建筑,2019,37（03）：82-85.
[9] 孙姣姣.浙江民宿的乡村性营造策略与方法 [D].浙江大学,2017.
[10] 沈令婉.传统村落活化视角下民宿营造策略研究 [D].浙江大学,2020.
[11] 彭一刚.传统村镇聚落景观分析 [M].北京：中国建筑工业出版社,1992.
[12] 罗德启.贵州民居 [M].北京：中国建筑工业出版社,2008.

图片来源

图 1：隈研吾建筑都市设计事务所官网 https：//kkaa.co.jp/works/architecture/yusuhara-wooden-bridge-museum/
图 2：<https：//www.archdaily.com/418996/ad-classics-saint-benedict-chapel-peter-zumthor> ISSN 0719-8884
图 3：中国美院官网 http：//www.caa.edu.cn/xy/xyfg/xsxq/
图 4：http：//inews.gtimg.com/newsapp_bt/0/9003431749/1000.jpg
图 5：https：//www.gooood.cn/jixi-museum-china-by-atelier-li-xinggang.htm
图 6：作者自绘
图 7~ 图 9：学生绘制
图 10：作者自摄
图 11、图 12：学生绘制

作者：张龙，天津大学建筑学院，教授；赵晓彤，天津大学建筑学院，2020级硕士，建筑历史与理论研究方向；王志刚，天津大学建筑学院副教授，硕士生导师，天津大学乡村建设研究中心主任；国家一级注册建筑师；周婷，天津大学建筑学院副教授，硕士生导师。

天津大学建筑设计教学专辑

Special Issue on Architectural Design Education of Tianjin University

天津大学建筑构造学科发展回顾与展望

苗展堂　张昱坤　王瑞华

Review and Prospect of the development of Building Construction discipline in Tianjin University

■ 摘要：本文以时间为线索，梳理了天津大学建筑学院建筑构造学科自新中国成立前至今的发展情况，并总结了建筑构造教学史上具有代表性的四项实践改革成果。"十年树木，百年树人"，建筑构造学科的发展离不开一代代教师心血的倾注。2019 年，建筑学院建造研究所成立，在新的历史起点，建造所将站在前人的肩膀上，与时俱进，促进多学科交叉融合，推动建筑教学体系改革。

■ 关键词：建筑构造；天津大学；房屋建筑学；新工科

Abstract：Taking time as a clue, this paper combs the development of Building Construction discipline in the school of architecture of Tianjin University from before liberation to now, and summarizes four representative practical reform achievements with great influence in the teaching history. "Ten years of trees, a hundred years of people", the development of building construction discipline is inseparable from the painstaking efforts of generations of teachers. In 2019, the Institute of building construction was established. At a new historical starting point, the Institute will stand on the shoulders of predecessors, keep pace with the times, promote multidisciplinary development and promote the reform of architecture teaching system.

Keywords：Building Construction，Tianjin University，Building Architecture，Emerging Engineering Education

　　天津大学建筑构造教育研究可追溯到天大建筑系的发端，自天津工商学院建筑系和天津津沽大学建筑系到天大建筑系成立，天大建筑始终非常重视对建造知识和实践的教育，并随着时代的要求不断对课程进行调整与改革，强调理论与实践相结合，对于提升学生的建造素养起着重要的作用。在新一轮科技革命与产业变革背景下，"新工科"战略的提出更对建筑构造的发展指明了新的发展方向。

天津大学自主基金
2020XZC—0029

一、建筑系构造学科的发端

天津大学的前身是创立于 1895 年的北洋大学，北洋大学自创办之初，便设有工程学门，1903 年正式称为土木工程门。1920 年，北京大学工科学生转入北洋大学，从此北洋大学进入专办工科时期。这时，学校共设有土木、采矿、冶金三学门。1934 年河南大学土木工程学系归并北洋工学院，学校规模进一步扩大。至 1935 年，土木工程学系下设八个实验室和陈列室，其中有土木工程及建筑模型陈列室，建筑材料标本陈列室及构造工程研究室。抗战前，北洋大学土木工程教育在全国处于领先地位。1946 年接收北平临时大学补习班第五分班，形成北洋大学北平部，包括有土木系和建筑系。1947 年北洋大学本部开设建筑工程系。1949 年初天津解放，1950 年建筑系经院系调整并入北京大学工学院。1951 年，北洋大学与河北工学院合并，改称天津大学。1952 年，全国高校院系调整，津沽大学工学院的建筑工程系与土木工程系、北京交通大学铁道管理学院建筑工程系与天津大学土木工程系，共四个单位合并，成立天津大学土木建筑工程系。[4]

在北洋大学 1934–1935 年土木工程系课程中就已经涉及了房屋构造学、建筑材料学、构造理论、木工构造学等，甚至有建筑计划及制图课（表 1）。北洋大学突破以往封闭的办学模式，建立了包括建筑模型陈列室和建筑材料标本陈列室在内的大量实验室，注重工程实践，使科学研究和教学能够为社会服务。这种扎实的作风和严谨的态度，对天津大学建筑构造学科甚至整个建筑学科的发展都影响颇深。1952 年天津大学土木建筑系成立后，营造学教研室也成立起来，教研室主任由宋秉泽教授担任。

二、构造教学历史发展脉络

（一）新中国成立前

天津大学建筑学院最早的教育事业发源于天津工商学院 1937 年秋成立的建筑工程系，而在建系之前，课程体系中就已有讲授建筑构造的相关课程，虽然院系、教学组织、课程的称谓有所不同，例如"建筑构造课"曾叫作"房屋建筑""营造学"，但其实质均为"建筑构造"是不变的。

1937 年夏，由于学科专门化发展，工科教育以土木工学为主的情况越来越不能适应社会需求，天津工商学院（津沽大学前身）对工科进行了扩充，创办了建筑工程系，聘请陈炎仲教授担任系主任（图 1）。陈炎仲 1928 年毕业于伦敦建筑学会建筑专门学校，后又担任天津中国工程司建筑师、河北工学院教授，1934 年，聘入天津工商学院教授建筑学及建筑绘图，1937 年受聘为建筑工程系首任系主任。自此，建筑学教育逐渐起步。[4]

图 1　陈炎仲

北洋大学 1934—1935 年土木工程系相关课程 [8]　　　　　　　　表 1

北洋大学 1934—1935 年土木工程系二年级				
课目	上学期		下学期	
	每周时数	学分	每周时数	学分
房屋构造学	3	3		
建筑计划及制图			3	1.5
建筑材料学	3	3		
北洋大学 1934—1935 年土木工程系三年级				
构造理论	5	5		
木工构造学	1	1		
木工构造计划及制图	3	1.5		
钢建筑计划及制图			6	3
北洋大学 1934—1935 年土木工程系四年级				
高等构造理论			3	3
钢筋混凝土房屋计划及制图	3	1.5		

资料来源：北洋大学—天津大学校史编辑室，北洋大学—天津大学校史（第一卷）[M]，天津：天津大学出版社，1995

这一时期，教授建筑构造的课程名为"房屋建筑"，设置在本科二年级，占4课时，当时的课程最高也只有6课时（表2），构造的重要性可见一斑。此时建筑构造学科还未形成学科组织，每学期的任课教师也是由系主任根据计划下聘书进行聘请。1937年至1952年，"房屋建筑"课的任课老师一直由阎子亨担任，授课教材采用的是教师的自编讲义。由于当时授课老师多受过西方建筑教育，所以所编教材中英文兼有且配有插图。主要参考了1930年代出版的两本书：休廷顿（Huntington）所著 *Building Constitution* 和米切尔（Mitchell）所著 *Building Construction*。当时国内建设项目比较少，更无大型项目，所以讲义的内容讲授的仅是一些建筑构造方法较简单的低层民用建筑，涉及的工程构造尚未涉及"高层"和"大跨度"。

自1940年陈炎仲去世后，建筑工程系主任一直空缺，至1943年由沈理源担任建筑工程系主任（图2）。沈理源是国内老一代著名建筑教育家，1907年留学意大利，回国后在北京主办"华信工程司"，除承揽京津建筑业务外，长期在北京大学建筑系和天津工商学院建筑系任教。1943年接任天津工商学院建筑系第二任系主任。1940年后一直到抗战结束，工商学院建筑系注重工程实践和技术的思想已经稳固，建筑构造课程变动较小。1948年10月4日，工商学院改名为私立津沽大学（图3），正式步入大学的行列。[4]

（二）新中国成立后

1949年1月15日，天津解放。新中国成立后，中央人民政府教育部对津沽大学部分学科内容进了充实调整，将以往不合理的课程删除，避免学生负担过重。建筑工程系重点课程分为结构工程和美术工程两组，课程结构更趋于合理。从1949年至1951年津沽大学建筑工程系课表中可以看出，房屋建筑学的学分已由原来的4课时上调为8课时，学院重视建筑技术、工程实践的特点表现得很充分（表3）。这与教师多数为土木工学出身且留学国家为英国、法国、意大利等欧洲国家，受到现代建筑思想影响有关。

1950年沈理源去世后，由黄廷爵担任系主任。黄廷爵1930年代毕业于北京大学建筑系，是沈理源的学生，长期在天津开办"大地工程司"。1948年，经沈理源推荐到天津工商学院建筑系任教。1952年院系调整时，被委任为天津大学七里台新址建设的总工程师。1951年至1952年期间，系主任由宋秉泽担任，宋秉泽1942年毕业于天津工商学院土系。他本人虽为结构专业出身，但兼有建筑设计能力。抗日战争胜利后，他曾在南京主持水利部办公大楼的建筑设计和结构设计。回津后开办了建筑事务所。1951年在黄廷爵之后接任天津津沽大学建筑系主任。1952年院系调整时，被委任为天津大学七里台新址建设的副总工程师，

天津工商学院土木工程系课程（1937）[4]　　　　　　　　　　　　　　　　　　　　表2

学年	课程科目	共计
第一学年	党义（2）；国文（2）；英文（6）；微积分（12）；普通物理（6）；物理实验（4）；化学实验（2）；地质学（1）；画法几何（6）；机械制图（6）；工程材料（2）；测量学（2）；测量实习（2）	36
第二学年	哲学（2）；第二外国语（4）；微积分（10）；普通物理（3）；物理实验（2）；力学（6）；材料力学（5）；工厂实习（4）；测量学（4）；测量实习（4）；土木工程制图（2）；房屋建筑学（4）；建筑制图（2）	54
第三学年	哲学（2）；材料试验（4）；机件学（4）；构学（6）；桥梁（3）；钢筋混凝土学（4）；土石及基础学（2）；工程估计（1）；建筑学（1）；水利学（4）；电机工程（3）；电机工程实习（2）；计划（16）	52
第四学年	工程经济（2）；工程契约及规范（1）；会计（2）；工艺学（1）；起动机（1）；铁道曲线（1）；暖房及通风（1）；市政工程（1）；给水工程（2）；污水学（1）；河海工程（2）；热机关学（4）；公路工程（2）；铁路学（5）；参观工厂（2）；论文（4）；计划（20）	54

资料来源：张晟.京津冀地区土木工学背景下的近代建筑教育研究[D].天津大学，2011.

图2　沈理源

图3　私立津沽大学校门

表3中标题：1949年、1950年和1951年天津工商学院建筑工程系课程（部分）[4]

	1949届天津工商学院建筑工程系课表①	1950届天津工商学院建筑工程系课表②	1951届天津工商学院建筑工程系课表③
公共基础课	国文2；英文6；微积分10；物理6；物理实验2；法文3；线算学1；经济学2；会计学1	国文2；英文6；微积分10；物理6；物理实验2；法文1；线算学1；唯物论2；政治课3	国文4；英文6；微积分8；物理4；物理实验4；辩证唯物论与历史唯物论3；新民主主义论3

专业课	技术课	1949届天津工商学院建筑工程系课表①	1950届天津工商学院建筑工程系课表②	1951届天津工商学院建筑工程系课表③
		应用力学4	应用力学3	应用力学3
		材料力学5	材料力学4	材料力学5
		测量学1	测量学1	测量学1
		测量实习1	测量实习1	测量实习1
		房屋建筑学8	房屋建筑学7	房屋建筑学8
		工程材料1	工程材料1	工程材料2
		材料试验1	材料试验2	材料试验1
		构造学3	构造学1	构造设计1
		构造设计5	构造设计2	结构设计4
		硬架构造学2		
		钢筋混凝土学3	钢筋混凝土学4	钢筋混凝土学3
		钢筋混凝土设计3	钢筋混凝土设计4	钢筋混凝土设计3
			电学2	
			电学实验2	
		暖房通风2	暖房通风2	暖房通风6
		暖房设计2	暖房工程设计2	
		家庭卫生2	家庭卫生2	房屋卫生6
		房屋声学1	房屋声学及装线工程1	房屋声学及装线工程1
				照明学2
		建筑师办公2	建筑师办公1	建筑师业务2
		工程估计2	工程估计2	
		工程契约与规范1		
			估价1	估价3

资料来源：张晟.京津冀地区土木工学背景下的近代建筑教育研究[D].天津大学，2011.

兼工程组组长，主持施工现场工作，直至全面竣工。院系调整成立天津大学土木建筑系后，任营造学教研室主任，并主讲建筑学专业的"营造学"，亲自编写并刻蜡板印成讲义。天津大学建筑设计院成立后，担任总工程师。

1952年院系调整后，天津大学土木建筑系成立，系主任为张湘琳，副主任为范恩锟，下分几个教研室，其中营造学教研室主任为宋秉泽，教研室秘书为王瑞华，成员有黄廷爵、林世铭、杨学智、程作渭；这一年，教授构造的学科名为"营造学"，授课教师是宋秉泽，授课教材仍是采用教师自编讲义的方式。讲义内容属于建筑构造方法较简单的，低层的民用（包括住宅和小型公建）"砖木结构""砖石结构"和"砖混结构"房屋。建筑用材简单，施工方法偏"原始"，以手工为主，或仅用简易施工机械。混凝土工程也仅有"支模"和"现场浇筑"（那时尚无所谓的"预制构件"），属于"简易施工"的构造。

1954年初土木、建筑两系分开，徐中任建筑系主任（图4），宗国栋任建筑技术教研室主任，这一阶段，建筑学专业五年制的教学计划是根据

莫斯科建筑学院六年制教学计划修订的，"建筑构造"课（原"营造学"课）也是采用苏联专家来华讲学的讲义，所以在内容上受苏联教材的影响较大，增加了过去教学缺少的两方面内容：1) 增加了装配式建筑构造内容。由于苏联实行了多年的建筑工业化，强调"建筑构件的工厂预制和现场机械化的装配"以提高构件的质量和加快建造速度。另外，我国建筑业也在全面学习苏联，各大城市已建成了大量预制构件厂，并大量增加了施工机械的数量。苏联的技术路线直接改变了我国建筑业的发展。当时的建筑构造教学内容的变化，也确实适应了此时国内建设的需要。2) 增加了"建筑外围护构件"（包括外围墙、门窗和屋顶）的"热工学基础"内容，为建筑设计工作者在实际设计时，掌握热工计算的方法，为满足国家的"建筑节能规范标准"，打下一定的基础。这一点，也说明教学内容适应了国家节能政策的需要。

1958年，中央教育方针强调"教育与生产劳动相结合"，而那时的土建类院系的"工程设计课"，尤其是毕业设计的现状，被视为有违此方针，仍用假题目作假设计，纸上谈兵，理论脱离实际。

图4 徐中

因此决定，将有建筑设计专业的建筑系，与有结构专业、暖通专业、给排水专业的土木系合并起来，可统一领导，并正式批准成立"天津大学建筑设计院"（任命原建筑系主任徐中为院长），作为土建系教学结合生产的基地。此后在建筑学专业的毕业设计中选题便是实际项目。例如，"天津市贵州路中学"以及"汉阳道中学"两个工程是由建筑设计课老师带领毕业设计小组的学生，以有资质的天大建筑设计院的名义，共同完成的整套建筑设计施工图并实际建造完成，做到了将教学与实际生产相结合。土木建筑两系合并后，张湘琳为系主任，徐中为教学副主任，黄廷爵为建筑技术教研室主任，杨学智任建筑构造课讲师，从1960年起，授课讲义改为全国统一教材。

1966~1974年间，由于受到"文化大革命"的影响，学校停止招生。直至1974年招入工农兵学员班，学员业务水平很不整齐，有的是高中毕业，有的只是初中水平，有的来自解放军，有的是来自农村生产队的农民，有的是工人。当时新的建筑系尚未从原有的土木建筑系中独立出来，对新招入的建筑学专业的工农兵学员，行政上由建筑学专业委员会管理，教学工作由新成立的建筑设计教研室负责，徐中任教研室主任，王瑞华任副主任，讲义和授课由集体教师共同完成。

（三）改革开放后

1979年，李曙森恢复担任天津大学校长，他一上任就宣布土木、建筑两系分开，任命徐中为建筑系主任，冯建逵、胡德君任副主任，建筑系再次独立出来。此阶段，建筑构造课属建筑技术教研室负责，教研室主任为王瑞华。

1976年后，"建筑构造课"有较大的改变：第一是"建筑构造课"由一改为二，即在教学计划中设置两门课。"构造一"讲师为王玉生，主要讲授大量性民用建筑构造；"构造二"讲师为杨学智，主要讲授大型性公共建筑构造。这一改变，也适应当时的国情——国家"以经济建设为主"

的方针；基本建设项目大量增加以及出现众多大型公共建筑项目的情况。这时开始使用全国统一教材。第二个较大改变是在1976年的唐山大地震中，国内大量建设的"装配式建筑"损毁较严重，主要原因是其整体性差，抗震性能差。震后，国家颁布了较严格的"建筑抗震规范"。建筑"整体现浇式"的优越性突显。随后，大量建筑构件厂纷纷关闭，设计上明显提倡"整体现浇"。建筑构造教学内容也随之大量淘汰了"装配式构造"内容。

1997年，天津大学进行学院制改革，在原建筑系基础上，成立了天津大学建筑学院，张颀担任院长。建筑构造课由建筑技术研究所负责，研究所包含建筑技术和建筑物理两个研究方向，马剑任技术所主任，高辉任副主任。1994年至2003年建筑构造一由高辉讲授，2004年至今由苗展堂讲授，建筑构造二由张清讲授。教材为全国统编教材。

（四）新世纪

2019年，天津大学建筑学院在原有基础上组建了新的建造研究所，是承担学院建造实践教育和研究实验的重要平台。建造所现有教师9人，其中教授2人，副教授6人，实验员1人。教学研究人员均具有前沿理论知识、创新研发能力和建筑设计能力，而且拥有丰富的建筑设计教学经验和建造实践教学经历，荆子洋任名誉所长、苗展堂任建造所所长。在"大类招生"及强调"学科融合"的背景下，将建筑材料课内容融入建筑构造课程内，设置为建筑材料与构造课程（1）和建筑材料与构造课程（2），分别由苗展堂和冯刚讲授。研究所在建筑系的大学科下，重点研究建筑材料与构造、建筑结构与力学、建筑可持续设计等课题，并聚焦于国家近几年在建筑领域内的装配式建筑、低能耗建筑和智能建造发展战略方向。增强学生的建造创新和可持续设计能力，培育学生运用工程实践解决问题的能力。

综合以上本学科在各个阶段的发展情况，整理建筑构造学科发展历史相关内容，见表4。

三、建筑构造教学的改革实践

（一）以"课程串教学"为特色的教学体系

1960年代，在建筑学专业教学计划中曾有两个班实行过建筑构造实习课。该"实习课"安排在二年级第二学期结束之后，有两个连续的"构造设计周"。内容为：学生在二年级下学期本人所作的建筑设计作业图基础上，结合已学的建筑构造知识，完成一套构造设计图。由于比"建筑设计课"要求多了"选材""厚度尺寸"和"节点的细节"（即"构造截面细部尺寸"）等实际问题，所以可能遇到必须修正原设计的某些尺寸及不合理部分。课后，学生和教师都普遍反映：这是一次很有收获的"实习"，因为它把原来设计课所学

年份	学校名称	院系名称	主任(院长)	教学组织名称	主任副主任	专业名称	课程名称	任课教师	教材情况
1937-1943	天津工商学院	建筑系	陈炎仲	此阶段，在系主任以下未设教学组织，每学期各课程教师均由系主任根据教学计划下聘书		四年制本科，不分专业	房屋建筑	闫子亨	自编讲义
1943-1950			沈理源						
1950-1951	天津津沽大学		黄廷爵						
1951-1952			宋秉泽						
1952-1954		土木建筑系（院系调整，四系合并）	张湘琳 范恩锟	营造学教研室	宋秉泽		营造学	宋秉泽	自编讲义
1954-1958		建筑系（由土木系独立出来）	徐中	建筑技术教研室	宗国栋	建筑学专业	建筑构造	宗国栋	苏联专家来华讲学用讲义
1958-1960		土木建筑系（土建两系再次合并）	张湘琳 徐中		黄廷爵			杨学智	全国统一教材
1960-1966					黄廷爵 王瑞华				
1966-1974		"文化大革命"期间，停止招生，直至1974年招入工农兵学员班							
1974-1976	天津大学	土木建筑系	建筑学专业委员会	建筑设计教研室	徐中 王瑞华	建筑学三年制工农兵学员班	房屋建筑	年级教学承包组	集体编写讲义
1976-1997		建筑系（再次独立）	徐中 冯建逵 周祖奭 胡德君等	建筑技术教研室	王瑞华 王玉生		建筑构造一 建筑构造二	王玉生 杨学智	全国统一教材
1997-2019		建筑学院	张颀 曾坚等	建筑技术研究所（由技术、建物合）	马剑 高辉	建筑学专业	建筑构造一 建筑构造二	高辉 苗展堂 张清	全国统一教材
2019-			孔宇航	建筑构造研究所	苗展堂 荆子洋		建筑材料与构造（1） 建筑材料与构造（2）	苗展堂 冯刚	

资料来源：根据天津大学建筑学院王瑞华教授回忆整理.

到的，向"实际"推进了一步；它是设计课与构造课结合的一种好形式，值得进一步思考和探讨。然而建筑构造实习课仅设置过两次，后因需要对"原有教学计划"作修改等原因而从"教学计划"中取消。

自2013年起，为了将建筑构造等理论知识应用到建筑设计课程中，建筑构造课程率先采用"课程串"的教学模式改革融入建筑设计课程中，在设计课成果中学生需绘制自己设计方案的完整建筑构造剖面（设计与绘制外墙墙基至屋顶的剖面详图）和楼梯构造（图5），构造课教师同步进行设计课的教学。这样一方面可以使学生设计的建筑能够深入到建筑构造节点细部，让设计能够脚踏实地；另一方面，发挥了学生根据自己的建筑设计进行构造知识自我学习总结的主观能动性，有利于学生将所学的局部的构造知识从建筑全局的角度串接起来形成完整的构造知识结构。[12]

（二）以"沉浸式教学"为特点的建筑构造模型展厅

构造模型室在构造教学中，曾发挥了很大作用，1952年津沽大学工学院与天津大学合并时，带来了数十件"建筑材料样品"，包括许多玻璃瓶装的常用材料和数十件木制"建筑模型"，包括"整栋建筑的立体模型"和部分"建筑构造节点"的模型，当时学院并没有一个正式的模型室，这些珍贵模型被暂时保存在第五教学楼三层一个"临时模型室"里。1953年营造学教研室聘请了两位50多岁的老细木工人，耗时几个月，按照教材所需制作了上百个模型，其中有不少尺寸大到需要讲课时抬到教室中去展示。教师们还为将来正式的模型室设计制作了数十个带玻璃扇的专用展示柜。这是全教研室教师花了大量心血为教学事业做的"基础建设"。为了响应教研室号召，老师们凡是到新的房屋施工现场参观学习时，都会注意随时搜集不同的新建筑材料带回模型室（例如，1959年为十年国庆献礼的北京十大建筑，老师们带回许多新材料样品，其中包括天安门前历史博物馆内的"橡胶地面"等），这一传统至今还在天津大学建造所得以保留。

1955年新的模型室建成，位于第八教学楼二层北面一个两开间教室，约40m²。其空间完全按照展室规格布置。既可存放教师上课时展示的模型，又可供学生和其他人员参观。这间模型室为师生服务了35个年头直至1990年迁移新址。迁址后的模型室位于新建成的建筑学院楼四层北侧的一个两开间教室，面积与前者相近，约40m²。

1990年代，当时系领导决定，要将模型室腾空另作他用，派人将模型转移到了当时尚未启用的电梯井

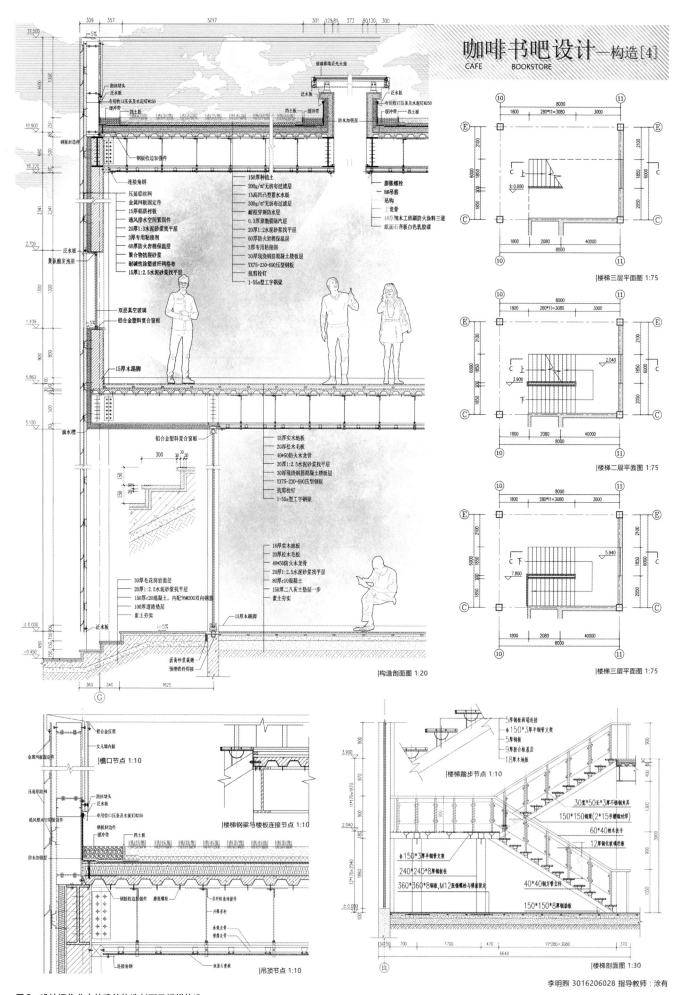

楼梯三层平面图 1:75

楼梯二层平面图 1:75

楼梯三层平面图 1:75

构造剖面图 1:20

檐口节点 1:10

楼梯钢梁与楼板连接节点 1:10

楼梯踏步节点 1:10

吊顶节点 1:10

楼梯剖面图 1:30

李明昫 3016206028 指导教师：涂有

图5 设计课作业中的建筑构造剖面及楼梯构造

小间内，从此模型室被取消。2016年苗展堂老师将部分保存完好的模型安置在建筑学院楼一层的学院木工室内，并请木工加以修整。另，研究所办公室内还保有一个保存完好的三件套小住宅木模型及几件上课常用的模型。

2011年，在学院装修西楼的契机下又建设了新的建筑构造模型展厅（图6，图7），设有建筑材料陈列区、构造课程作业展示区、建造体验区、建筑构造节点陈列区、新型材料体验区及建筑小屋六个区域，打造构造教学课程的构造节点陈列、企业实验教学、材料陈列体验和课程模型展示四个"基地"[13]。建筑构造模型展示厅成为构建"沉浸式教学"的重要一环，使得学生在设计课过程中遇到不理解的构造作法，可以直接到该模型展厅中沉浸式学习，通过可触可观可感的途径将设计课中的构造和材料问题利用一个个立体的节点模型轻而易举地学会学懂学透。

（三）以"项目制教学"为特点的建造实践教学

为弥补学生动手能力差、缺乏从二维图纸转变到三维实体建筑的空间转换能力，建造所近些年来强化以"项目制教学"为特点的建造实践教学，通过带领学生参与到建造项目从构思、设计、施工的全过程，来培养学生的全过程建造素养。2010年高辉老师组织带领学院师生参加了国际太阳能十项全能竞赛，设计并建造了名为"太阳花"的节能小屋（图8），通过跨专业协同合作，使建筑、结构、能源、环境和自动化等专业的本科生和研究生亲身参与和主导一个可持续太阳能住宅建筑策划、设计、优化、实施和设备调试的全过程；2019年杨崴等老师带领本科毕业生设计建造了夏木塘儿童餐厅（图9）；苗展堂带领学生完成了轻木体验舱的建造实践（图10~图12）；2020—2021年建造所的全部老师带领学生参加了第三届中国

图6 1949年前制作的木制建筑构造模型教具

图7 天津大学建筑构造模型展示厅

图8 "太阳花"节能小屋

图9 夏木塘儿童餐厅

图10 建筑构造课程实践教学

国际太阳能十项全能设计竞赛，这些以项目制教学为载体的建造实践既锻炼了学生的专业建筑设计与工程应用能力，也提升了专业技术知识和团队合作技能（图13）。

（四）以"体验式教学"为特点的建造平台

为了让学生从图纸中走出来"体验"建筑建造过程中的"工匠"精神，自2019年建造所成立后便与数字化中心共同搭建面向未来的数字建造实验室，目前拥有激光雕刻机、CNC数控机床、KUKA机械臂、木工加工裁切机械、天车等多种建造设施设备，可为学生的建造实验和建造教学提供充分的硬件保障（图14）。

在2021年夏季短学期中，实验室结合新工科平台建设的契机为20级本科生新开设了三周的《新工科

图12 轻木体验舱现状

图13 2021太阳能天大竞赛团队作品

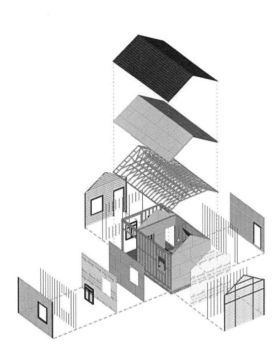

图11 构造分析图纸

图14 通识课体验式教学

通识课》，首先进行建造平台设备使用的安全教育和使用方法培训，然后制作一个心仪设计作品和一个1：10的现代木结构建筑的结构体系。通过短短三周时间，学生通过"体验式"操作运用带锯、台锯、砂带机、压刨、平刨等机械工具和一批手动工具，既提升了动手能力，又培养了建筑师的工匠精神。

四、小结

天津大学建筑构造学科经历了北洋大学创办之发端期、新中国成立前的初步蓬勃期、"文革"时的停滞期、改革开放后的恢复期及新世纪以来的改革拓展期五个阶段的发展。在整个发展历程中也在教学体系、建筑构造模型展厅、建造实践教学、数字建造平台等方面进行了大胆的教育改革尝试，建筑构造学科的发展离不开一代代教师心血的倾注，在新的历史起点，天大建筑构造学科将与时俱进，多学科交叉融合，继续推动面向新工科发展方向的建筑构造教学体系建设。

参考文献

[1] 宋昆.天津工商学院建筑工程系发展简史（1937-1952）[J].城市环境计，2017（05）：16-19.
[2] 华揽洪.巴黎土木工程学院的校友、我的父亲——华南圭[J].建筑创作，2013（Z2）：18-19.
[3] 周祖奭.天津大学建筑学院（系）发展简史（1946-1985）[J].城市环境计，2017（05）：20-28.
[4] 张晟.京津冀地区土木工学背景下的近代建筑教育研究[D].天津大学，2011.
[5] 栗达.朝花朝拾[D].天津大学，2004.
[6] 魏秋芳.徐中先生的建筑教育思想与天津大学建筑学系[D].天津大学，2005.
[7] 赵春婷.阁子亨与中国工程司研究[D].天津大学，2010.
[8] 北洋大学——天津大学校史编辑室，北洋大学——天津大学校史（第一卷）[M]，天津：天津大学出版社，1995.
[9] 北洋大学——天津大学校史编辑室，北洋大学——天津大学校史（第二卷）[M]，天津：天津大学出版社，1995.
[10] 宋昆.天津大学建筑学院院史[M].天津：天津大学出版社，2008.
[11] 苗展堂，张晓龙.新工科建设视角下的建筑构造教学改革——以天津大学建筑学院构造教学为例[J].中国建筑教育，2020(02)：72-81.
[12] 苗展堂.面向建筑设计和模型体验的建筑构造课程创新体系教学实践[C].2013全国建筑教育学术研讨会论文集，北京：中国建筑工业出版社，2013：483-488.
[13] 苗展堂，崔轶.材料、构造、节点——天津大学建筑构造模型体验教学实践[C].2012全国建筑教育学术研讨会论文集，北京：中国建筑工业出版社，2012：507-511.

图片来源

图1：张晟.京津冀地区土木工学背景下的近代建筑教育研究[D].天津大学，2011.
图2：天津大学建筑学院
图3：河北大学新闻网
图4：百度百科
图5：学生作业
图6：作者自摄
图7：作者自摄
图8：杨向群拍摄
图9：夏木塘建造团队
图10、图11：作者自摄
图12：作者自摄
图13：2021太阳能竞赛团队
图14：作者自摄

作者：苗展堂，天津大学建筑学院，副教授，博士生导师，建造研究所所长；张昱坤，天津大学建筑学院硕士研究生；王瑞华，天津大学建筑学院教授

天津大学建筑设计教学专辑

Special Issue on Architectural Design Education of Tianjin University

场所、行为与材料性

——天津大学二年级建筑学实验教学探索

孙德龙　郑　越

Place, Behavior and Materiality—Experimental Course of Second-year Architectural Design Education in Tianjin University

■ **摘要：**为应对当代建筑学科的发展与变革，设计者应加强对各种限制条件的平衡与整合能力。在建筑基础教育中，则需要强调对学科基本议题的深入理解（时间维度）和对关联现实能力（空间维度）的反复训练。教案将二年级的核心议题分解为场所、行为与材料性三个训练单元，采用"分解练习＋综合设计"的策略，针对相应的议题设定特定的现实语境，针对不同议题的侧重点，鼓励在不同的设计中采用不同的设计工具推进设计（文本、图解、不同比例模型、图像等）。在训练中，强调对相应的核心议题的应答，关注在设计推演过程中每一步的思考和讨论，而非仅仅是作为结果的形式表达。目标并非仅提供一种将概念与建造联系起来的方法基础，更是训练一种洞察力和创新意识。

■ **关键词：**场所；行为；材料性

Abstract：In order to cope with the development and transformation of contemporary architectural disciplines, designers should strengthen the ability to balance and integrate various constraints. In the basic education of architecture, it is necessary to emphasize the in-depth understanding of the basic subjects of the subject (time dimension) and repeated training of the ability to associate reality (spatial dimension). The lesson plan decomposes the core topics of the second grade into three training units：Place, Behavior, and Materiality. The strategy of "decomposition exercise + comprehensive design" is adopted, and specific realistic context is set for the corresponding topics. In view of the focus of different topics, we encourage the use of different design tools to advance the design (text, diagrams, different scale models, images, etc.) in different designs. In the training, it emphasizes the response to the corresponding core issues, and pays attention to the thinking and discussion at each step of the design deduction process, rather than just the form of expression as the result. The goal is not only to provide a method basis for linking concept and construction, but to train a sense of insight and innovation.

Keywords：Place, Behavior, Materiality

本文受国家自然科学基金项目资助：批准号51778615, 51708397

一、背景

在存量更新的时代，建筑产品的不确定性逐渐增加，应对当代建筑学科的发展与变革，设计者应加强对各种限制条件的平衡与整合能力，而非仅仅关注建筑的美学品质。天津大学建筑学院实验班教学的总体目标是培养具有本土情怀和国际视野的优秀建筑设计人才，二年级教学衔接建筑设计基础训练与建筑设计阶段，更强调对建筑学基本问题的认知与思考，在进行建筑基本功训练的同时，认清学科边界并养成批判性思考习惯，培养学生理论联系实际和深入思考的能力。在建筑基础教育中，则需要强调对学科基本议题的深入理解（时间维度）和对关联现实能力（空间维度）的反复训练。实验教学的目标并非仅提供一种将概念与建造联系起来的方法基础，更是训练一种洞察力和创新意识，这些都离不开对现实生活与日常经验的观察与思考。

二、认知基础与环节设定

形式生成过程，是不同复杂因素相互作用的结果，但在逻辑的范围内存在不同的选择。肯尼斯·弗兰普顿（Kenneth Frampton）描述了三个重要影响因素的演化和相互作用：场所（topology），建构（tectonics）与类型（typology）（图1）；原苏黎世联邦理工大学建筑系系主任 Dietmar Eberle 认识到不同社会群体对建筑问题关注的巨大差异，并强调对学生应对与平衡此类问题能力的培养。他关注基于建筑设计中可教的部分，并采用分解式的训练过程，形成系统性的目标与方法。在二年级教学中，其涵盖内容包含场所、结构、外壳、功能、材料性五个方面，并形成9个训练模块，既包含技能训练，也涵盖多层思维逻辑培养。以此为基础，自2019年来，教案将二年级的核心议题分解为场所（Place）、行为（Behavior）与材料性（Materiality）三个训练单元。一方面是考虑到在初学阶段，议题本身的重要性与代表性；另一方面也依据学院建筑学科培养计划的要求。在每个题目中加入针对性的训练，回应特定议题（图2），并分别以三个核心议题作为各单元的关注重点，促进学生理解三个议题对设计结果的影响及可能产生的不同操作方式（图3）。具体说来，教学环节设定有以下特点：

一是强调从分解到综合的渐进式训练过程。空间形式并非由清晰的线性逻辑简单推导得出，而是受制于诸多因素，在整合与平衡过程中产生的一种反复和迭代的结果。在基础教学中，为便于初学者理解并建立这种整合的意识，采用"分解练习+综合设计"的策略。在同一个训练中，将任务分解为多个相对独立的练习，对单个议题进行深入讨论，在后续综合设计中再将前述练习中的议题逐个叠加，渐进式增加难度；前后三个题目的复杂程度也逐渐增加，在最后一个设计中融合了所有议题。在分解练习中，强调针对特定议题进行规定动作的探讨，学习基本技能；在综合设计中，则更强调对议题的开放性回应，培养批判性的思维模式，鼓励创新。

二是强调对现实问题的回应。针对相应的议题设定特定的现实语境，要求设计成果与现实环境发生紧密联系，一方面强调对现实的深入调研，另一

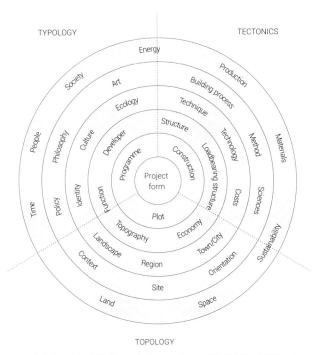

图1 肯尼斯·弗兰普顿（Kenneth Frampton）描述的三个重要影响因素的演化和相互作用

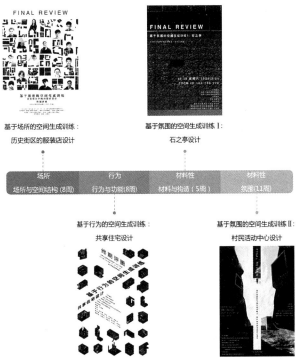

图2 二年级的训练单元

	分解训练一	分解训练二	分解训练三	经典案例分析
基于场所的空间生成训练	场所	空间结构	场所+空间结构	城市建筑学与类比建筑 (Aldo Rossi)
基于行为的空间生成训练	行为	行为+功能	空间结构+行为+功能	建筑行为学 (塚本由晴)
基于氛围的空间生成训练I	材料性	空间结构+材料性	-	建筑氛围与图像 (Peter Zumthor)
基于氛围的空间生成训练II	场所+空间结构	场所+空间结构+功能	场所+空间结构+功能+材料性	建筑氛围与图像 (Peter Zumthor)

图3 各训练的分解内容和案例分析

方面针对不同议题的侧重点，也鼓励在不同的设计中采用不同的设计工具推进设计，如在氛围训练中强调文本与图像及大比例模型的运用；在行为训练中强调图表、图解结合局部剖面模型的使用等。

三是不同于传统的对于功能训练的关注，本教学强调类型分析与基于经典分析的设计推演过程。在每个训练中，强调对相应的核心议题的应答，关注在设计推演过程中每一步的思考和讨论，而非仅仅是作为结果的形式表达。在这一过程中，并不局限于针对特定功能的训练，而是强调对特定形式语言的类型拓展性研究，以达到举一反三的效果，这种对类型的提炼与比较分别在场所、行为和材料性的训练中有不同的侧重。在相关的议题中，强调对典型建筑师的观点、设计方法及经典案例的学习与反思，如在场所专题的训练中，借鉴了阿尔多·罗西和类比建筑的设计方法；在行为专题的训练中，借鉴了犬吠工作室对建筑行为与人的行为之间关系的调研与图解方法；在材料性的专题训练中，借鉴了彼得·卒姆托等建筑师对建筑图像的思考；同时要求对经典案例的抄绘、重绘和分析，并融入设计中。

三、基于场所的空间生成训练

场所并非先于建筑存在，而是通过建筑活动，通过人驯化世界的行为产生。相对于建筑存在的时间，场所存在的时间跨度更长，其特征影响了建筑的特质，而建筑活动又反过来作用于场所，二者复杂的动态关系构成了物质环境的丰富性，也是重新定义建筑地域特征的源泉。基于此，场所成为首要讨论的议题。

1. 定位与目标

本次设计鼓励在对场地进行一般性分析的基础上，学会通过深入体验挖掘场所的内在特征。然后，以城市作为最普遍的语境，认知城市—建筑之间内在结构的联系。在此基础上，认知空间结构，培养形式操作的能力，学会通过普遍性的形式组合产生新的形式。

2. 过程控制

（1）场所的一般认知（场所）

在这一阶段中需理解城市与建筑之间的联系，其中会穿插与场所有关的专题讲座。在城市维度上，设计者需要通过较大范围的调研，从图底关系绘制和街拍的方法描述区域的特征；在建筑维度上，需要按照对区域特征的理解，对已有三个地块的建筑进行改建，制作1：300体块模型并绘制拼贴图（图4）。

（2）场所的结构认知（空间结构）

在这一部分会穿插与空间结构有关的专题讲座。在城市维度上，需要研究城市区域的密度、街道组成、街道界面等，并将分析结果可视化，认知区域的深层秩序；在建筑维度上，需要研究区域典型建筑的空间构成（平面、剖面），选择其中一个地块进行假象的拆除设计，需要从周边环境中提取相应的要素或结构逻辑进行重组，设计不包含功能的500m²结构体，制作1：100的结构模型（图5）。

（3）场地+空间结构组合训练：历史街区中的服装店设计

需在天津原日租界义德里地块内给定的三块地之中选择一个地块，假象拆除现有建筑设计一栋建筑面积为500m²的服装店，需要在尺度、界面、空间构成上与周边场所产生积极联系。功能被简化为售卖、储

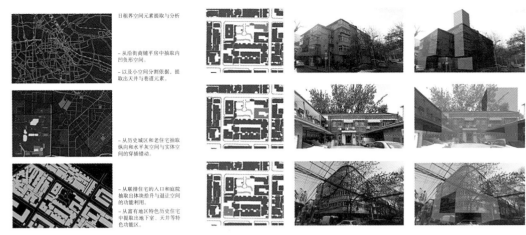

图 4 场所的一般认知（孙宇馨）

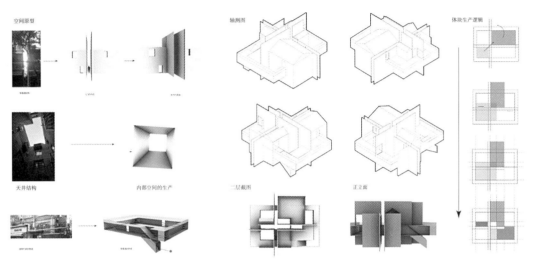

图 5 场所的结构认知（王浩翼）

藏和服务空间。制作 1 ：100 的模型并绘制相应的技术图纸（图 6）。

四、基于行为的空间生成训练

该项目与前一个项目所处场所相同，以此减少场地问题造成的难度，更有针对性地关注行为议题。建筑为日常行为提供了空间的同时，也成为身体表演的舞台。塚本由晴提出了三种行为：人的行为、自然行为以及建筑行为，三者有着不同的特征和时间节律，他认为设计师应该更综合地考虑三种行为之间的关系，以一种"鼓励性"而非"制度性"的姿态，让三者最终形成一种和谐的"交响"。建筑空间激发人的行为，与此同时，建筑的特征借助人的行为得以彰显。居住是建筑的原点，体现了建筑与行为最基本的关联。

1. 定位与目标

此次课程以住宅为基础，围绕人的行为和建筑空间之间的关系展开。在该设计中需要完成以下目标：首先，理解建筑界面（基本要素）对人行为的影响。通过对建筑界面的探讨，创造能够容纳多样行为的生动空间。其次，理解建筑形式与功能之间的联系，学会组织建筑内外关系、公

共与私密空间。最后，学会利用剖面推动设计的方法。

2. 过程控制

（1）建筑界面与身体的关联认知（行为）

在这一部分会穿插与身体相关的专题讲座。对于个体行为而言，建筑的垂直、水平界面与行为的互动关系最密切，这些界面在建筑中体现为墙、屋顶、基面、楼板、门、窗、楼梯等要素。学生需要通过对典型案例建筑要素的图解分析，深入理解不同要素与行为之间互动的可能性（图 7）。

（2）建筑功能与空间的关系认知（功能）

在这一部分会穿插与功能和住宅类型相关的专题讲座。共享住宅融合了独栋住宅和集合住宅的属性，在设计之前需对三类住宅的空间组织结构进行分析，并绘制典型案例的组织结构图，认知住宅中公共与私密空间的组织关系（图 8）。

（3）功能 + 空间结构的组合训练：共享住宅设计

需在天津原日租界义德里区域给定的三组块地之中选择一个地块，假象拆除现有建筑，设计新的共享住宅。要求共享住宅能够容纳 3-6 户，住宅中需要包含独立的居住空间与共享空间。针

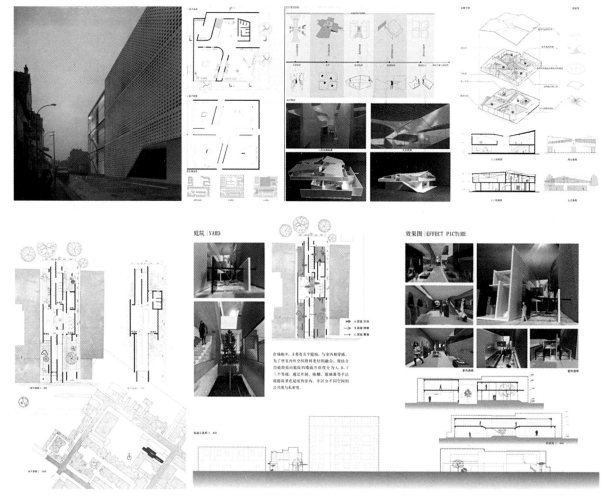

图6 服装店设计（李洋、王浩翼、杨钧然）

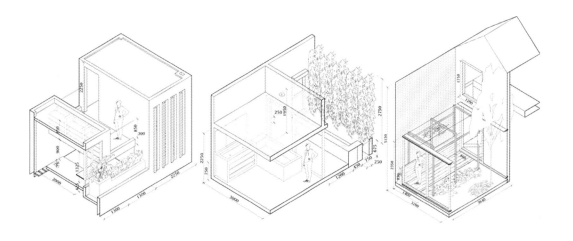

图7 建筑界面与身体的关联认知（钟佳）

对人群为大学生，需提出符合设计者习惯的设计策略。建筑规模：200m²，建筑层数2层以上。这一阶段需要制作1：200的模型进行建筑空间结构的探讨，此外还需制作1：20—1：50的模型对建筑界面与行为的关系进行探讨（图9）。在本设计中简化对于场地的回应，将周边建筑简化为体块，基地仅作为一个提供住宅合理性存在的环境。

五、基于氛围的空间生成训练

基于第一人称视角的感知在建筑领域逐渐受到关注，材料性则在其中担当重要角色。作为建筑学的基本议题之一，材料性更强调材料所呈现的品质和状态，它对空间氛围的营造起到十分重要的作用。氛围是

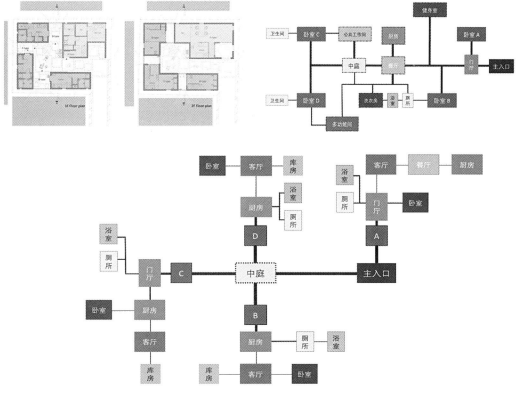

图8　建筑功能与空间的关系认知（成进仁）

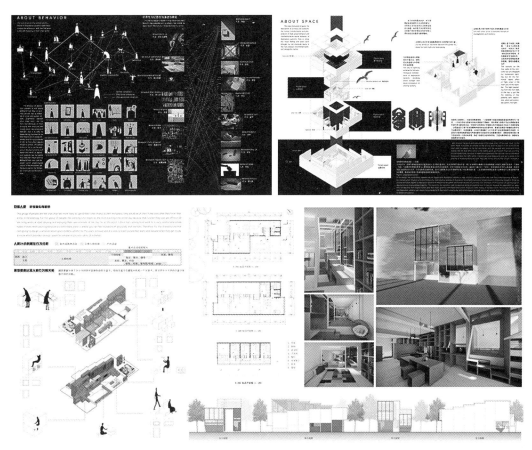

图9　共享住宅设计（谢佳豪、成进仁）

在认知场所、行为的基础上，进一步探讨的议题。氛围常指代包围在球状物体周围的雾，建筑在这里被理解为幻象的艺术。托尼洛（Tonino Griffero）强调氛围或气氛是一个准物体，诞生于各类相互独立元素之间的相互作用，戈麦斯（Alberto Pérez-Gómez）提出氛围重在人类日常生活场景的情绪表达。在这一课题中，鼓励以空间氛围为起点探讨材料和建筑之间的关系。对于本科二年级的初学者，在初步了解材料建造属性的同时，对其空间属性进行认知也十分必要。

1．定位与目标

在该设计中需要完成以下目标：首先，认识不同材料的选择对空间氛围营造的作用。通过认知材料的客观物理属性，包括色彩、尺度、肌理、硬度等，体会其带给人的主观视觉、触觉、听觉、温觉刺激。其次，以石材为基础，初步认识材料的建造属性，包括基本的力学特征。

2．过程控制

（1）材料—氛围认知练习

选取六个经典建筑案例，分析所用的建筑材料，精确描述建筑材料的物理属性，并描述建筑空间效果（图10）。在这一阶段会进行两场有关砖石建筑和建筑氛围的讲座。

（2）单一空间的模型再现场景练习

给定20张照片和所用材料名称，自选模型材料和比例，再现照片呈现的空间状态。通过猜测照片中的光线状态和材料状态，完成对照片氛围的精确还原，完成拍照（图11）。在这一过程中还需用文字描述照片呈现的氛围，分析其中的材料组合特征，并尝试用变化的光影连续拍照。还可以结合渲染对比相同空间形式下不同材料组合的运用对空间效果的影响。初步建立材料的建造—空间属性之间的联系并学会相应的模型制作技巧。

（3）石之亭设计

为便于理解，这里将石材的建构方式简化为砌筑和围合两个操作。自选场地设计一个以石材为主要材料的亭子供人停留，规模不超过30m²。需要描述其呈现的氛围特征，要求考虑人进入—停留—离开这一过程的感知变化；同时在建造层面具有一定的合理性。用渲染图和构造技术图纸表达对材料的选择，进一步理解材料的建造—空间属性之间的关系（图12）。

六、基于氛围的空间生成训练

二年级最后一个题目作为综合性题目，试图将氛围营造转化为一种可以启发设计的起点，帮

图10　材料—氛围认知练习（朝黎明、罗圭甫）

National Museum of Roman Art，Rafael Moneo（孙赫）

Galvez house/Louis Barragan（刘芷宜）

图11　单一空间再现场景练习

图12 石之亭（张琪明、张思远、成进仁、杨钧然、刘一川）

助学生将所观察之物用于设计。在1970年代初，罗西已经开始使用"氛围"（意大利语：Ambiente）一词，他的追随者法比欧·莱恩哈特（Fabio Reinhart）以及米罗斯拉夫·吉克（Miroslav Sik）立足于阿尔多·罗西的类比城市思想，提出建筑所处的社会现实可以被融入一种"大杂烩"式的拼贴中，而对现实要素进行陌生化的处理。把图像作为推动设计的重要工具是推动设计的关键步骤。吉克等通过巨幅透视的表现，通过元素提炼，创造出一种局部服从整体性的氛围，产生了建筑新的可能性。卒母托强调过往的意象是找到新意象的基础，他将草图的氛围作为设计起点，通过对带有具体氛围特征的图景寻求从内心意象到现实意象的设计支撑。通过现实场激发头脑中模糊图像，借助具有物质性的草图和模型，通过操纵空间和材料，创造出一种"类似又陌生"的氛围。能够赋予建筑意义的氛围具有恒定性，其中构成建筑的材料、细部及形式对相应氛围的营造具有重要作用。

1. 定位与目标

本次设计鼓励将空间氛围营造融合进设计的其他方面，在上一个设计中初步认知材料的建造和空间属性之后，进一步认知由特定材料构成的匿名建筑的特征，并学会通过拼贴的方式营造"氛围类似"的建筑，在将建筑"锚固"在场地之中，为设计提供新的可能性。在该训练中需要完成以下目标：（1）进一步认知氛围的营造与其他建筑设计因素之间的关系。（2）培养对生活敏锐的观察力。学会从日常生活中发现可用的素材，通过陌生化的处理方式转变为建筑语汇。（3）训练以图像（绘图和渲染）和大比例模型为工具推动设计的方法。

2. 过程控制

为了将氛围营造贯穿始终，通过分析瓦尔斯温泉浴场项目的设计过程，将本次设计推演过程分解成四个便于学生理解的阶段：初始意象收集—意象提炼—意象组合与具体化—意象深化与实施。在西井峪所选基地范围内设计供村民使用的活动中心，将设计意象融合进既有的村落氛围之中，总建筑面积为500m²（图13）。

（1）初始意象收集阶段

基于对场地调研和相关文献查阅，认知石头村中典型的要素和场景，明确可以作为设计概念的意象，通过印象派绘画、拼贴图、意象草图表达概念（图14）。在这一步穿插温泉浴场设计方法和批判的地域主义建筑两个主题的讲座。

（2）意象提炼阶段

主要运用多个透视草图和模型制作，探索将初期意象转化为空间操作逻辑和相应形式的多种可能，如层叠、单元重复、挖空等，老师的作用是帮助筛选具有潜力的方案。在这一过程中，需要从透视草图中判断初期意象草图的体验是否得到延续（图15）。在这一步穿插设计工具主题的讲座。

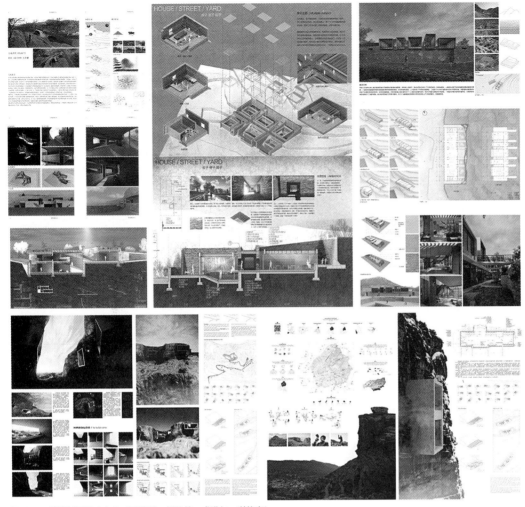

图 13　西井峪村民活动中心（王浩翼、杨钧然、成进仁、谢佳豪）

图 14　基于场景和意向的拼贴画（王世同、杨钧然、李俊萱）

图15 意象提炼草图与模型（杨钧然、王浩翼、谢佳豪、索曼）

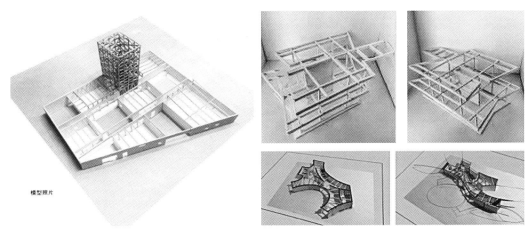

模型照片

图16 结构模型（王淑心、宋春元、王浩翼）

（3）意象的组合与具体化阶段

基于前述筛选的方案，学生将进一步明确形式操作的规则，加入对场地、结构和功能布置的考虑。这一阶段，实体模型和抽象的平面和剖面成为推动设计的主要工具。

（4）意象的深化与实施阶段

比选所采用的材料，进一步在结构和构造层面深化设计，将前述所表达的空间氛围落地。呈现对结构和构造层的初步考虑，明确结构形式、表皮构造等与空间效果之间的关联；并将承重结构抽离出来进行模型的制作（图16），引导学生认知结构与空间形式之间的关联，进一步理解石材运用的可能性。最终通过大比例的模型拍照和模拟真实场景的渲染图表达建筑氛围（图17）。在这一阶段穿插与结构布置和设计深化相关的讲座。

七、总结

此次教案设计着重培养学生在设计中对多个相关因素进行综合考虑的意识，以及在设计中协调理性判断和感性认知的能力。基于场所的空间生成训练教学通过对场地物质空间的感知，以及对人文要素的研究，训练学生将对场地的综合认知转化为建筑空间的能力；基于行为的空间生成训练教学基于设计主题，通过对人行为的系统研究，训练学生将人的行为需求转化为建筑空间的能力。基于氛围的空间生成训练将材料性作为设计的起点，试图引入氛围作为过程控制要素，以石材和石头村为代表，鼓励学生通过意象草图、渲染图像和大比例模型等具体而非抽象的工具推动设计。精准训练和统筹协调可以帮助初学者更多地从人的体验视角思考建筑，而"分解练习＋综合设计"的策略，有助于学生从精准训练到综合提升的能力推进，培养一种敏锐的洞察力和创新意识。

图 17 大比例模型拍照（王国政，该图为 2019 年春季学期同类题目作业）

参考文献

[1] 许蓁 . 天津大学建筑学院建筑设计教学 [J]. 城市建筑，2015（16）：36-38.

[2] Deplazes A . Constructing Architecture：Materials，Structures，Processes：A Handbook[M]. 2008.

[3] Eberle D，Simmendinger P. Von der stadt zum haus：eine entwurfslehre. From city to house：a design theory[M]. Zurich，GTA Verlag，2007. 以及 Eberle D，Aicher F. 9 x 9-A Method of Design：From City to House Continued[M]. Birkhäuser，2018.

[4] 凯文·林奇 . 总体设计 [M]. 南京：江苏凤凰科学技术出版社 . 2016. 30-50.

[5] 孙德龙 . 记忆与体验驱动的建筑设计课教学 [C]. 全国高等学校建筑学专业院长系主任大会论文集，2017：20-50.

[6] 郑越，孙德龙，张昕楠 . 基于场所的空间生成训练：建筑学本科二年级基础教学探索 [C]. 全国高等学校建筑学专业院长系主任大会论文集，2020：175-178.

[7] 皮特·卒姆托 . 思考建筑 [M]. 北京：中国建筑工业出版社 . 2010：20-50.

[8] Wigley，M.，Die Architektur der Atmosphäre. Konstruktion von Atmosphären. Constructing Atmospheres[M]，Gütersloh，Bertelsmann，1998：18-27.

[9] Griffero，T.，Atmospheres：aesthetics of emotional spaces[M]，Routledge. 2016.

[10] Perez-Gomez，A.，The space of architecture：Meaning as presence and representation[M]. ARCHITECTURE AND URBANISM-TOKYO-，1994：7-26.

[11] Reinhart，F. and M. Šik，Analoge Architektur-Venturi europäisiert. Werk，Bauen+ Wohnen[J]. 1988. 75（5）：21-22.

[12] Stalder，L.，Für die Museen，in Architekturdialoge. Positionen-Konzepte-Visionen[M]. 2011，Niggli. 132-143.

[13] Zumthor，P.，Bilder befragen. Interview mit Peter Zumthor. Daidalos[J]. 1998：12.

[14] Zumthor，P.，Körper und Bild，in R. Konersmann，P. Noever，and P. Zumthor，Zwischen Bild und Realität[M]. gta Verlag：Zürich. 2006：58-75.

[15] Zumthor，P.，Drei Konzepte：Peter Zumthor：Thermalbad Vals，Kunsthaus Bregenz，Topographie des Terrors Berlin[M]. Luzern：Architekturgalerie；Basel；Boston；Berlin；Birkhäser，1997.

[16] 孙德龙，郑越，张昕楠，许蓁 . 基于氛围的空间生成训练：建筑学本科二年级基础教学探索 [C]. 全国高等学校建筑学专业院长系主任大会论文集，2020：206-210.

图片来源

本文图片均为作者自绘或学生作业

作者：孙德龙，天津大学建筑学院讲师，长期从事二年级实验教学工作；郑越（通讯作者），天津大学建筑学院讲师，长期从事二年级实验教学工作

天津大学建筑设计教学专辑

Special Issue on Architectural Design Education of Tianjin University

性能驱动设计·模拟辅助决策

——本科四年级绿色高层办公综合体设计教学探索

杨鸿玮　刘丛红　赵娜冬

The Early Design Decision-making Driven
by Building Performance Simulation
Exploration of Teaching Methods on Green
High-rise Office Complex Design for the 4th
Grade Undergraduate Students

■ 摘要：“绿色高层办公综合体设计”是天津大学建筑学院本科四年级专题教学的重要环节，定位于引导学生在分析基地气候特征，明确建筑功能、设计规范、结构选型的基础上，运用建筑性能模拟软件及参数化工具，控制设计方案的生成和优化，达到绿色设计的一个或多个目标。旨在引导学生体验绿色建筑由技术主导向设计主导的转变和由此激发的美学创新，为学生掌握绿色建筑原理、方法和工具打下基础。

■ 关键词：高层建筑；办公综合体；性能模拟；参数化工具；设计教学

Abstract: "Green high-rise office complex Design" is an important part of Senior undergraduate's workshop in School of Architecture, Tianjin University. Based on the analysis of the climate characteristics, building functions, building regulations, as well as structure selection, students learns to control form generation and optimization by performance simulation software and parametric tools, which will achieve one or more goals of green design. It aims to guide students to experience the transformation of green building from technology-oriented to design-oriented. This course will lay a foundation for the improvement of students' green building theory and method.

Keywords: High-rise building, Office complex, Building performance simulation, Parametric tool, Design teaching

一、课题背景

天津大学建筑学院是国内第一批开展生态城市与绿色建筑教学科研的高校机构之一，其中为本科四年级学生开设的“绿色建筑专题”设计课程，在2008~2021年间持续引入学术前沿知识和信息化工具，融合跨学科知识，积累教学经验，探索新的教学模式与教学方法。该课程经历了“常规设计优化—性能主题引领—绿色设计研究”三个教学改革过程。2008

基金资助：国家自然科学基金 (51808383)

年，我国第一部《绿色建筑评价标准》实施不久，绿色建筑设计领域存在大量人才缺口，授课教师尝试将绿色建筑理念引入四年级常规教学，进行8周的综合建筑设计，形成"设计＋"的初步思路变革，引起了学生的强烈兴趣；2012年起，为进一步转变理念，凸显绿色性能目标，教学组借助短周期课程，弱化建筑复杂性，形成"主题＋"的课程教学模式，同时理论结合实践，引导学生依托实际工程项目，贯彻绿建思维；2017年，对标创新人才培养和综合建筑学习目标，教学组系统整合前沿绿色建筑原理和数字化模拟工具，形成"绿色建筑＋"的研究型设计教学模式。

面对可持续发展的必然性和绿色建筑普及的紧迫性，"双碳目标"已纳入国家发展战略。在日渐拥挤的城市环境中，为了在有限的建筑用地中为使用空间和使用模式提供更多可能性，建筑不断向集约化的垂直方向延伸，高层建筑因为其特殊体量和复合功能成为城市的标志性建筑。与此同时，我国办公建筑总面积约占公共建筑总面积的11.1%，其总电耗占公建总电耗的36.8%[1][2]，方案设计初期对于绿色节能和舒适健康的关注，对满足设计需求和优化能效表现至关重要。因此，"绿色高层办公综合体"成为绿色建筑专题设计的常设课程。如何在四年级常规"大跨度"和"高层"建筑设计教学的基础上重构教学内容，融入可持续理念、绿色原理及方法工具，培养适应未来的研究型设计人才，成为课程教学的重要挑战。

在疫情防控的大背景下，办公建筑作为人们工作和聚集的重要场所，其健康性、舒适性和突发公共卫生事件应对能力引发全社会的普遍关注。在设计和运营过程中，过度依赖主动系统，忽略被动措施的作用，缺乏与自然的有机融合是时下许多已建成办公建筑的共性问题。设计阶段对于被动式策略的决策和分析，也逐渐走向微观和定量，不同设计手法带来的"看不见"的潜在性能变化不再局限于定性描述，模拟工具辅助下的设计决策成为性能可视化的重要途径。因此，针对学科前沿技术与常规设计教学脱节的现象，绿建设计人才培养在知识体系交叉性、决策工具前瞻性方面急需更深的探索，如何融合数字化模拟技术，在方案生成过程中揭示自然的价值，成为高年级教学的重要议题。

"基于建筑性能模拟分析与参数化设计工具的绿色高层办公综合体设计"，将绿色性能问题与现代建筑"高层"设计需求结合。通过绿建原理、实地调研、工具训练，应用性能模拟及参数化平台辅助设计决策，理性推衍建筑生成，最终完成方案构思、设计深化和成果表达。经过本科前三年的训练和学习，学生已经基本掌握空间、形式、功能等设计要素，对设计手法和建筑语汇也建立了基本认知，同时完成了《建筑物理》《公共建筑设计原理》《建筑环境与可持续发展》《数字化分析与计算》等相关理论课程，为处理大尺度和复杂性的专题设计课程打下基础。

二、教学目标

自上世纪末，高层生态办公楼不断涌现，例如福斯特及其合伙人事务所设计的德国法兰克福商业银行，SOM建筑设计事务所在科威特完成的阿尔哈拉姆大厦，杨经文建筑师设计的新加坡EDITT塔（图1）。以上生态高层建筑方案充分考虑了当地的气候特征、场地环境、室内外舒适物理环境营造和能源消耗等因素，立足于最大限度地利用自然资源，从而减少建筑对机械设备系统的依赖，将建筑与自然相融合，实现形式逻辑与技术逻辑的统一。

"绿色高层办公综合体设计"的教学定位于在满足高层建筑相关设计规范和功能需求的基础上，体现建筑的环境效益、形式创新和空间活力。以高层办公综合体为载体，以被动设计策略为主要手段，以量化模拟或参数化分析为工具，从绿色设计的角度思考办公与商业空间的营造，关注建筑环境性能和能耗表现，引导学生探索绿色设计、方案创作与软件模拟及参数化工具深度结合的可能性，设计探索具有地域性、功能性和创新性的绿色高层建筑。基于以上主旨，本课程的教学目标为：

1. 知识目标——应用绿建专业知识：学生能够理解并阐释绿色建筑设计原理，利用数字化工具，解析高层办公建筑方案潜在的绿色性能；

2. 能力目标——建构研究型设计能力：学生能够实现"建筑性能"到"建筑美学"的多维转译，整合感性体验与理性思维，设计具有气候适应性的"高层"综合体；

3. 价值目标——塑造可持续价值观：依托项目式教学，学生自主探究能源问题、城市环境、建筑性能、地域文化多因素作用下，高层综合体的选址依据、开发潜力、功能定位、绿色策略和设计手法，挖掘复杂建筑的节能潜力，具备可持续价值观。

三、教学组织

1. 课程概况

课程设计对象为集5A级写字楼、会所（俱乐部）、商业于一体的大型办公综合体，融合办公、购物、餐饮、休闲、娱乐、文化等功能，总建筑面积70000m²（含地下车库）。设计任务书对设计主题、建筑规模、建筑高度、功能配置和其他技术经济指标（用地面积、容积率、绿化率、建筑密度等）做出详细限定，并以天津滨海新区响螺湾中心商务区某地块为例，给出推荐用地。

德国法兰克福商业银行　　　　　　　阿尔·哈姆拉大厦　　　　　　　　新加坡 EDITT 塔

图 1　生态高层建筑典型案例

同时，教学组考虑立足绿色设计，建筑的气候适应性对设计方案将起到决定性作用。因此，指导教师鼓励学生们既可使用推荐基地，亦可重新设定推荐基地的地理位置和气候特征，还可完全根据志趣自选基地区位和形态，在设计过程中自拟必要的基地条件，有依据地展开建筑设计。设计过程中要充分考虑建筑与周边人文和自然环境的关系，关注方案设计的建筑性能和未来可变性，并最大限度地发挥创意，营造理想的绿色空间。课程进行过程中，2020春季学期学生分别选择了新疆吐鲁番、广东深圳、湖北武汉、蒙古乌兰巴托、重庆等各具气候特色的基地。绿色设计策略的提取、解读和应用，有助于学生探索不同气候区高层办公综合体设计的地域性表达，并且针对一个气候区深入研究的同时，组间交流能够收获不同气候区的知识。

2．教学宗旨

设计课程以培养学生解决复杂性问题的能力为宗旨，建立分阶段的教学体系。设计的指导原则为以下四个方面：1）设计规范性原则：高层建筑设计方案须符合现行建筑、结构、消防、节能等相关规定和规范，帮助学生强化场地设计、结构选型、防火分区、消防疏散、绿色节能等知识；2）气候适应性原则：设计须回应所选基地的气候环境特征，体现所在区域的地域文化特色、同时考虑经营管理和使用习惯；3）绿色化设计原则：设计应充分考虑高层综合体的绿色性能需求和节能减排潜力，应用合理的设计策略和设计工具，高效整合空间、性能、形式、结构等要素，由技术主导转向设计主导；4）环境协调性原则：设计应充分考虑所在城市区域的特点，重视城市关系、城市界面、交通组织和场地设计，与建成环境或远期规划有机协调。

3．教学内容

"绿色高层办公综合体设计"相较常规体量的建筑设计在复杂程度、设计难度和建设规模方面有所提升，因此课程鼓励学生结组合作，允许一到两人完成一组方案，有利于复杂研究和设计的开展。教案的设计任务包括高层办公塔楼、多层商业裙房和地下车库。结合组内老师的特长，教学策划涵盖七个阶段（图2）：开题宣讲要点解读、绿色设计原理学习、实地调研快速设计、性能模拟工具学习、绿色理念融入构思、绿色建筑方案深化、成果表达及其反馈。

1）开题宣讲要点解读（1周）：

根据任务书中的限定指标梳理设计相关基础知识。由用地面积、建筑密度和绿地率推算建筑基底面积、绿化用地面积，确定用地比例，扩展总平面设计相关规范和知识；由写字楼、裙房、标准层和地下车库的规模和功能分配引申讲解建筑限高、层高、防火分区、竖向交通组织等知识，帮助学生建立区别于多层建筑的设计观念，在设计之初强化学生对于新规范、结构体系、建筑消防和空间使用效率等问题的关注。同时，通过专题讲座向学生讲解高层建筑设计中城市关系、规划布局、结构选型、办公与商业空间、标准层及核心筒、安全疏散、地下车库等内容所涉及的基本概念、设计要点和规范要求，明晰设计约束条件（图3）。课下学生 2~3 人结为一组，根据设计兴趣，讨论基地选址。

2）绿色设计原理学习（1周）：

讲解建筑气候学、性能分析辅助设计等前沿知识，帮助学生理解自然环境要素对于建筑设计的影响机制。同时，不局限于风、光、热等气候要素的分析，指导学生搜集不同气候区绿色高层设计案例，结合城市关系、

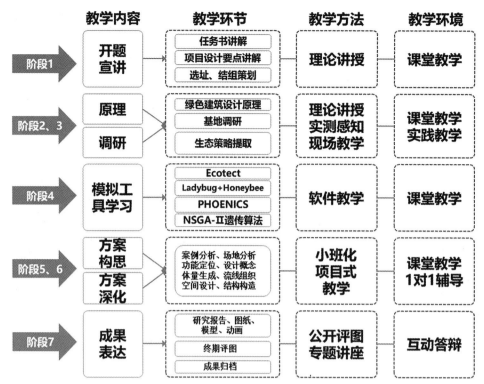

图2 教学结构策划

PART THREE 结构选型

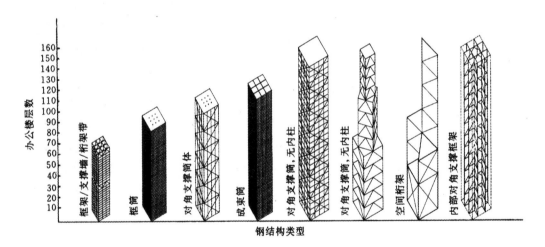

PART FOUR 设计要点

标准层设计

通常指能反映高层建筑主体的结构类型特征和空间布局模式的建筑平面。
由于可以被大量地重复和重叠使用，
因此，标准层最能体现建筑的效率和效益。

核心筒设计

高层办公建筑标准层的核心筒是设计重点，核心筒一般包括公共区域、楼电梯、设备用房及管井。

空间设计

造型设计

高层建筑的造型特征是高层建筑整体设计中极其重要的一环。它不仅体现了建筑自身的价值和形象，而且是该城市经济文化水平的象征，更影响了所在地区的整体形象品质和商业价值。

图3 开题授课——高层建筑设计

开发定位、组织方式、办公模式等更加广义的绿色设计需求和要素，探讨高层办公建筑绿色视角创作的可能性和出发点。

3）实地调研快速设计（1周）

立足于建筑气候适应性原理，结合典型气候区的高层综合体案例分析，学生依据自己的兴趣和生活经验，完成自主选地，并进行实地调研，明确特定气候区和特定地点的"局地环境"、"场所环境"和"微环境"。同时，为帮助学生尽快建立高层建筑知识体系，特别增加"快速设计"环节，针对所选基地通过手绘表达，重点考察总平面布局、地下车库、裙房、标准层的设计规范和结构布置（图4）。需要注意的是，快题阶段意在强化高层设计基础知识，此后的方案创作不能局限于快题方案，鼓励学生进行颠覆性再思考和再设计。

4）性能模拟工具学习（1周）：

学习建筑风、光环境的性能分析工具及其设计应用，例如 Ecotect、Ladybug+Honeybee、PHOENICS、Simscale 等，以便对建筑方案尤其是形态生成、空间布局和表皮设计提供理性支撑和量化依据，避免数字化教学工具学习过程的大部头、长流程和难应用；针对学生的设计构思和模拟需求进行一对一的操作辅导，使其快速掌握物理环境的量化和可视化方法（图5）。

5）绿色理念融入构思（3周）：

从气候和环境出发，要求学生完成场地分析、气候分析、功能定位、交通梳理，形成具有地域性和气候适应性的概念构思；进一步通过性能模拟和优化算法，推敲建筑体量生成、空间流线组织。此阶段，绿色性能分析始终贯穿教学过程，辅助设计决策。要求学生建立设计初期的"场地环境—问题提出—应对策略—设计手法"思维导图（图6），并在后续构思与优化中不断完善，强化逻辑自洽。

6）绿色建筑方案深化（5周）：

深化阶段是基于中期评图的方案调整，旨在优化形式逻辑与技术逻辑的整合，根据性能模拟反馈和参数化分析，进一步细化技术图纸、图面表达，并完成最终图纸绘制与模型制作。邀请课外教师团队进行中期评图，进一步完善逻辑构思，丰富设计手法，深化设计成果。

7）成果表达及其反馈（4周）：

设计成果包含但不限于技术图纸、方案生成相关分析图、效果图、性能分析模型和实体工作模型。教学中结合疫情防控需要，采用线上线下结合公开评图的方式，学生汇报其方案的环境分析、场地分析、概念生成、方案构思、技术图纸、性能分析、模型及动画等内容。评审老师重点考察设计方案的高层设计规范，应对气候策略的可行性，方案生成过程的逻辑性，设计整体完成度，量化模拟应用的合理性与准确性。成果评估之后，学生还有一周左右的时间根据评图意见完善图纸和模型。

4．考评方式

成绩评定更偏重于过程评价，即对学生专业知识与能力的综合评价。结合多年教学实践的研讨与学生的课后反馈，教学团队逐步摸索出多层次多维度的阶段性整合评价模式。一方面，在内容上，将教学环节整合为前期调查研究、中期方案生成、后期完整表达，分别输出研究报告、草图与软件模型、图纸模型与

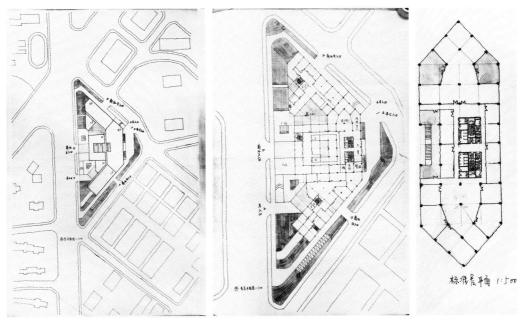

图4 快速设计部分图纸（2020春季学期，学生：唐泽羚、张爽）

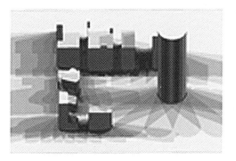
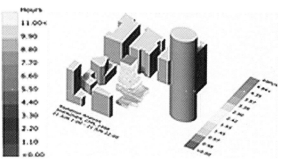

模拟条件：夏季-东向风2.5m/s作用下，室外温度28℃，塔楼剖面螺旋式中庭通风效果以及平面自然通风结果分析：

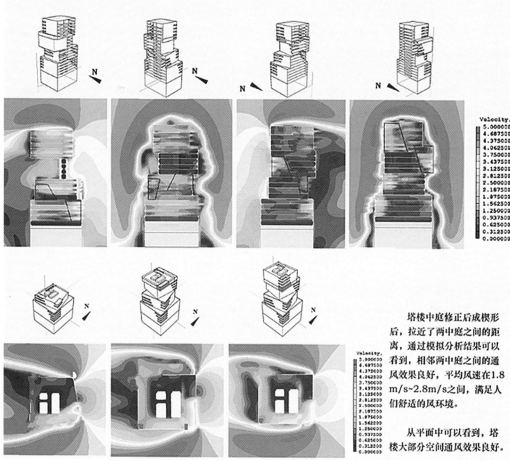

塔楼中庭修正后成模形后，拉近了两中庭之间的距离，通过模拟分析结果可以看到，相邻两中庭之间的通风效果良好，平均风速在1.8 m/s~2.8m/s之间，满足人们舒适的风环境。

从平面中可以看到，塔楼大部分空间通风效果良好。

图5 不同设计阶段的高层建筑性能分析（2020春季学期，学生：张亦驰）

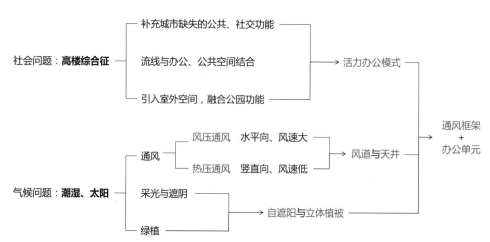

图6 学生建立的思维导图

汇报答辩三种不同类型的评价对象，对应学生三方面能力的考察——绿色理念的整合研究、模拟工具的验证优化、性能导向的设计创新，具体占比分别为30%、30%、40%。另一方面，在形式上，通过面对面的课堂与微信、ZOOM／腾讯会议等线上平台，打破有形教室的藩篱，将学习评价变成师生、学生之间的常态化研讨；借助校内外、线上下结合的中期、期末评图，强化阶段节点控制，丰富成果评价维度，激发学习内驱力（图7）。此外，这种考核与评价模式充分考虑了学生认知发展规律——从被动接受为主的知识学习到主动内化为主的设计实践，便于教师及时发现并有针对性地帮助改善学生的弱项。

四、学生作业

1.《其间》——运乃博（2015级本科生） 选址新疆乌鲁木齐（图8）

方案构思立足于乌鲁木齐全年干热少雨、冬季多沙尘、夏季温差大的气候特点，受当地传统民居"阿以旺"启发，提取其"内向封闭、中厅采光、抵御风沙、防止直射"的气候适应性策略，进行转译。首先，整体平面布局反转，不同于内核心、外空间的常规布局方式，为适应干热气候及利用温差，将厚重的混凝土核心筒置于建筑西北两侧，作为室内外的热缓冲层，白天蓄热防暴晒，夜间放热，解决昼夜温差大的问题，同时阻挡冬季风及沙尘。其次，剖面设计逐层递进（图8），通高的锥形生态中庭置入建筑体量，中部结合公共空间插入光通道，再利用中庭曲折界面的二次反射对办公空间内部补光，同时借助中庭垂直高度差进行热压通风，促进空气循环。另外，南立面开窗呈倒锥体，通过Ecotect遮阳与反射模拟，精确推敲锥体内壁上下界面的倾斜角，实现春、夏、秋三季太阳直射光通过二次反射进入室内，避免过度的太阳辐射热，而冬季太阳高度角较低，能够直接进入室内补光。该课程作业整体从光热环境出发，将不同朝向应对的气候特征和环境问题拆解清晰，从平面布局到剖面设计能够看到气候适应性策略的落地和绿色理念的贯彻，逻辑自洽，表达完整。

2.《Flow of wind》——唐泽羚、张爽（2016级本科生） 选址湖北武汉（图9、图10）

设计致力于解决三个问题：如何应对武汉的夏热、冬冷、高湿；如何通过建筑界面选择适应季风的防风与迎风策略；如何规避高层建筑对周边带来的强风影响，结合城市环境与绿建设计需求规划总平面布局。设计聚焦通风除湿和良好风环境的营造，首先，呼应冬季防风和夏季通风的需要，通过PHOENICS进行风环境分析，确定裙房底层架空、庭院围合、南高北低、南散北整、螺旋上升的建筑布局（图10上）。其次，受季风影响，面对冬季主导风向的建筑界面减少其面积和开启扇，抵御寒风，迎向夏季主导风向的界面设置不同层的空中花园促进自然通风，并结合建筑内部中庭的烟囱效应形成"水平风道＋错层中庭＋空中露台"的异形管道拔风体系。其次，风道端口的空中花园放大成喇叭口，进一步增强通风。改善通风同时兼顾遮阳一体化设计与立面补风口的形象凸显。特别值得一提的是，借助PHOENICS风环境模拟软件，对内部"风管"进行对比选型，针对裙房和塔楼不同高度的不同风环境需要，结合水平风道、错动变化的中庭、空中花园推敲相应的直线形与L形风道（图10）。

方案从城市关系与场地风环境入手，进行整合设计，性能辅助设计伴随全过程，整体完成度高，模型制作精良。西面以跌落之态鸟瞰长江风景与铁路遗址，东面利用庭院夏季导风进入建筑内部，建筑内以露台＋中庭形成通风管，内外结合的自然通风系统、严密验证的通风管道路径、将汉派建筑的空间手法用于高层设计。

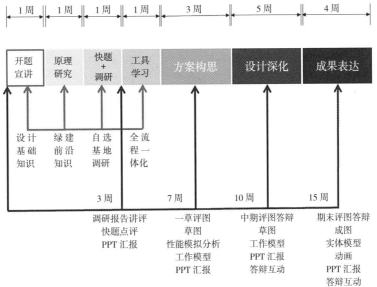

图7 节点控制成果多元

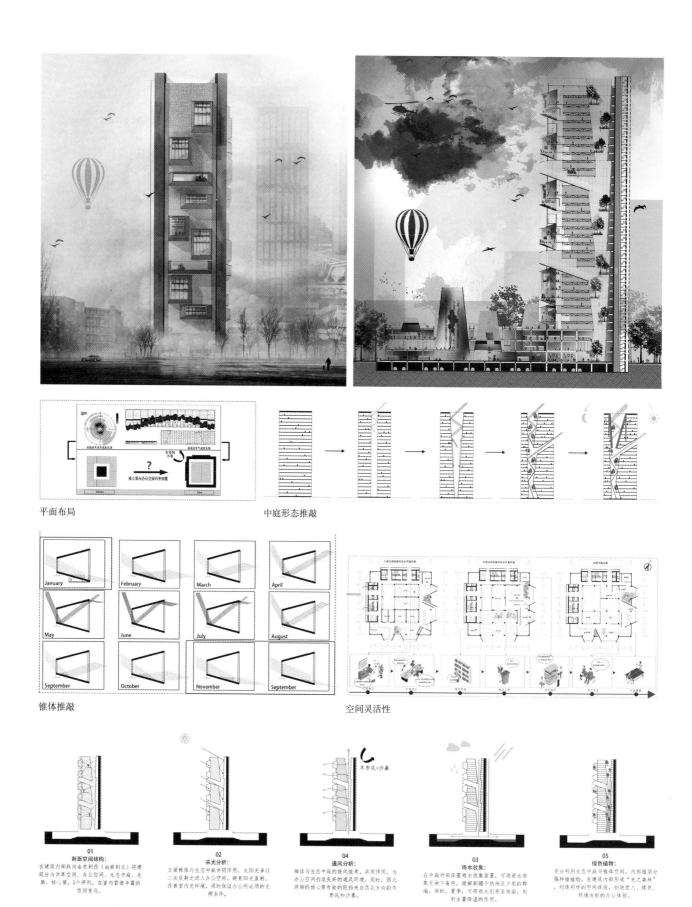

平面布局

中庭形态推敲

锥体推敲

空间灵活性

图 8 《其间》效果图及方案生成过程

五、教学反思

    绿色高层办公综合体设计教学过程中，学生在限定规模、功能和主题下，尝试在不同的气候区进行设计实验，突显建筑方案的气候适应性和地域性。建筑性能模拟和参数化工具的介入，为绿色设计找到了理性支撑，但形式逻辑和技术逻辑的博弈也凸显出来，对学生的跨学科综合能力，提出了更高的要求。方案

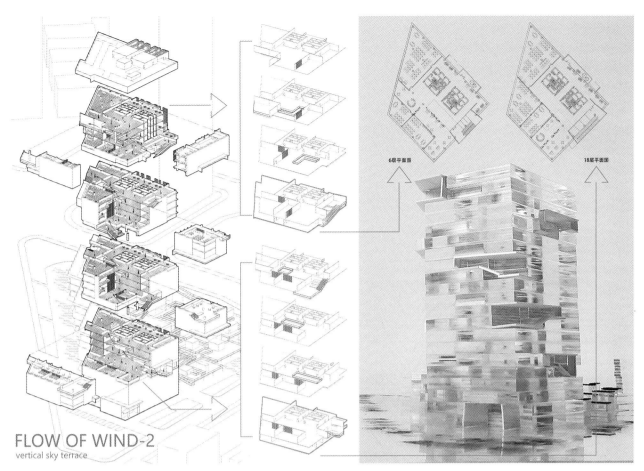

FLOW OF WIND-2
vertical sky terrace

6层平面图   18层平面图

图 9 《Flow of wind》

创作过程中，既不能按常规思路先从形式出发，后辅以数字化分析和技术堆砌，忽略模拟验证的反馈作用，偏离设计初衷；也不能完全依赖量化数据，亦步亦趋，使形式逻辑沦为技术逻辑的傀儡。根据教学成果反馈，后续教学中将针对建筑单体与城市的呼应关系，形式逻辑与性能逻辑的有机整合，规范制约与结构限制的整合创新，绿色建筑多维度和多视角的创意格局，进行改进和优化，引导学生更好地体验绿色设计方案由技术主导走向设计主导。

注释

(1) 清华大学建筑节能研究中心. 中国建筑节能年度发展研究报告 2013[M]. 北京：中国建筑工业出版社，2013.
(2) 肖贺. 办公建筑能耗统计分布特征与影响因素研究 [D]. 北京：清华大学建筑技术科学系，2011.

参考文献

[1] 刘加平，董靓，孙世钧. 绿色建筑概论 [M]. 北京：中国建筑工业出版社，2010.
[2] G·Z·布朗，马克·德凯. 太阳辐射·风·自然光 [M]. 常志军，刘毅军，朱洪涛译. 第 2 版. 北京：中国建筑工业出版社，2008.
[3] 清华大学建筑节能研究中心. 中国建筑节能年度发展研究报告 2013[M]. 北京：中国建筑工业出版社，2013.
[4] 肖贺. 办公建筑能耗统计分布特征与影响因素研究 [D]. 北京：清华大学，2011.
[5] 蔡一鸣. 融合参数化逻辑的绿色建筑设计研究 [D]. 天津大学，2014.
[6] 游猎. 可持续策略下的参数化建筑设计研究 [D]. 天津大学，2012.
[7] GB 50352-2019，民用建筑设计统一标准 [S]. 北京：中国建筑工业出版社，2019.
[8] GB50016-2014（2018 年版），建筑设计防火规范 [S]. 北京：中国计划出版社，2018.
[9] GB 50067-2014，汽车库，修车库，停车场设计防火规范 [S]. 北京：中国计划出版社，2014.
[10] GB50189-2015，公共建筑节能设计标准 [S]. 北京：中国建筑工业出版社，2015.
[11] GBT50378-2019，绿色建筑评价标准 [S]. 北京：中国建筑工业出版社，2019.

图片来源

图 1：https://www.fosterandpartners.com/projects/bloomberg/
https://www.som.com/china/projects/al_hamra_tower
https://www.archdaily.com/196714/al-hamra-firdous-tower-som/

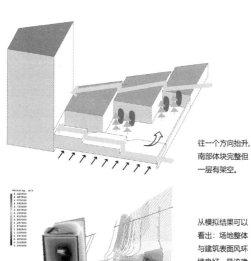
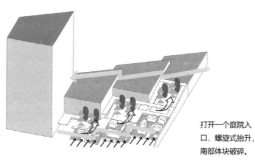

往一个方向抬升，南部体块完整但一层有架空。

打开一个庭院入口，螺旋式抬升，南部体块破碎。

从模拟结果可以看出：场地整体与建筑表面风环境良好，风流确沿建筑形态抬升。但庭院内部风流不明显，没有创造良好的庭院风环境。

从模拟结果可以看出：场地整体与建筑表面风环境良好，风流确沿建筑形态抬升。庭院内部风流明显，庭院风环境良好，故选择此体量方案。

建筑形体风环境分析

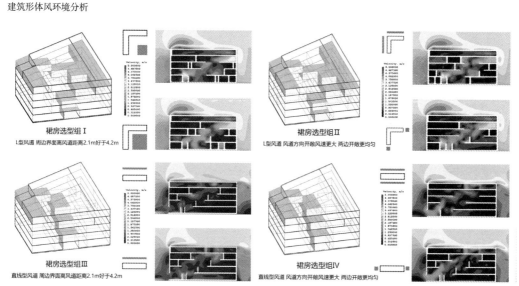

裙房选型组Ⅰ
L型风道 周边界面离风道距离2.1m好于4.2m

裙房选型组Ⅱ
L型风道 风道方向开敞风速大 两边开敞更均匀

裙房选型组Ⅲ
直线型风道 周边界面离风道距离2.1m好于4.2m

裙房选型组Ⅳ
直线型风道 风道方向开敞风速大 两边开敞更均匀

裙房选型结果：直线型风道长距导风能力弱于L型风道，用于3层体量裙房，L型风道用于4、5层体量裙房。风道周边界面距离2.1m好于4.2米，风道方向开敞风速更大，用于和庭院结合的视线开敞部分，风道两边开敞风速更均匀，在其余部分运用。

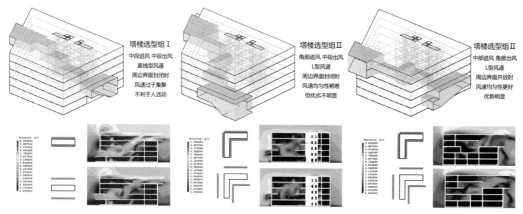

塔楼选型组Ⅰ
中段型进风 中段出风
直线型风道
周边界面封闭时
风速过于集聚
不利于人活动

塔楼选型组Ⅱ
角部进风 中段出风
L型风道
周边界面封闭时
风速均匀性稍差
但优劣不明显

塔楼选型组Ⅲ
中部进风 角部出风
L型风道
周边界面开放时
风速均匀性更好
优势明显

塔楼选型结果：中段进风、中段出风的直线型风道，对风的聚集作用强，用于6-9F，避免室内高风速。角部进风，中段出风的L型风道，界面封闭和开放，对均匀性影响不大，风速较好，分别用于10-13F、14-17F。中段进风，角部出风的L型风道，界面开放对风速均匀性促进强，用于均匀性不好的高层18-21F。

图10　内部捕风中庭风环境分析

作者：杨鸿玮，天津大学建筑学院讲师，博士，硕士生导师；刘丛红，天津大学建筑学院教授，博士，博士生导师；赵娜冬（通讯作者），天津大学建筑学院副教授，博士，硕士生导师

建筑历史与理论学科近二十年发展趋势研究

——基于国家自然科学基金项目资助论文的计量研究

徐 震 郝 慧

Research on the Development Trend of Architectural History and Theory in the Past Two Decades — Quantitative Research Based on Papers Funded by the National Natural Science Foundation

■ **摘要：**国家自然科学基金对建筑历史与理论学科发展具有重要的推动作用。研究以 2000~2019 年建筑历史与理论学科的 333 项国家自科基金立项课题及基金产出的 2706 篇期刊论文（2000-2021 年）为研究对象，利用 Citespace 软件研究学科热点，分析立项类别、研究内容、研究主题、研究方法、研究空间等时空变迁特征，并总结出建筑历史与理论学科研究的三个重要特征：科研成果高度集中、研究话题纵向强化横向外延、学术研究多学科交叉融合。最后结合国家政策，提出建筑历史与理论学科未来发展趋势。

■ **关键词：**建筑历史与理论学科；国家自然科学基金；Citespace；计量研究

Abstract：NSFC plays an important role in promoting the development of architectural history and theoretical disciplines. Taking 333 projects of architectural history and theory (from 2000 to 2019) and 2706 Journal Papers (from 2000 to 2021) produced by NSFC as the research objects, this study uses Citespace software to study the subject hot spots, project categories, research content, topics, methods, space and other characteristics of temporal and spatial changes, summarizes three important characteristics of architectural history and theory research: high concentration of scientific research results, vertical and horizontal extension of research topics, and multi-disciplinary cross-integration of academic research. Finally, combined with the national policy, the future development trend of architectural history and theory discipline is proposed.

Keywords：architectural history and theory discipline, NSFC, Citespace, metrological research

教育部人文社会科学基金项目 (20YJAZH030)

国家自然科学基金作为我国学术研究与发展重要的支撑平台，反映了学科发展的前沿动态。近年来，多学科领域对国家自然科学基金项目（简称"国家自科项目"）支持的课题进行探索，包括资助项目数量、金额及类型的研究，也有从项目成果进行学科未来发展趋势和方向的探索，包括项目结题及论文产出情况的分析。建筑学科作为学科领域一个重要的组成部分，相关研究也在不断深入，并有学者结合基金项目和学科领域主流期刊研究学科现状与发展态势，另外还有学者在特定研究领域下结合某一特定研究方向进行探索。但目前以建筑历史与理论学科（简称"建筑史学科"）为切入点的研究不多，多聚焦于建筑学、风景园林学、城乡规划学等一级学科的研究。本文首先按照时间顺序人工整理、统计并分析 2000~2019 年国家自科基金资助下的建筑历史与理论学科立项情况，然后基于立项数据利用 Citespace 软件分析项目的论文产出，了解学科研究发展态势，为后续相关研究的延伸与发展提供有价值的参考。

一、数据来源与研究方法

1. 数据来源

本文拟对 2000–2019 年建筑史学科获国家自科项目资助的项目数据及各项目下的论文产出进行分析。在国家自科项目网站上查询发现，2004 年之前建筑学（E0801）二级目录不划分三级目录，2005 年至今划分三级目录，有建筑设计与理论（E080101）和建筑历史与理论（E080102）两类，但是在统计过程中发现还是有部分基金项目未划分，所以统计建筑史学科立项数量时，分为两步：

（1）将 2000–2019 年的 E0801 依据其论文产出人工分类 E080101 和 E080102，以统计 E080102 的数据，并和 2005–2019 年中 E080102 的数据合并，同时剔除论文产出量为 0 的国际（地区）合作与交流项目，得到 333 项基金项目数据；

（2）依托 333 项项目基金号在中国知网上逐一搜索该基金号下的所有中文期刊和会议论文，并进一步筛选、去重与整理。

经统计 2000~2019 年建筑史学科国家自科基金下的论文产出共 2706 篇，时间分布于 2000–2021 年，构成本研究的主要分析样本。另外，本文涉及的高校及科研院所仅限于 2000–2019 年建筑史学科领域内获批的国家自科基金，同时近几年研究项目还有多数处于研究进行中尚未结题，所以论文产出量相对较少。

2. 研究方法

Citespace 基于文献可视化方法，以图谱的形式呈现某领域的研究热点、研究机构等情况，得到广泛运用。本文首先统计 333 项基金数据，再基于中国知网人工逐一输入基金号统计每个基金产出论文的数据并导出，然后借助 Citespace5.7.R2，分析主要机构、研究者与关键词，以了解建筑史学科近二十年主要研究热点及趋势。

二、2000–2019年建筑历史与理论学科立项情况

1. 立项数量分析

基金立项数量及经费是国家基金委资助力度的体现，也是近二十年建筑历史与理论学科发展态势的侧面反映。近二十年建筑学一级学科（E0801）国家自科基金总立项 897 项，建筑历史与理论学科总立项 333 项，其年度变化规律如图 1 所示。

可以看出，研究时段内建筑历史与理论年度资助项目数量整体呈向上的发展态势，且与建筑学一级学科发展趋势基本一致。近二十年建筑史学科立项情况以 2009 年为界，2009 年以前立项共 30 项，年度立项数量为个位数，2009 年达到最高数量（7 项）；2010 年以后资助数量高速增长，除 2012 年以外，立项数量基本稳定保持在 30~40 项。

2. 立项类别与单位立项情况分析

依据国家自科基金网站上的立项类别，将 333 项建筑史学科国家自科基金人工分为 4 类：面上项目、青年科学基金项目、地区科学基金项目与其他。其他包含科学部主任基金项目／应急管理项目（2 项）、重点项目（2 项）、专项基金（1 项）、优秀青年基金项目（1 项）4 类。面上项目和青年科学基金项目共 305 项（91.6％），是最主要的资助类型，其中青年基金年度立项变化趋势较明显（图 1），这在一定程度上说明，青年研究者是建筑史学科研究中主要的研究群体。

地区科学基金项目支持特定地区科研人员开展研究，2012 年以前资助数量共 3 项，2012 年以后资助数量趋于稳定，一般在 1–5 之间波动，体现国家政策对科研薄弱地区基金资助力度的倾斜，以鼓励更多的研究者投身落后地区发展。

而单位承担国家自科基金项目的数量是其学术科研实力和学科建设水平的重要体现。经统计发现，333 项基金分布在 78 个单位，分为高等院校（75 家，共 329 项）和科研院所（3 家，4 项）

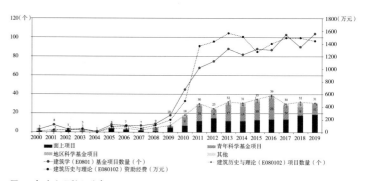

图 1 年度立项数量分布

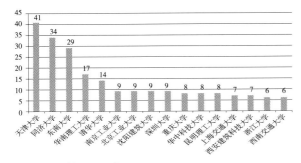

图2 单位立项数量情况（立项数≥6）

图3 主要研究者分析图

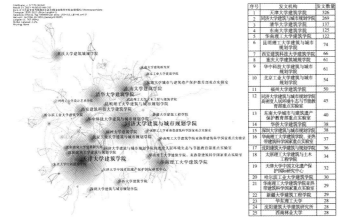

序号	发文机构	发文数量
1	天津大学建筑学院	326
2	同济大学建筑与城市规划学院	269
3	清华大学建筑学院	137
4	东南大学建筑学院	125
5	华南理工大学建筑学院	122
6	昆明理工大学建筑与城市规划学院	74
7	西安建筑科技大学建筑学院	66
8	重庆大学建筑城规学院	61
9	华中科技大学建筑与城市规划学院	61
10	北京工业大学建筑与城市规划学院	54
11	福州大学建筑学院	50
12	同济大学建筑与城市规划学院高密度人居环境生态与节能教育部重点实验室	45
13	东南大学城市与建筑遗产保护教育部重点实验室	40
14	华侨大学建筑学院	38
15	深圳大学建筑与城市规划学院	38
16	华南理工大学建筑学院、亚热带建筑科学国家重点实验室	37
17	沈阳建筑大学建筑与规划学院	36
18	太原理工大学建筑与土木工程学院	34
19	天津大学中国文化遗产保护国际研究中心	30
20	哈尔滨工业大学建筑学院	30
21	华南理工大学建筑学院亚热带建筑科学国家重点实验室	29
22	新疆大学建筑工程学院	29
23	华东理工大学	28
24	沈阳建筑大学建筑研究所	28
25	西南林业大学	28

图4 主要发文机构分析图

图5 主要发文机构共现图（发文量≥20篇）

两类。从资助数量来看，高等院校占比98.8%，是国家自科基金立项的主要单位（图2）。

三、建筑史学科国家自科项目（2000~2019年）资助论文分析

依据333项基金数据，在旧版中国知网的"支持基金"中输入基金编号，搜索基金项目资助的中文期刊，剔除图书、学位论文等数据库后，对获取数据进行去重和统计，获2706篇论文作为数据来源。同时考虑到近几年项目的论文产出还在不断地补充成果，所以此次研究只是对截至目前的成果呈现，不能完全代表未来科研实力发展的趋势。

1.主要研究者与发文机构分析

利用Citespace软件的发文作者共现图谱，可以统计某研究领域研究者的活跃性。如图3，可以看出该研究领域整体形成较为紧密联系的合作网络，虽出现了多个团队，但不同团队之间合作较多，而每个团队内部紧密合作。同时，图谱边缘的一些独立节点体现了部分学者进行独立研究。

科研机构在增强国家科研创新水准上发挥着重要的作用。利用Citespace软件的发文机构共现图谱，可以统计建筑史学科领域研究的中坚力量分布（图4）。根据发文量数据统计可知发文量超过100篇的5所发文机构分别是天津大学建筑学院、同济大学建筑与规划学院、清华大学建筑学院、东南大学建筑学院、华南理工大学建筑学院，这与国家自科基金立项排名一致，体现了5所高校强大的学术产出能力；排名前十的高校发文总数为1261篇（46.6%），且均为高校单位，说明建筑史学科研究集中分布在高校领域；发文量超过20篇的机构共29个，占总机构数的2.7%，表明不同机构的论文产出差异较大。

由图5可知，以清华大学建筑学院和天津大学建筑学院为核心的北边区域高校合作较为密切。同时天津大学建筑学院、同济大学建筑与城市规划学院等核心研究机构与其他高校以课题项目等合作方式建立紧密联系，形成了围绕这些核心机构的学术研究共同体。

2.研究热点

关键词是文献研究内容的高度总结，基于关键词共现图谱可以了解该文献的核心内容及相关研究领域的发展态势。应用Citespace软件，选取时间切片（1年）中频数为前10%的关键词分析得到共现图谱（图6），并基于LLR算法形成关键词聚类图谱（图7）。

关键词共现图谱中，节点大小表示研究时段内关键词的总频次，频次较高的传统聚落（120）、工业遗产（106）、风景园林（78）、保护与再利用（70）、传统民居（46）等构成了建筑史研究领域的主要话题。

为提高研究内容的合理性与准确度，本文剔

除建筑、保护、中国等无法划分研究主题类型的关键词，并合并了保护与再利用、再利用、再生等同义关键词。另外考虑到当一个聚类标签的关键词数量小于10时则该聚类效果较差，所以将不满足条件的聚类剔除后获12个有效聚类标签，并得到图谱的 Modularity 值为 0.665，Silhouette 值为0.8848①，说明该聚类结构合理，质量满足要求。

将关键词聚类标签沿时间轴横向展开形成聚类时间线图（图8），可以清楚地了解不同聚类标签下关键词热点趋势的发展。其中，遗产保护和工业遗产的研究是2002年至今未间断的主题。以#4工业遗产为例，早期研究由gis技术作为切入点，思考城市中工业遗产的分布特征并测绘。随着可持续城市与智慧城市等概念提出，研究视野逐渐面向更宏观的城市更新、城市复兴等话题，并逐步探索工业遗产相关保护原则以实现其保护与再利用。近年来国家工业遗产的保护与再利用工作进一步深入，目前研究重点是基于具体实践案例探索工业遗产再利用模式的更多可行性，如遗产廊道、文化创意产业等，并积极实施工业遗产价值评估以构建工业遗产价值体系。

关键词突现度是衡量研究时区内关键词的影响力指标（图9）。应用 Citespace 突现词运算获10个突现词，数量不多，说明该时间段内研究热点较集中。由图10可知，三线建设是近几年的热点，从2019年文献中出现持续影响至今，其原因在于2019年是中华人民共和国成立70周年，相继召开的三线建设研讨会使其迅速成为众多学者关注的热点，相关发文量也快速增长。另外，测绘、修复技术、岭南建筑学派等关键词虽影响周期较短，但都如实反映了建筑史学科研究发展的关键节点。

3．研究趋势

时区图是以时间为横坐标，关键词为纵坐标，展示研究重点的趋势变化。由图9发现近二十年建筑史学科研究呈现较大的时空变迁特征，具体体现在以下5个方面：

（1）研究主题从高度聚集到多元。以2010年为分界，前期主要为基础理论研究且具有明显的聚集性，大量论文汇集于部分单一研究主题，如传统聚落、传统建筑和风景园林等；后期研究主题明显增多，图谱逐渐丰富，整体呈现多样化形态。

（2）研究对象从抽象到具体。初期主要研究民国建筑等抽象概念，后期细化到澳门、上海、鼓浪屿等代表地区的代表建筑研究。

（3）研究空间从中心到边地。研究从早期江南水乡、岭南水乡等典型地区的探索慢慢延展到浙闽等边缘地区的研究，并且逐渐将研究触角延伸到国外建筑研究，如美国建筑等。

（4）研究内容从风貌到营造。前期主要研究历史街区、风土建筑、公园等历史风貌，后期延伸到关于受力、工艺流程、破坏模式等营造技术相关研究。

（5）研究方法实现多学科交叉融合。传统建筑史学科主要是实地调研、案例比较等研究方法，偏重于基础理论的描述。在新时代、新技术发展的背景下，建筑史学科与其他学科交叉协同研究，空间句法、类型学、bim 等多学科融合下的研究方法开始广泛运用。

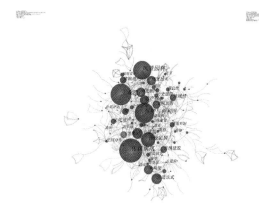

图6　高频关键词共现图

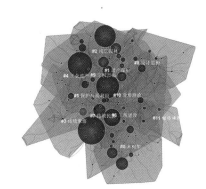

图7　高频关键词聚类图

图8　聚类时间线图

图9　高频关键词时区图

4. 研究内容

研究通过分析国家自科项目主题，梳理论文关键词和研究对象，分析并人工整合 Citespacce 形成的聚类标签，结合 20 所博士点高校建筑史学科研究方向分类，将建筑史学科研究内容分为 4 个主题：建筑遗产、建筑理论、建筑技术与风景园林。

（1）建筑遗产

建筑遗产不仅包括历史街区、传统建筑、工业遗产等具象事物，还包括传统工匠技艺、木结构体系等抽象理论。建筑史学科对建筑遗产研究开展的时间较早，2000 年国家自科基金面上项目《社会转型中的历史街区保护与改造理论及方法研究》首次将 gis 技术应用与历史街区研究相结合，其论文成果为文化遗产保护与管理提供了科学参考，同时也实现了我国建筑史学科从定性研究到定性定量结合研究的大突破。相对国外而言，我国遗产研究意识形成较晚，所以前期以遗产调研及国外相关基础理论解析为主，并依据本国国情制定保护策略与原则，初步形成了遗产保护体系。后期新时代新技术的不断开发与应用为今天的遗产保护带来了更多的可能性，实现了遗产保护实践的落地应用。另外遗产研究也存在一定的政策导向性，如三线建设、爱国主义遗产建筑等研究主题正是国家时事政策下的产物。

（2）建筑理论

建筑史学科建筑理论方面的研究包括建筑史、建筑师、建筑教育、法规制度、设计思想等内容。在研究对象上，前期是一些固有概念的研究，后期关注概念的延伸并注重与其他理论的交叉融合；在研究空间上，全球化和新型城镇化大背景的影响使建筑理论研究从国内转向国外，从城镇转向乡村；在研究时间上，从古代建筑理论研究过渡到近代、当代建筑理论研究，这是因为建筑史百年历程的发展从古代研究着手到今天已经有了较为成熟的认知，所以将研究领域进行时间线上的延伸；在研究内容上，从早期单纯理论研究逐渐转向理论传承与创新的探索。

（3）建筑技术

技术更新与学科发展相辅相成，新时代学科繁荣要求技术不断革新，而技术的不断进步则推动学科不断成长。学科外延实现与其他学科的交叉协同研究，缔造了更多研究方法，实现了建筑技术的更新。相比传统单一学科研究，今天的建筑史研究完成了学科原方向的纵向深入研究并创造了更多新的热点研究方向，如 3D 打印、遗产数字化、火灾模拟等。

（4）风景园林

从既往 20 年的国家自科项目资助情况与学术成果来看，建筑史学科是包含建筑史、城市史、风景园林史三个领域的研究。风景园林领域相对其他两类在研究对象、内容等多方面区别较大，所以在此作为单一主题研究。在研究对象上，从前期概念性研究转向技术应用研究，探讨传统园林当下的适应性再利用；在研究时间上，从古代园林研究逐步拓展到近现代公园研究；在研究内容上，主题逐步多元化，声景等多学科交叉形成的技术为学科拓展提供更多可能性。

四、建筑历史与理论学科研究特征与展望

1. 研究特征

（1）学术科研具有高度集中性，以传统四所建筑学强势高校为主导

传统四所建筑学强势高校[②]在建筑史学科发展中起带头作用，构成学科研究的主力军。2000—2019 年，四所高校国家自科项目总数为 118 项（35.4%），可见学术科研具有高度集中性，也体现出其拥有强大的科研能力与成熟的科研团体。另外华南理工大学、重庆大学、华中科技大学、西安建筑科技大学等一些新秀高校也逐步发展起来，构成了国家自科基金建筑史研究的新兴力量。

（2）研究话题在纵向深入的基础上横向逐步外延

建筑史学科对传统聚落、工业遗产等单一话题保持长期关注并不断纵向深入研究，体现了建筑史学科某些研究热点的延续性与稳定性。另一方面，社会发展、国家政策的不断更新及重要历史事件的影响又横向拓展了学科研究热点，包括三线建设、爱国主义遗产建筑等，体现了建筑史学科研究的动态外延性与政策导向性。

（3）学科研究呈现多学科交叉融合发展的现象

建筑史学科研究主题不断外延，研究热点与方向不断丰富，与其他学科的交叉融合是学科领域拓展的必然结果。2000 年至今建筑史学科国家自科项目的产出论文在理论与技术手段上的多学科交叉现象日益明显，空间句法、建筑创作论、建筑美学、文化遗产保护理论等建筑理论构成了建筑史学科研究重要的理论支撑。其中建筑美学是包含建筑学和艺术美学两个学科的交叉融合，而风景园林学科近几年常见的声景则是建筑工程、艺术、心理、医学等多学科交叉融合下的理论。

建筑史研究的相关技术也呈现较大的学科交叉融合，如较早出现的 gis 技术是遥感、地理学、

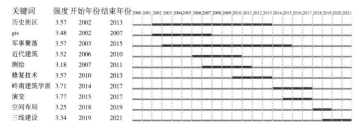

关键词	强度	开始年份	结束年份	2000	2001	2002	2003	2004	2005	2006	2007	2008	2009	2010	2011	2012	2013	2014	2015	2016	2017	2018	2019	2020	2021
历史街区	3.57	2002	2013																						
gis	3.48	2002	2007																						
军事聚落	3.57	2003	2015																						
近代建筑	3.52	2006	2010																						
测绘	3.18	2007	2011																						
修复技术	3.57	2010	2013																						
岭南建筑学派	3.71	2014	2017																						
演变	3.77	2015	2017																						
空间布局	3.25	2018	2019																						
三线建设	3.34	2019	2021																						

图 10　关键词突现图

计算机科学等多学科交叉融合下的成果。受国家大力推广应用的影响，今天的 gis 技术在我国已经迎来巨大的发展。而近几年的热点"数字技术"是建筑史学科发展重要的推动力，使建筑设计思维方式跟随科技的脚步转变，为建筑设计方法的更新提供了更多可能。

2. 研究展望

我国进入中国特色社会主义新时代，建筑历史与理论学科近年来也充分利用先进的现代科学技术及多学科交叉融合的方式，实现学科新理论、新方法、新领域的不断扩展。未来的建筑史学科发展则要求研究充分结合当前国家政策变化与社会发展状况，逐步形成具有中国特色的建筑史学科体系。

（1）立足地方研究与建设，推动城乡融合发展。近年来国家自科基金明显向地区基金倾斜，基金论文成果的研究对象也发生转变，从国家到地方，从城市到乡村，从中心地区到边缘地区，并在既有住区、城市更新、工业遗产等话题中结合新技术逐步探索地方环境的优化与提升建设。《2021年新型城镇化和城乡融合发展重点任务》中对乡村建设提出更明确的要求，因此建筑史学科研究未来应该加大力度立足地方研究，加快推进城乡融合发展以适应新时代需求。

（2）弘扬传统建筑文化，实现建筑遗产再利用。文化是一个民族的内在魅力，传统建筑文化不仅包括建筑遗产，还包括古建木构技艺、工匠技艺、装饰等。建筑史学科研究应在遗产保护、建筑理论等主题中积极探索传统建筑文化的继承与创新，力争在历史与当代之间找到一个和谐的平衡点，使传统建筑文化获得新活力。

（3）协同多学科交叉融合，探索新型建筑史研究理论体系。针对当前建筑历史与理论研究中建筑学学科占主导地位的现象，未来应大力推进各学科的协同研究，在强化既有话题研究的基础上，充分发挥城乡规划学、风景园林学、社会心理学、地理学等学科在建筑史学科研究中的作用，探索新技术、新理论的更多可能性，构建多学科交叉融合的新型建筑史研究理论体系。

五、结语

通过对建筑历史与理论学科国家自科项目及论文成果研究分析，可见建筑史学科研究正有条不紊地发展并逐步多元化，但时代的快速变化也要求学科研究需要实时更新、调整。未来建筑史学科发展应借助国家自然科学基金平台，紧跟国家发展步伐，充分调动各高校与科研院所的科研积极性，强化并拓展学科热点研究，完善学科理论研究体系。

注释

① Modularity 指聚类模块值（Q 值），Silhouette 指聚类平均轮廓值（S 值），当 Q > 0.5，S > 0.7，则表明该聚类合理，具有说服力。
② 传统四所建筑学强势高校指清华大学、同济大学、天津大学、东南大学。

参考文献

[1] 高凯，董冬，郑伟.2002—2011 年风景园林学科国家自然科学基金项目立项分析 [J]. 中国园林，2012，28（09）：91-93.
[2] 赵桂玲，谷瑞升，于振良. 近 8 年林学学科国家自然科学基金资助项目结题分析 [J]. 中国科学基金，2013，27（01）：39-43.
[3] 刘静，马建霞. 我国管理科学研究进展分析——以国家自然科学基金立项项目及论文产出为分析数据 [J]. 科技管理研究，2015，35（04）：249-258.
[4] 曹伟，吴佳南. 国家自然科学基金资助建筑学城乡规划类课题的统计研究 [J]. 建筑学报，2012（S1）：1-5.
[5] 杨阳.1986~2014 年自然科学基金资助建筑学科热点话题分布与转变 [D]. 深圳大学，2019.
[6] 陈玉洁，李紫晴，丁凯丽，袁媛. 国外城市研究期刊近年研究热点及趋势（2010—2017 年）——基于 Citespace 的计量研究 [J]. 国际城市规划，2020，35（04）：64-71.
[7] 李立敏，郭依奇，宋鹏. 运用 Citespace 综述国内近十年建筑学传统村落研究 [J]. 南方建筑，2020（01）：35-40.
[8] 黄沣爵，杨滔，张晔珵. 国内外智慧城市研究热点及趋势（2010-2019 年）——基于 Citespace 的图谱量化分布 [J]. 城市规划学刊，2020（02）：56-63.
[9] 胡明星，董卫. 基于 GIS 的镇江西津渡历史街区保护管理信息系统 [J]. 规划师，2002（03）：71-73.
[10] 青木信夫，徐苏斌，张蕾，闫觅. 英国工业遗产的评价认定标准 [J]. 工业建筑，2014，44（09）：33-36.
[11] 沈旸，周小棣，马骏华. 基于多重保护主体的历史文化街区保护规划 [J]. 东南大学学报（自然科学版），2015，45（05）：1020-1026.
[12] 常青. 存旧续新：以创意助推历史环境复兴——海口南洋风骑楼老街区整饬与再生设计思考 [J]. 建筑遗产，2018（01）：1-12.
[13] 李严，李哲. 点云新源——从千佛崖测绘看建筑遗产数字化技术的持续演进 [J]. 工业建筑，2012，42（S1）：30-33.
[14] 李哲，孙肃，周成传奇，佟欣馨，张义新，李严. 中国传统村落数字博物馆的"正确打开方式"——通过三维计算挖掘和量化传统村落智慧 [J]. 建筑学报，2019（02）：74-80.
[15] 张凤梧，阴帅可. 圆明园研究史初探（1930 年至今）[J]. 中国园林，2013，29（10）：121-124.
[16] 严敏.《园冶》之声景研究 [J]. 新建筑，2019（06）：141-145.

图片来源

本文所有图片均为作者自绘

作者：徐震，合肥工业大学副教授；郝慧，合肥工业大学建筑学硕士研究生

东亚近代英租界建设管理模式的早期转变与启示

——天津英租界1866年《土地章程》探究

孙淑亭　青木信夫　徐苏斌

Early Transformation and Enlightenment of the Construction and Management Model of the British Concession in Modern East Asia—Research on 1866 *Land Regulations* of the British Concession of Tientsin

■ 摘要：19世纪英系租界的系统发展对东亚近代化历史中城市的发展产生了深远的影响。研究从殖民主义和东亚英租界建设管理体系角度，梳理了早期英租界运用土地章程进行土地分配与城市管理的发展过程，并重点对天津英租界颁布1866年《土地章程》这一具体案例进行研究，分析其出现的历史背景及影响，并进一步探究其颁布的动因，寻找出东亚英系租界城市管理制度的关联性以及东亚城市近代化的过程的相似性，以期填补城市发展史上这一部分的空缺，并对东亚当代城市建设的发展起到反思和借鉴的作用。

■ 关键词：英租界；居留地；天津；土地章程；城市建设管理；东亚城市近代化

Abstract：The systematic development of British concession in the 19th century had a profound impact on the development of cities in the history of modernization in East Asia. To find out the relevance of the urban management system of the British concession and the process of urban modernization between different cities in East Asia, this paper combs the development process of land allocation and urban management in the early British concession by using the land regulation, and focuses on the specific case of the 1866 *Land Regulation* promulgated by the British concession in Tianjin from the perspective of colonialism and the construction and management system of the East Asian British concession. It analyzes the historical background and influence, and further explores the reasons for its promulgation. This finding can fill part of the vacancy in the history of urban development, and play an important role in the development of contemporary urban construction in East Asia as reflection and reference.

Keywords：British concession, settlement, Tianjin, Land Regulation, urban construction management, east Asian city modernization

国家自然科学基金51878438，天津市自然科学基金18JCYBJC22400

一、引言

我国正处于城市化加速、城市规模膨胀的阶段，但在城市管理模式上尚存在法律制度不完善、城市管理水平不高、规划监管制度不力等问题[1]。19世纪"租界"的出现使中国传统的规划管理转向了近现代西方规划思想。在城市规划中，建设与控制是其两大抓手，而控制是规划当局的主要任务。[2]研究租界建设法规对目前建设管理有一定启示。

19世纪欧洲列强通过贸易打开东亚市场，间接推动了东亚城市的近代化。西方人通过传教、贸易、外交在东亚各国建立殖民地、租界、居留地等①，将近代城市的管理体系、先进的市政建设以及西方的文化传入东亚。英国作为当时的日不落帝国，是租界开辟时间最早、数量最多、持续时间最久、影响最大的国家，并率先建立了一系列的租界制度。[3]英租界是东亚城市近代化研究的重点。而作为租界治理根本的《土地章程》包含了城市规划与建筑的相关规则，是东亚城市近代化的制度依据。

国内外对租界《土地章程》的研究已有一定成果②。但由于语言、史料等限制，国内研究多围绕上海展开，对国内其他城市的研究较少。同时，宏观国际视野的缺失也导致不能清晰地勾画出东亚英系租界《土地章程》演变的全貌。本文通过梳理相关史料档案，将天津1866年《土地章程》置于英国在东亚殖民的历史背景下，探究其制定的动因，论述其特殊性，并进一步梳理出东亚英系租界在殖民主义现代化过程中的土地制度与城市管理的发展脉络。

二、租界《土地章程》的发展

1. 英国在东亚租界早期的开发模式

英国在与近代东亚的贸易初期，先后在上海（1843年）、厦门（1852年）、长崎（1858）、横滨（神奈川）（1858）、广州（1859）、天津（1860）设立了租界与居留地（图1）。租界作为一种在东亚形成的特殊的殖民形式，在英帝国的组成中微不足道。虽然随着租界发展，英国人开始与华人共同在租界中活动，但由于最初来到租界的主要是从事海外贸易的英国人，租界的建立也是按照白人殖民地进行建设的，其殖民政策不可避免地对租界的建设与管理产生了影响。在新帝国观的影响下，英国民众普遍认为海外租界对英国经济造成了负担，希望尽快给予英国租界自治权。[4]

2.《土地章程》的设立与发展

19世纪60年代，"小英国主义"③[5]的出现进一步推动了殖民地改革和自治运动[6]，租界作为"国中之国"，与之对应的正是工部局的成立与《土地章程》中居留民自治体系的形成。殖民者围绕获得土地的管理权、自治权产生激烈的争夺，制造了既不完全等同于殖民地的"无偿占有"，也不等同于亚洲本国人之间的"民租"；而是产生了类似国家之间的租地方式和土地管理制度——《土地章程》（Land Regulation）。租界规划就是实现重新分配土地，使之合法化的过程。章程确定了租地人的租地方式、城市规划的主体、租界建设的资金来源以及城市公共卫生管控等，以达到对租界进行建设与管理的目的，类似当今的《城市规划法》。

这些《土地章程》的每一次制定或修改都不是从零开始，而是根据当时的社会状况和管理经验进行的（表1）。《土地章程》修订的历程是英人不断加强其自治权利以及完善租界公共基础设施建设的过程，也是其不断适应东亚近代化历史进程中城市发展变化的过程。

《土地章程》设立之前，来租界或居留地的外来者主要是一些大的洋行。宝顺洋行（Dent & Co.）1844年最先在黄埔江岸租得13余亩土地，随后是怡和洋行（Jardine Mathesom & Co.）等。这些洋行租用土地后，在各自的地块上建立仓库、办公室、工厂等，形成了最初的租界口岸空间（bund）④。最初《土地章程》的设立是为了解决租地混乱的问题，并逐渐形成了"永租制"⑤。随着租界发展，土地章程中逐渐开始出现城市管理方面的内容，逐步明确了城市规划的主体与公共参与的原则。如1845年上海第一个《土地章程》对英租界的城市管控主要体现在建设空间的控制⑥、相关道路规划（第二、三、四款）、土地功能划分⑦。而1854年上海《土地章程》除了延续1845年章程中的建设空间控制部分（第一、六款），强调了以道路为核心市政公用基础设施的建设（第五款）外，还出现了对建筑材料、建筑出挑的规定（第九款）。此外，根据第十款"选派三名或多名经收"，租界内的道路码头委员会正式退出历史舞台，取而代之的是正规的行政管理机构——工部局，从此确定了城市建设管控的主体。这是租界内公共基础设施与城市功能布局分区的制度基础。

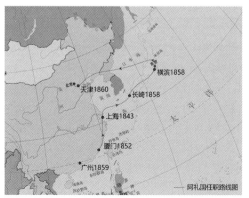

图1　东亚近代早期（1840~1860）英系租界与居留地分布

年份	名称	英国相关的制定人	制定/修改背景	特点
1845	上海英租界《土地章程》	英国驻上海领事巴富尔	上海英租界建立初期	强调土地利用方式,以道路规划为主的公共基础设施建设
1854	上海公共租界《上海英法美租界租地章程》	英国驻上海领事阿礼国	公共租界成立,大批华人涌入租界	增加市政委员会条约,赋予税收权力
1860	横滨外国人居留地《神奈川港土地章程》	驻日总领事阿礼国	横滨外国人居留地成立	日本政府负责市政建设,同时形成居留地内警察权与征税权的居留民自治体系
1860	长崎外国人居留地《长崎地所规则》	驻日总领事阿礼国	长崎外国人居留地成立	与横滨土地章程几乎一样
1864	横滨外国人居留地《横滨居留地备忘录(觉书)》	驻日总领事阿礼国	外国团体对幕府基础设施建设不满,要求增加自治权	将租界基础设施的建设部分权利交给居留民团,同时要求幕府承认其自治行政权
1866	天津英租界《天津土地章程和通行章程》	驻华公使阿礼国	对专管英租界的条例修改,英国对华政策调整	依照条约承认的首个国租,形成英国租界自治体系详细规则
1869	上海公共租界《上海洋泾浜北首租界章程》	驻华公使阿礼国	"自由市"计划失败,英人尝试获取更多市政权	形成详细的城市建筑条例,租界自治体系进一步完善

三、1866年天津英租界《土地章程》对建设管理模式的影响

1. 天津土地章程的出现及其历史地位

天津英租界1866年《土地章程》在东亚英系租界的早期发展中具有承前启后的作用。天津英租界作为英国在东亚最大的一个专管租界,其设立在中国近代城市建设史上有两方面的意义:一是英国首次在东亚租界中以条约许可方式采取"国租"形式进行土地租赁,使得英国可以实现租界的总体规划(1861年戈登规划),确定了租界基本的城市空间形态;二是英国首次在法规中承认租地人大会与工部局的权利,是租界自治合法化的起点。由于其市政建设受到了税收影响,天津英租界也逐渐形成了以英国富商为主导的租界开发建设模式,这种模式对租界的城市空间与市政基础设施的建设有着巨大影响。在天津1866年《土地章程》设立后,东亚英系租界的《土地章程》与市政条例才开始逐渐合法化,各项制度体系得到不断完善。此外,天津的其他各国租界基本借鉴了天津英租界的管理制度,推动了天津城市近代化的进程。

2. 天津土地章程对城市建设管理模式的具体影响

1866年天津英租界《土地章程》全称《1866年英租界土地章程暨天津英国领事区章程》(*Local Land Regulations of the British Concession of Tientsin and General Regulations for the Tientsin Consular District*)。共包括23条,内容涉及租界范围、租地人资格、租地人大会与委员会、选举与投票、捐税与执照等方面。[7]对租地方式与建设管理方式的规定直接影响了英租界的城市规划,且较之前的《土地章程》有较大的改变。

(1)租地方式的变化及影响

天津英租界的租地首次采取了"国租"方式。自1843年《五口通商附粘善后条款》确定了外国人在租界以租地的方式获取土地的居住权后[8],在上海1845年与1854年的《土地章程》中采用了外商直接向原业主租地的方式,即通常意义的"民租",并逐渐确立了永租制度。而日本的外国人居留地起初都是由幕府进行投资建设,因此租地人直接将租金交给日本政府。[9]1858年,日本政府私自将开港地从神奈川改为横滨,并开展了建设活动[10],不到一年,横滨的土地就被第一批洋行商人占领了,土地供不应求。驻日公使阿礼国尝试对土地所有权进行管理[11],在开港后的第五年(文久三年),居留地内正式划分了土地的编号,土地的分配方案也重新确立。

英国政府在经历了上海和日本租界经营后,为避免业主在承租土地时擅自哄抬地价、拒绝出租土地等麻烦,借鉴了印度殖民地的治理经验[12],不仅将本国国土视为以英国国王为代表的国家土地,对其所占领的殖民地,也一概实行以英国国王为代表的国家土地所有制。[8]1860年12月,驻华公使卜鲁斯向恭亲王奕䜣递交照会[13],在中国租界采取"国租"的方式进行管理,即由英国女王直接授权向中国政府租借整块土地作为专管租界,再由英国女王重新将土地分配给英商。此外,英国政府通常不将土地的永久使用权给予外商,据1857年英国银行的特别委员会"年度报告",西方大部分地区土地的租赁期限多为99年。租界内外商的租借期限同为99年。这与当时英国及西方房地产市场的实际操作有着较相似之处,其本意都是为了

在租赁权的周转中，英政府可以获得地价的升值利润。[10]

"国租"形式使租界的土地所有权完全归英国政府，加强了英国政府对租界土地的经营与建设控制。英政府以竞拍的方式，将租界的地块转租给各洋行与商民，使土地从封建所有制的地产，变为可自由买卖的城市不动产。[11]土地迅速商品化，刺激租界投资与土地开发。同时，租界当局获得永租权后，对天津英租界也开展了总体规划，1861年"戈登规划"即按规划方案进行地块划分（图2），对城市有了整体控制。

（2）建设管理方式的变化及影响

天津英租界首次立法承认了工部局与租界常年大会。在历次土地章程的设定中，中日的英系租界与殖民地英人一直在尝试获取租界的自治权：在中国的租界发展中，1845年上海《土地章程》形成了道路码头委员会负责收取修建码头、道路、桥梁的费用，1854年土地章程出现了行政管理机构工部局。1855年迫于英政府的压力，阿礼国放弃了对租界"市政委员会"的承认，虽然上海租地人会议没有同意解散工部局，但它的存在始终没有任何法律文件的支持。而日本的横滨与长崎居留地虽然与上海租界有些不同，但仍保留居留地的行政标志，其治安和防卫权都掌握在外国人手中。不管是租地人会议还是市参事会（Municipal Council）、市政委员会（Municipal Committee）、市政厅（Municipal Government），或者道路（Streets）、路灯（Lighting）、海岸路以及码头（Bund Jetties）、警察（Police）、保安（Nuisances）、货船（Cargo-boats）等委员会的成立，都产生了以强化自治组织为目的的居留地行政变革的契机。[12]这在上海1854年土地章程基础上，进一步明确了租界自治的规则与行政体系。但最终在1865年，由于财政问题，居留民团不得不将管理权交还给日本政府。

而天津英租界1866年《土地章程》共23条[13]，其中与租界自治和行政管理直接相关的有11条，基本占了整个章程的二分之一，其中可分为两大类，包括城市管理机构的设置（第4、7、8、12、13、14）以及行政管理机构的相关权利（第8、9、10、11、15条）。章程首次形成了系统的英租界自治体系，即在选举人登记及公示制度下，通过召开天津英国工部局所辖区域选举人年度大会与特别大会，成立天津英租界工部局董事会机构。董事会负责租界章程的修订、聘任工部局职员、买卖公产、征收捐税、经营公有设备等。[14]这是租界首次以法律的形式承认了工部局的存在，租界自治的模式自此也正式形成。

由此，形成了租界自治下的城市管控，在章程中与城市建设相关的条例主要有界定建设范围（第1、5条）、明确以道路为主的公共用地的规划（第5条）、强调公共安全（第17、18条），以及用地功能分区[包括仓储区（第19条）与交通用地（第20条）]。在此基础上，章程中强调了市政活动的资金来源，除房捐与地税外，还给予租地人委员会追缴罚金的权利，此部分罚金将用于租界市政建设（第21条），同时每年用于建设的各项费用会提前公开，以此保护在津英人的私人财产权。这就明确了城市规划的主体，租地人向女王政府支付租金（以拍卖方式租给出价最高者）。承租人需要履行各项义务，其中包括承担租地人委员会为租界铺设排水设施、修路或装修路灯，以及修建公共娱乐场所、设立警察机构等征收的各种费用。

四、天津英租界《土地章程》制定的动因探析

为了寻找东亚英系租界城市管理制度的关联性以及东亚城市近代化的过程的相似性，探求城市管理政策的指导经验，需要探析章程制定的动因。一般而言，土地政策的制定源于社会、政治、经济等因素的变化和发展。在城市与建筑的研究中，著名文化人类学家拉普卜在《城市形态的人文方面》一书中强调，城市形体环境的本质在于空间的组织方式，而不是表层的形状、材料等物质方面，而文化、制度、心理、礼仪、宗教信仰和生活方式在其中扮演了重要角色。若想探知租界城市空间形成的原因，就必须意识到城市文化的延续性，从社会、制度、文化方面引入文化生态学⑬的研究方法。通过研究制度法规的形成、租界当时的社会背景，进一步佐证空间形成的根本原因。（图3）。

1. 英国对华外交政策的调整

1865年英国外交政策的变化导致了中国官方对租界自治态度的转变，这很大程度上影响了租界的城市建设制度。英国经历了17~18世纪的欧洲重商主义，1783年北美独立后第一帝国解体，到1815年新帝国第二帝国成立，开始对白人殖民地授予其代议制政府，改变了之前的掠夺政策。18世纪后半期，英帝国政策受到亚当·斯密的殖民理论影响，开始扩大在全世界的贸易，从美洲转向东方。[15]19世纪前期随着1846年《谷物法》与1849年《航海条例》的废除，开始了自由贸易时期。这期间也形成了以曼彻斯特学派为代表的强调尊重殖民地主权，以自由主义与效率、和平外交为原则的小英国主义，并在1860~1870年达到顶峰。[16]在这种背景下，1858年英国驻华公使卜鲁斯向英国议会提交了一份重要的备忘录，强调公使在北京的主要思想：尊重中国的主权和完整性帝国。[17]英国对中国的友好态度，使得当时英国租界内自治与建设在清政府这里得到了支持。在1863年9月21日美国驻上海领事馆举行的虹

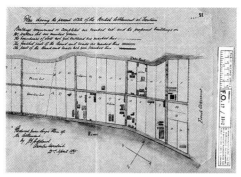

图2　1865年天津英租界地块划分图

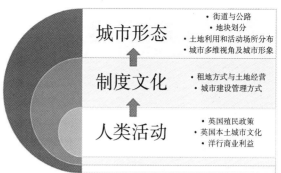

图3　文化生态学视角下的租界空间形成结构

口租界租地人大会纪要中，美国驻沪领事宣布会议开幕时宣读他与中国地方当局达成的和解协议并强调：

"这一点很重要，因为这是会议可能设立的市政机构时，可以要求任何土地权力的唯一依据。"[18]

此外1865年3月，香港温莎法庭通过了一项新的法案，旨在更好地对居住在中日的英国人进行有效的司法管理。[19]根据法案要求，将在上海设立由英国女王命名的中日最高法院，从而取代英国驻香港最高法院，首席法官也由英国女王直接任命。1865年，霍恩比（Edmund Grimani Hornby）被任命为在上海中日最高法院首席法官。霍恩比支持租界自治，曾参与上海1869年土地章程的起草[14]。他认为，对于在租界内的英国国民来说，根据1865年香港文件第85条，土地章程的权威应该来自驻华公使，而驻华公使的权利则由1853年枢密院令获得，即土地章程的权利最终来自英国议会。而驻华公使可以以维护英国政府为目的来修改章程[20]，正如1866年阿礼国在天津英租界土地章程的序言中，也首先强调了：

"驻华公使可以使任何此类规定适用于整个中国的一个或多个领事区，并可以通过任何此类规定，废除在本命令生效前为任何此类目的制定的规定。"

即在中央管理地方事务权利，强调了中央与政府管理的必要性，这与英国当时城市治理的方式类似，这也间接承认了工部局的权利是由英国政府授予的。

"通过土地章程，应该用法律术语来表述赋予他们的权力的来源和范围，并且以一种完整的形式来描述每一个完善的自治制度。"[15]

2. 英国本土城市治理方式的变革

19世纪正是英国国内城市治理发生变革的时期。英国在第一次工业革命后，社会结构发生了巨大的变化，人口以及工商业向城镇聚集，城市化进程加快，1811~1861年英国城市化规模得到了空前的发展，[21]中产阶级不断增多。由于中产阶级上层对政治地位的追求，城镇管理逐渐走向

民主，从城镇寡头统治向选举产生的市政机关演变。通过1832年议会改革，中产阶级开始在议会中占据优势。就城市治理的权限而言，1835年的《城市自治机关法》很大程度上具有象征意义，强调通过选举的方式产生城市政府，由市议会、市长和市参事会组成。对应英租界的即是租地人大会、董事长、董事会。

1848年，英国针对工业革命后出现的各种城市病，颁布了第一部《公共卫生条例》，把公共卫生置于国家的监督之下，开创了中央干预地方事务、解决城市问题的先河。它首倡建立中央卫生委员会，进行必要的清洁、铺路、排污和供水工作。但是当时的立法不具有强制性，而是由地方当局自愿执行。直到1850年，公用市政（utilities）这一名词开始出现。1855年选举成立了负责改善首都基础设施的大都会工程局。正是到了1860年代，英国政府的重点转向了市政，市政活动的质量和数量都发生了明显变化。

3. 重要人物的影响

外国列强政策的实施往往需要特定的历史契机或重要人物的推进。1842年第一次鸦片战争后，英国首次与中国清政府达成《五口通商条约》。此时，英国对中国的殖民统治关系是实验性的，以致被任命到这五个港口的领事未经特别培训就被匆忙选出。由于早期的领事与英国政府相距较远，他们主要依托自己的资源对租界进行管理，个人意识对于租界的管理与殖民地的推进有较大的影响[22]，阿礼国（Rutherford Alcock，1807—1897）[16]就是其中之一（图4）。在1858年《天津条约》和1860年《北京条约》签订之后，英国对东亚的外交、领事和司法事务作出进一步要求。中国领事开始被视为特殊的职业，入职需要通过相关考试。同时，通过吸收第一批管理者的经验，英国开始在东亚各地对租界进行拓展，也使得东亚租界与居留地的建设具有一定的规律与相似性。

1864年卜鲁斯离任英国驻华公使，取而代之的是阿礼国。阿礼国对租界自治一直有自己的想法，早在其担任上海领事时期，就展现出他对英国在东亚统治强烈的思想态度，如维护英帝国的

图4 阿礼国（Rutherford Alcock，1807—1897）

图5 阿礼国与温彻斯特来往信件

殖民权利，致力于增加英国领事对租界的管制，以及以1854年上海《土地章程》第十条为突破点，鼓动外国租地人建立"上海市政委员会"，催生了工部局，加速了上海外国租界殖民地化的进程等，学界已经对其有较深入的研究。[17] 在任驻日公使时针对英国人管理的事项中，提出在强调地方自治的同时，必须明确一些规则来保证外国社区的和平[23]：

"民主意味着自由……法律是自由的必要条件……正义必须由某个有组织的权力来执行……"[24]

他也明确提出了欧洲的政策是更加先进的，人民民主的自治制度在先进的文化中是需要的。[25] 他对日本居留地管理的探索是开创性的，相继在横滨、长崎、神户等地颁布了一系列具有继承性的《土地章程》，同时签署了《横滨居留地觉书》，规定了外国人自己管理地税。虽然他在日本的尝试以失败告终[18]，但凭借之前对中日租界的管理经验，他抱着更大的野心担任了驻华公使。上海租界的租地人获得了增加市政管理权的希望，开始重新制订土地章程。[26]

上海的租地人自1863年就尝试对土地章程进行修改。阿礼国赴任后，历次修改都与其进行了确认（图5）。[19] 1866年7月，租地人会议通过了新的修订稿，温彻斯特再次提交给阿礼国审核，阿礼国于11月15日进行回复，阿礼国强调了修订土地章程的必要性，明确此次修订的目标即是：

"为东部最大和最重要的国际性租界之一通过一项切实可行的市政府计划。"

虽然可能并不能与英国本土类似机构完全相同且拥有较完整的体系，但是它必须保证对市政的有效控制。阿礼国强调了此市政机构的权威性：

"市政府的主要目标是规定、召集土地租赁者宣布评估和征收税款，并任命一个执行委员会来征收和使用筹集的资金，坚持市政府的基本形式。"

强调这是原则问题，并且提到：

"……历届市政当局都抱怨说，没有能力落实土地承租人的投票，也没有采取最必要的措施来维持租界与居留地的和平、秩序和卫生状况……"[27]

此处阿礼国想必是在日本居留地自治失败的经验上进行的论述。最后阿礼国提出通过这些决议的最重要的步骤，也就是最好以《土地章程》的正式批准为法律依据。[28] 11月26日，也就是11天后，阿礼国率先颁布了天津的《土地章程》，其内容与上海1866年递交阿礼国的第三次土地章程较为相似。天津1866的土地章程是阿礼国将其在中日租界管理过程中的经验直接应用于专管英租界中的首次尝试，直接参照了上海1866年第三次土地章程。

五、结语

天津1866年土地章程受到英国对华外交政策调整的影响，与英国本土城市治理方式的变革关联密切，特别是与曾在华、在日担任领事与公使的阿礼国所扮演的关键角色密不可分，是将其在中日租界管理过程中的经验直接应用于专管英租界的首次尝试，直接受到上海以及日本外国人居留地建设管理制度的影响，对天津其他外国租界的建设管理制度以及东亚英系租界与居留地管理制度有重要影响。

本文通过剖析天津1866年土地章程制定的历史过程，探究东亚英系租界城市管理制度的关联性以及东亚城市近代化的过程的相似性。租界时期的建设管理制度对上海、天津、横滨、长崎以及随后的城市建设都起到了重要借鉴作用，是城市规划史不可分割的一部分。纵观东亚英系租界《土地章程》的发展历程，其管理模式的制定主要经历以下几个阶段：上层政策对总体方向的指导和把控—对组织框架和运作模式的优化—建立健全法规将其合法化—明确规划主体，民众参与制定过程。

注释

① 费成康《中国租界史》第九、十一章划分为租界、租借地、避暑地、外国人居留区、通商场等类型；指出租界与其他各类的区别为是否有外人侵占当地行政管理权；作为英文的 settlement 泛指包括租界的各种外国人居留区域。针对中日的居留地与租界，加藤祐三提出英语中同称 settlement，在中国称租界，在日本则称外国人居留地，并分析了其在政治、经济方面的不同。中国的租界与日本的外国人居留地，都存在外人对当地行政管理权的侵犯，并颁布了相应的土地章程。此外，亚洲内部汉字的相关性体现出日文对中国租界的称呼。日本在中国准备开辟租界时称中国的租界为"居留地"，后期也混合使用，因此日文的"居留地"就是"租界"。

② 向阳《上海租界土地章程研究的检视与思考》总结了上海的土地章程的研究概况；耿科研《空间、制度与社会：近代天津英租界研究（1860-1945）》等仅关注了天津的土地章程的法律制度层面，未研究其城市建设与近代化方面。大量日本学者（如藤森照信、村松伸、西泽泰彦、村田明久、泉田英雄、大里浩秋、赵世晨等）对中国、日本、朝鲜口岸有丰富研究成果，但对土地章程的论述不多，少数论述着重探讨土地章程中日本权力的丧失，如《万延元年における横浜居留地に関する一考察》。

③ 随着19世纪英国工业革命的完成以及1846年《谷物法》的废除，英国开始在自由贸易主义的影响下向殖民地授予自治权，新帝国观逐渐形成。英国对东亚的策略也开始转变，以曼彻斯特派为代表的自由党主张的对外基本方针是，不动用军事力量或政治支配手段，而是以廉价、丰富的商品作为"武器"，扩张海外市场。详见[5]。

④ 规划采用基本规则、均匀的窄深地块划分方式和几何道路网格体系，滨水的窄深地块形态有利于最大限度地高效使用河坝 Bund、街道空间，便于提高出租、使用效率。

⑤ 以上海为例，商人获得上海道台签发的道契之后，便实际拥有了地产的所有权，可以以道契为凭进行自由的地产转让和买卖。

⑥ 包括租界边界的确定（第一款）以及各租地人建设用地的界定（第六款）。

⑦ 大致划定了居住区、商业区、公共用地与市政建设用地以及仓储用地（第十、十六、十七、十八款）。

⑧ "中华地方官必须与英国管事官各就地方民情，议于何地方，用何房屋或基地，系准英人租赁；其租价必照五口之现在所值高低为准，务求平允。"详见王铁崖：《中外旧约章汇编》第一册，三联书店，1957，1982年重印，第35页。

⑨ 详见《神奈川港土地章程》与长崎《地所规则》第六款，史料均来于日本外务省外交史料。

⑩ 详见 Harper & brothers. *The Capital of the Ty-coon: A Narrative of a Three Years' Residence in Japan* [M]. 密歇根大学，1863，VOL1，p137

⑪ 1861年在横滨召开的英国商人公共会议中记载："……商人本身无法获得比日本当局已分配给整个外国居留地更多的土地的……有必要商定一些分配的原则，并确定某些任期条件，以便每个人都可以对他的财产拥有明确的合法所有权……"详见 *Minutes of a Meeting of British Residents at Yokohama*, on February 19, 1861, convened by Her Majesty's Acting Consul, for the purpose of taking into consideration a Report and the proceedings of a preliminary Meeting on the subject of existing grievances and obstructions at this port.—

Capt. F. Howard Vise, H. B. M. Consul, in the Chair.

⑫ 1858年间，英国通过对印度锡克部落、马拉塔邦等发动一系列战争，直接地占领整个印度。1858年11月维多利亚女王发文，"朕兹决定接收……印度地域为……朕现今所有的领土……"详见蒋湘泽：《世界通史资料选辑》第85页，第382~383页。

⑬ 文化生态学（Cultural Ecology）是随着20世纪中期科学主义与人文主义由分立、对抗走向融合的趋势而发展起来的一门新型学科。由美国学者 Juliar Haynes Steward 首次在《文化变化理论：多线性变革的方法》（*Theory of Culture Change*）一书中提出。文化生态学主要研究文化与环境的互动，具有跨学科的研究优势，强调人类与自然界之间是靠文化环境来相互作用的。

⑭ 在1865年上海租地人专题会议纪要中，租地人主席曾提到"就他个人而言，他所做的远远少于霍恩比法官，因为法官为修正案付出了大量的劳动。"详见 United States. *Department of State Papers Relating to Foreign Affairs*[M]. Deparment of State publication. U.S. Government Printing Office, 1868 vol1, pp429.

⑮ United States. *Department of State Papers Relating to Foreign Affairs*[M]. Deparment of State publication. U.S. Government Printing Office, 1868 vol1, pp431.

⑯ 阿礼国1844年任驻福州领事，赴任途中临时任厦门领事数月，在厦门任职期间对领事馆的选址有较大影响。1846年8月任驻上海领事，1854年阿礼国调任广东领事，1859年成为驻日英国总领事。

⑰ 如叶斌．上海租界的国际化与殖民地化：《1854年土地章程》略论 [J]. 史林，2015，3．卢汉超．"上海土地章程"研究 [A]。

⑱ 1866年，豚屋火灾事件中，由于财政危机，使得横滨居留地的管理权交还给了幕府，横滨居留地的市政经费自始至终都是由神奈川地方政府提供，这也注定横滨居留地的侨民不可能完全自治。

⑲ 其中有1866年2月，温思达给阿礼国关于修改土地章程的信件，4月报告了租地人会议的商讨备忘录，7月份再次汇报了土地章程修改的进展，FO228/412，413。

参考文献

[1] 孙胜财，胡帅．中国城市规划管理存在问题 [J]. 城市建设理论研究（电子版），2020（14）：16．

[2] 朱滢．汉口租界时期城市的规划法规与建设实施 [D]. 清华大学，2014．

[3] 费成康．中国租界史 [M].上海：上海社会科学院出版社，1991．

[4] 张本英．自由帝国的建立：1815-1870英帝国史 [M]. 合肥：安徽大学出版社，2009.11．

[5] 增田毅．幕末期の英国人—R・オールコック覚書 [M]. 神戸大学研究双书刊行会，1980．

[6] 王本涛．简析19世纪中期英国的"小英格兰主义" [J]. 首都師範大學學報（社會科學版），2009，2009（6）：28-32．

[7] 耿科研．空间、制度与社会：近代天津英租界研究（1860-1945）[D]. 南开大学，2014．

[8] 陈正书．近代上海城市土地永租制度考源 [J]. 史林，1996，2：75-88．

[9] 天津档案馆，南开大学分校档案系．天津租界档案选编 [M]. 天津人民出版社，1992，第5-6页．

[10] 马克思，恩格斯．马克思恩格斯选集：第24卷 [M]. 人民出版社，1972. 第235页，第394页．

[11] 尚克强，刘海岩．天津租界社会研究 [M]. 天津：天津人民出版社，1996．

[12] 大戸吉古．万延元年における横浜居留地に関する一考察 [J]. 神奈川県立博物館研究報告　第3号，1970，3．

[13] *Local Land Regulations of the British Concession of Tientsin and General Regulations for the Tientsin Consular District*（Peking, 26th November, 1866）, Godfrey E. P. Hertslet, ed., Hertslet's China Treaties, London:

Harrison and Sons, 1908, pp. 638-639, 637-638, 638, 637-638.

[14] 増田毅 . 幕末期の英国人—R・オールコック覚書 [M]. 神戸大学研究双書刊行会, 1980.

[15] 郭家宏 . 从旧帝国到新帝国 1783-1815 年英帝国史 [M]. 商务印书馆, 2007 年 .

[16] 同 [2].

[17] FO 17/306. Memorandum by Frederick Bruce on the new arrangements in China, dated London, 21 October 1858.As far as I can dis-cover, the Memorandum was unfortunately not printed in any blue book. The Memorandum was well-received at the Foreign Office, and "Very desirable" was minuted alongside the paragraph quoted.

[18] THE NATIONAL ARCHIVIES, FO228/412.

[19] Hornby E. *Instructions to Her Majesty's Consular Officers in China and Japan, on the Mode of Conducting Judicial Business：With Comments on the China and Japan Order in Council, 1865, and the Rules of Procedure Framed Under it*[M]. Kelly & Walsh, Limited, 1885.

[20] Robert L. Jarman. *Shanghai：political and economic reports, 1842-1943：British government records from the international city*[M]. Archive Editions. 2008.

[21] 陆伟芳 . 英国近代城市化特点及其社会影响 [J]. 南通师范学院学报（哲学社会科学版）, 1998.

[22] Michie A. *The Englishman in China during the Victorian era：As illustrated in the career of Sir Rutherford Alcock*[M]. W. Blackwood & sons, 1900. vol2, pp.354.

[23] Harper & brothers. *The Capital of the Ty-coon：A Narrative of a Three Years' Residence in Japan* [M]. 密歇根大学, 1863, VOL1, pp. 316.

[24] 同 [21], pp.223.

[25] 同 [14] pp. 225.

[26] United States. Department of State, Papers Relating to Foreign Affairs[M], Deparment of State publication. U.S. Government Printing Of-fice, 1868 vol1, pp430.

[27] THE NATIONAL ARCHIVIES, FO228/413.

[28] THE NATIONAL ARCHIVIES, FO228/413.

图片来源

图 1、图 3、表 1：作者自绘或自制

图 2：英国国家档案馆 F.0.17/1302

图 4：Michie A. *The Englishman in China during the Victorian era：As illustrated in the career of Sir Rutherford Alcock*[M]. W. Blackwood & sons, 1900. Vol1 扉页

图 5：英国国家档案馆 *THE NATIONAL ARCHIVIES*, FO228/412

作者：孙淑亭，天津大学建筑学院中国文化遗产保护国际研究中心，研究生；青木信夫（通讯作者），天津大学建筑学院中国文化遗产保护国际研究中心，教授，基地主任；徐苏斌，天津大学建筑学院中国文化遗产保护国际研究中心，教授，基地副主任

气候·结构·空间

——东南大学研究生绿色建筑设计课程教学实验

韩雨晨　顾震弘　韩冬青

Climate, Structure and Space — Integrated Teaching Experiment of Green Architectural Design Course for Graduate Students at Southeast University

■ **摘要**：随着当代建筑通过设备人工调节室内环境能力的提高，建筑师对于建筑应具有气候适应性的意识日渐缺乏，亟需通过建筑教育扭转这一不良趋势。建筑形态与地方气候、建筑结构具有直接的相关性。本文从题目策划、教案设置、教学过程和教学成果几方面解析了东南大学研究生绿色建筑设计教学实验，并讨论了相关问题。提出通过场地环境模拟分析辅助决策建筑与场地关系，以气候调节作为撬动空间设计的动力，把结构形态作为绿色建筑设计的有机组成，证明通过多学科集成教学培养融通创新能力的可行性。

■ **关键词**：气候调节；结构形态；空间形态；集成设计；教学实验

Abstract：With the enhancement of adjusting capacity for indoor environment by building service equipment, architects gradually reveal a lack of the awareness for the climate responsiveness of buildings, which urgently needs to reverse by architectural education. Architectural form directly relates to local climate and load-bearing structure. The paper analyzes the teaching experiment of green building design for graduate students in Southeast University from the aspects of programming, plan, progress and results, and discusses the related problems. It is proposed that the relationship between the building and the site can be determined by the simulation analysis of the site environment, the climate regulation can be used as the driving force of the space design, and the structural form can be used as an organic component of the green building design. It is proved that creative ability of integration and innovation through multidisciplinary integrated teaching is available.

Keywords：microclimate regulation, structural form, spatial form, integrated design, teaching experiment

国家重点研发计划资助项目"地域气候适应型绿色公共建筑设计新方法与示范"（2017YFC0702300）之课题二"具有气候适应机制的绿色公共建筑设计新方法"（2017YFC0702302）中国博士后科学基金资助项目（资助编号：2021M690610）

一、课程题目策划

近年来，过度使用设备维持人工建筑环境造成了公共建筑整体能耗不断提高，以设备能效和建筑外围护结构为核心的设计方法面临日益广泛的质疑。建筑界的有识之士提出绿色建筑的实现应首先以建筑师主导的整体建筑形态为基础，以设备为补充，利用空间形态对气候的调节机制，缩短建筑耗能的时间、压缩建筑耗能的空间，以降低建筑的设备依赖，从源头上降低建筑总体能耗。空间的形态设计是实现建筑气候调节的首要环节，而结构是建筑的基本物质要素，通过结构与空间的有机集成，提高结构效率，压缩建筑空间与物质要素的总量，为建筑"减重"，才是降低建筑能耗的首要策略。

我国许多建筑院校的技术教育已初步形成了知识传授与设计教学相结合的培养方式，但无论是知识的运用还是设计方法的引导尚未形成有效的教学体系。碎片化的技术知识与单一的设计训练目标不利于学生对建筑设计中的技术理性形成系统的科学认知。为了培养具有绿色价值观的设计人才，倡导多目标集成的设计理念，探索绿色公共建筑设计中气候、结构与空间的联动关系、促进其相互渗透与融合，东南大学建筑学研究生一年级设计课程中尝试了以"建筑学院咖啡屋设计"为题的实验性设计教学。

二、课程教学简介

1. 课题设置

本次教学实验为期13周，设计内容为"一个供学院师生休闲、交流的小型咖啡屋"，建筑面积不超过400平方米（图1）。设计场地位于南京东南大学四牌楼校区的前工院庭院内，用地面积

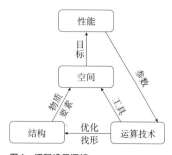

图1 课程设置逻辑

956平方米（图2）。分为三个阶段：

练习一：既有场地环境的模拟与分析报告；

练习二：设计并搭建大比例结构模型；

练习三：最终设计表达（含图纸与模型）。

授课团队由来自建筑、土木两个学科的建筑设计、建筑物理、计算机运算、建筑结构四个专业方向的4位教授与3位博士生助教构成。13名学生为建筑、能环、土木三个学科的硕士一年级学生，专业方向涵盖建筑设计及其理论、建筑技术科学、建筑运算与应用、土木工程，2~3人一组，共五组，每组均为设计方向与技术方向的学生混搭。在课程团队的组织配置上实现了多学科方向的交叉合作。

2. 教学进程

本次设计课包含的三个练习与前期准备、概念构思、深化设计、设计表达四个阶段相互交织（图3）。这一教学进程是为了引导学生建立工作的技术路线：场地微气候分析对建筑选址的趋利避害具有前提性意义，应先进行场地环境模拟与分析，基于分析结果，形成场地与建筑总体形态的设计意向；然后插入结构搭建的练习，基于建筑形态意向开展与之适应的结构形态探索；最后是咖啡屋设计的深化与表达。将性能模拟与结构搭建的练习置于设计的场地布局与单体形态的构思阶段之中，可引导学生带着技术理性的观念与思考进行形态构思与概念设计。

各阶段练习均由讲座、作业、改图、交流评析四种形式组成，练习过程与阶段成果如下：

练习1：场地环境模拟与分析

该练习由"性能导向的绿色建筑设计及优化"与"城市环境与建筑性能分析软件的运用"两个讲座开启，分别传授环境与建筑性能的概念、绿色建筑设计原理、建筑性能优化的设计方法，以及相关工具软件的使用方法。经过三周性能模拟软件(Stream、Ladybug、Honeybee、Butterfly、Energyplus)的实操学习，五组学生共同提交了既有场地的风、日照、热辐射分析报告（图4），并由此形成场地布局与建筑总体形态的意向方案（图5）。

练习2：结构搭建

该练习要求学生基于各组的建筑形态意向，用不大于15cm的杆件、板片或体块，搭建一个能够跨越1.5m×1.5m范围的结构模型。五份搭建

图2 设计场地：前工院庭院

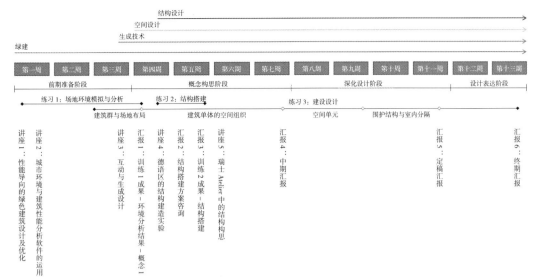

图3　教学进程与课程安排

图中文字：
结构设计
空间设计
生成技术
绿建

第一周　第二周　第三周　第四周　第五周　第六周　第七周　第八周　第九周　第十周　第十一周　第十二周　第十三周

前期准备阶段　　概念构思阶段　　深化设计阶段　　设计表达阶段

练习1：场地环境模拟与分析　　练习2：结构搭建　　练习3：建设设计

建筑群与场地布局　　建筑单体的空间组织　　空间单元　　围护结构与室内分隔

讲座1：性能导向的绿色建筑性能设计及优化
讲座2：城市环境与建筑性能分析软件的运用
讲座3：互动与生成设计
汇报1：训练1成果－环境分析结果－概念一
讲座4：德语区的结构搭建方案咨询
汇报2：结构搭建方案建造实验
讲座5：瑞士Atelier中的结构构思
汇报3：训练2成果－结构搭建
汇报4：中期汇报
汇报5：定稿汇报
汇报6：终期汇报

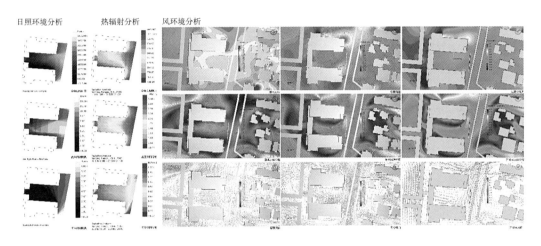

图4　场地物理环境分析报告（节选）

日照环境分析　　热辐射分析　　风环境分析

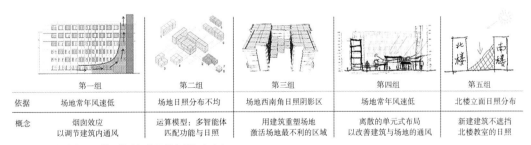

	第一组	第二组	第三组	第四组	第五组
依据	场地常年风速低	场地日照分布不均	场地西南角日照阴影区	场地常年风速低	北楼立面日照分布
概念	烟囱效应 以调节建筑内通风	运算模型：多智能体 匹配功能与日照	用建筑重塑场地 激活场地最不利的区域	离散的单元式布局 以改善建筑与场地的通风	新建建筑不遮挡 北楼教室的日照

图5　五组学生依据场地环境分析结果提出的概念意向

成果均由建筑学生与结构工程学生合作完成，在设计与搭建的过程中，增进了彼此在思维模式、设计观念、表达方式、工作习惯等方面的了解，促成了跨学科合作的开端（图6）。

练习3：建筑设计

作为贯穿课题始终的设计任务，建筑设计包含建筑群与场地布局、建筑空间组织、空间单元设计、围护结构与室内分隔四个阶段，分阶段组织设计研讨，4位教授分别从建筑、结构、性能、运算四个专业方面提供意见。四个方向的教师分别打分，再综合形成最终成绩（图7）。

三、相关问题讨论

1．通过环境模拟与分析辅助决策建筑与场地的关系

建筑设计需要首先对场地环境进行评估是多数人的共识，但如何进行具体操作对于初学者则是个难题。可以通过查询场地所处地区的气象数据，获得基本的温度、日照、主导风向等情况，但这些数据只描述了

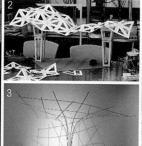

图6 五组结构搭建阶段成果

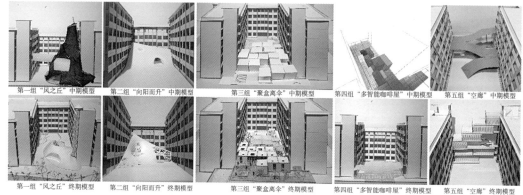

第一组"风之丘"中期模型　第二组"向阳而升"中期模型　第三组"聚盒离伞"中期模型　第四组"多智能咖啡屋"中期模型　第五组"空廊"中期模型

第一组"风之丘"终期模型　第二组"向阳而升"终期模型　第三组"聚盒离伞"终期模型　第四组"多智能咖啡屋"终期模型　第五组"空廊"终期模型

图7 五组设计方案中期与终期模型

宏观环境，对具体建筑尤其是城市中的建筑来说更重要的其实是场地微环境，周边的建筑、植被、地形、水体都会极大影响场地的温度、日照、风向、风速等，对此气象数据无能为力，必须采用环境模拟软件进行定量分析，才能比较准确地获得周边设计条件。

现有环境模拟软件种类丰富，从功能上来说已经可以基本满足各类环境模拟分析，但这些软件往往针对工程师，存在学习门槛过高的问题，建筑师上手操作困难。因此亟待开发出针对建筑师的快速环境模拟分析软件，操作简便，又可以快速提供结果，结果不必非常精确，但要足够让建筑师做出判断。短期内开发出这种软件有相当难度，在大学建筑教育中部分增加现有软件的学习和实践，提高建筑师的自主运用能力，也是目前可行的替代解决方案。

自然气候包括风、光、热、湿等要素。由于各要素自身运动及地表形态与人类活动的干预，导致气候具有显著的差异性。气候的差异性体现在空间和时间两个维度。空间维度的差异性体现在从地域大气候到场地微气候不同层级上自然气候要素分布特征的差异，时间维度差异性表现在季节与昼夜的周期性变化。气候既是建筑设计的前提，又被设计的结果所影响。对于气候的分析应包含两方面，一是对既有场地气候条件的定性与定量分析，作为建筑设计的基础，以提出在后续设计中需要回应的主要问题；二是当新建筑置入场地后会对周边气候环境产生什么影响，以

确保这种影响合理可控。两者结合才能明确建筑设计中需要重点应对的气候问题。如果仅从建筑自身出发当然会优先选择最佳位置，但这样做就有可能遮挡其他建筑的日照，恶化周边环境，因此在实际设计中建筑师应该对此进行权衡，平衡建筑自身和周边环境的关系，实现建筑与环境整体效益的最大化（图8）。

2. 气候调节作为撬动空间形态设计的动力

建筑作为自然气候的调节器，如何通过空间形态设计使建筑能够适应气候的差异性，使气候成为撬动空间形态设计的动力，是绿色建筑设计的基本问题。基于气候的差异性认知，气候适应型绿色建筑设计可从总体布局、建筑单体、单一空间、建筑构造四个方面入手。

在总体布局方面，可通过地形地貌重塑、冬夏可变的建筑总体布局等策略调节并优化场地微气候环境。方案"向阳而升"用地景建筑的方式重塑场地地形，将原场地下垫面由日照条件最差的西南角向上掀起，使得整个场地下垫面都能获得良好的日照（图9）。方案"聚盒成伞"针对冬夏两季气候反转，以可变可展的单元布局方式，实现了建筑在冬夏两季体型系数与遮阴面积的应变性调节（图10）。

在建筑单体方面，可依据不同功能空间的环境性能需求差异分类组织，对建筑内部空间环境性能进行全局性优化与控制，最大限度地实现对自然气候的整体利用。方案"多智能咖啡屋"基于日照在空间上分布的差异性，将建筑内不同功

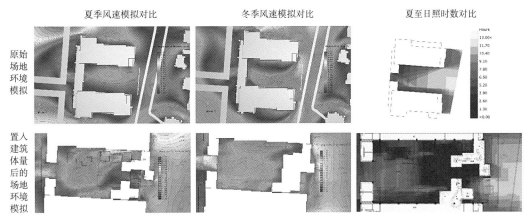

夏季风速模拟对比   冬季风速模拟对比   夏至日照时数对比

原始场地环境模拟

置入建筑体量后的场地环境模拟

图8 原始场地与置入建筑体量后的场地环境模拟对比

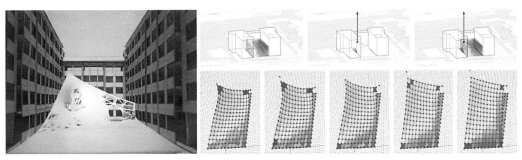

图9 方案"向阳而升"利用遗传算法将场地下垫面掀起至整个场地都获得良好日照的高度

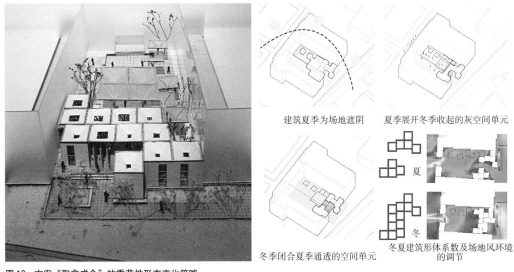

建筑夏季为场地遮阴   夏季展开冬季收起的灰空间单元

冬季闭合夏季通透的空间单元   冬夏建筑形体系数及场地风环境的调节

图10 方案"聚盒成伞"的季节性形态变化策略

能空间与其所需日照量进行精确匹配，利用遗传算法生成最充分利用日照资源的建筑形态（图11）。

在单一空间方面，可采用空间的应变性与集成性策略推进整体建筑性能。应变性策略是指建筑需要对四季与昼夜不断变化的气候条件予以动态回应，在不同的气候状态下呈现不同的形态与功能；集成性策略是指空间、结构、设备等物质要素在空间中的整合与集成，如将设备与结构集成、交通空间与结构集成等，以实现提升环境性能的同时提高结构效率与空间使用效率。方案"聚盒成伞"通过空间界面的机械转动控制空间在不同季节的室内外转换，进而实现多功能空间的气候动态调节。

在建筑构造设计方面，可将外围护结构作为环境调节的装置，将室内分隔作为内部性能优化的介质。通过界面设计调节气候要素在建筑内外的渗透、扩散、阻隔、过渡。方案"空廊"的立面遮阳装置是基于立面上夏季太阳辐射的分布而设计对应的扭转角度，并结合热感应装置，使遮阳百叶对立面热辐射强度的季节与昼夜差异性做出实时互动调节（图12）。

传统的建筑性能评价是在建筑形态方案确定之后，对建筑性能进行验算与评价，再基于性能优化目标给予形态和材料等方面的优化反馈，对建筑整体形态的影响较弱。而在气候适应型绿色建筑设计策略中，

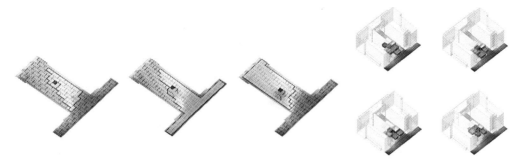

图11　方案"多智能咖啡屋"精确匹配场地日照分布与功能单元布局

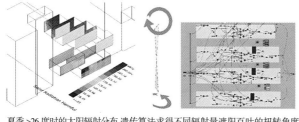

夏季 >26 度时的太阳辐射分布　遗传算法求得不同辐射量遮阳百叶的扭转角度

图12　方案"空廊"基于立面热辐射强度差异的遮阳表皮的生成与互动

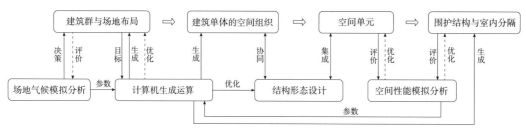

图13　运算技术支持的智能化性能模拟、形态生成、优化反馈机制

性能评价是前置于建筑形态生成的过程之中，与建筑形态的生成和优化形成循环推进的过程，性能评价成为推动形态生成的主动环节（图13）。但由于设计推进过程中需要经过多轮调整与优化，性能模型的多次调整与模拟计算需要耗费大量的人力和时间成本。数字技术的运用为改变人工循环的低效率提供了新的可能性，推动性能评价与形态优化的循环推进向智能化、自动化与精细化方向发展，以便适应更复杂的建筑形态的生成与优化。

3. 结构作为绿色建筑设计的有机组成

材料（material）、力（force）、形（form）是定义结构形态的三要素。材料是结构传力的介质，也是结构形态的载体，对于同一材料的结构，不同的受力状态会形成不同的形。同样，形的改变也使材料的应力状态发生变化，即力改变形，形也改变力，力与形互相牵制的关系决定了结构形态的内在机理。为了提高材料的利用效率，结构工程领域提出了"结构找形（form-finding）"的力形机制，即在指定的边界条件下，通过静力平衡关系找到材料达到最佳应力状态时对应的结构几何形。这种力形机制下的形态设计方法与传统设计中以形为目标、结构为手段的设计逻辑相反。如果主观设计的形与力学原理不相匹配，那么结构设计只能"硬做"，这会极大降低结构效率，造成材料浪费。但是结构找形并不意味着建筑师主观设计的缺失，结构形态不完全由力决定，建筑师仍需设计结构的材料、边界、尺度、位置等要素，进而在力形机制下得到合理的形态。因此，实质上结构找形所得的形态是由客观的力形机制与主观的空间意图共同决定的，这也是此次课程引导学生探索的形态设计方法。

基于上述逻辑，结构设计可在结构形态的历时性生成逻辑、结构形态与空间形态的共时性集成方式两方面介入绿色建筑设计。从历时维度看，结构形态的生成逻辑是由力形机制与空间设计共同决定的，而空间设计是在绿色设计原则与环境分析结果的基础上设计所得（图14）。方案"风之丘"首先由场地风环境分析得出场地风速较弱的判断，进而确定以风热协同作为调节建筑自然通风的设计目标，利于风压通风的山丘形态，叠加利用既有建筑的楼梯间形成热压烟囱效应，进而根据既有建筑楼梯间位置、主导风向、场地人流组织等因素明确了咖啡屋的平面形状、位置、开口大小与方向，并选择了利于蓄热的砌块材料，最后将这些边界条件输入结构找形软件 RhinoVaults，生成适用于砌体结构的纯压力壳体形态。从共时维度看，

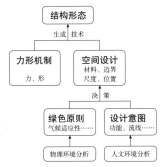

图14 课程结构形态生成逻辑

结构形态与空间形态的集成应当成为绿色建筑设计的策略之一，通过空间集成和物质要素集成得以实现。通过集成减小建筑物质和空间总量，提高有效空间占比，提升空间利用效率（图15）。

4．多学科集成教学反思

与技术相集成的建筑设计研究、教学与实践都需要多学科、多专业协同，其前提是各专业都要跳出自己的专业局限，更广泛地参与设计全过程，将单向的专业配合转向专业集成的合作状态。作为绿色建筑设计的重要内涵之一，集约的形态设计应实现空间、功能、设备、结构等要素的有机集成而非简单并置与叠加，这种合一的设计目标离不开多学科在设计全过程的协同合作。这种集成式的合作训练是加强学科间融会与交叉的有效教学形式，比单独开设的学科交叉类理论课程更利于融会观念的培养与实践。

本次课程教学在师资队伍、学生组织、教学过程、评价标准四个方面初步实现了多学科集成协同。在教师组织上实现了建筑与土木工程跨院联合授课，同时实现了建筑设计、建筑运算、建筑物理三个专业方向的合作，为教学提供了跨学科、多专业、职业化的支持。在学生组织上，实现了建筑、土木、能环三个专业学生的配对组合，助力学生了解不同专业的思维方式、工作目标和工作语言，培养学生跨专业合作意识与能力。在教学过程中，多学科集成贯穿设计练习全过程，从概念构思到形态生成，再到方案深化与成果表达及最终的成果评价，每个阶段都强调各学科的互动合作，扭转了技术专业被动配合的既有状态。

教学中也反映出多学科集成教学存在的一些问题。其一，学生的主动合作意识与意愿有待提高。集成的难点在于形态设计的观念与构思层面实现多专业目标的协同，仅仅提高建筑学科内部的通识教育是不够的，要尽快补充和加强相关技术专业中的设计教育，强化各技术专业主动参与形态决策的意识，扭转长期以来结构与设备专业被动配合的角色定位。其二，建筑学本科教育中的技术课程教学效率亟待提高，一些本科毕业生结构观念缺失，知识匮乏，动摇了合作的基础。本次教学不同程度地反映了我国建筑教育中技术教学的不足。其三，从多学科集成的教学目标看，学生对结构、性能、计算机运算等知识与技术的学习较为顺利，但多学科融会的观念内化和技能掌握仅靠一次设计训练是难以充分实现的，目标的达成需要持续的磨炼和积累。

四、结语

本次教学实验一方面验证了气候适应性在绿色建筑设计中的启动性意义，展现了结构构思和气候性能评价与建筑形态设计互动融合的潜力。从人才培养的角度看，建筑师职业实践中面临的设计问题是多样且复杂的，综合解决问题的能力为建筑师所必备，也是由校内学习迈向执业的关键和难点。本次课程教学实证了多学科集成教学在培养融通创新能力上的有效性和可操作性，同时也表明这种跨专业的集成训练依然需要更多样、更持续的深入和拓展。设计课程教学需要经历课题策划—教案设计—过程导控—教案修正的往复提升，以学为中心，教与学是一个有机互动的整体，本次课程教学实验在全体参与者的共同探索与努力下取得了有价值的阶段成果，为后续教案的修正优化打下了重要基础。

参考文献

[1] 杨维菊，徐斌，伍昭翰．传承·开拓·交叉·融合——东南大学绿色建筑创新教学体系的研究 [J]．新建筑，2015（05）：113-117．

[2] 清华大学建筑节能研究中心．中国建筑节能年度发展研究报告 2018[M]．北京：中国建筑工业出版社．2018．

[3] Remco Looman. *Climate-responsive design: A framework for an energy concept design-decision support tool for architects using principles of climate-responsive design*. Architecture and the built environment, 01

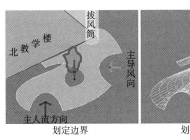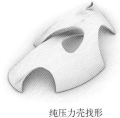

划定边界　　划分网格　　　　　　纯压力壳找形

图15　方案"风之丘"的结构找形过程

(2017).

[4] 韩冬青, 顾震弘, 吴国栋. 以空间形态为核心的公共建筑气候适应性设计方法研究 [J]. 建筑学报, 2019 (04)：78-84.

[5] 恩格尔. 结构体系与建筑造型 [M]. 天津：天津大学出版社, 2002：17.

[6] Diederik Veenendaal, Philippe Block. *An overview and comparison of structural form finding methods for general networks.* International Journal of Solids and Structures 49.26 (2012)：3741-3753.

[7] Norbert Lechner. *Heating, Cooling, Lighting：Sustainable Design Methods for Architects*, 4th Edition. Wiley, 2014.

[8] 韩冬青, 赵辰, 李飚, 童滋雨. 阶段性·专题性·整体性——东南大学建筑系三年级建筑设计教学实验 [J]. 新建筑, 2003 (04)：61-64.

[9] 赵辰, 韩冬青, 吉国华, 李飚. 以建构启动的设计教学 [J]. 建筑学报, 2001 (05)：33-36+66.

图片来源

图 1、图 2、图 3、图 8、图 13、图 14：韩雨晨绘

图 4~图 7：所有选课学生共同绘图、制作、摄影

图 9：卢勇东、张鑫设计、绘图、模型制作，韩雨晨摄影

图 10：庄惟仁、宋丹设计、绘图、模型制作，韩雨晨摄影

图 11：赵文睿、姚萌设计、绘图

图 12：覃圣杰、李亚楠设计、绘图

图 15：陈富强、杨金杰、陈珏设计、绘图

作者：韩雨晨，东南大学建筑学院博士后，博士；顾震弘（通讯作者），东南大学建筑学院副教授，博士；韩冬青，东南大学建筑学院教授，博士，博士生导师，东南大学建筑设计研究院有限公司总建筑师

基于"空间语汇"的建筑空间造型设计浅析

——建筑造型基础教学方法的探索

韩林飞　车佳星

Analysis of Architectural Space Modeling Design Based on "Space Vocabulary"
— Exploration of Teaching Methods of Architectural Modeling Foundation

■ 摘要：在建筑学学习中，设计一个好的建筑需要考虑的内容包含从"是否要建这个建筑"这一问题的产生，到建筑建成后几十年的使用、变化。但建筑终究是以物质形态存在和展现的，并通过其建筑空间在使用中令人产生的感受直接影响对建筑的评价。正如建筑设计大师尼古拉·拉多夫斯基所说，建筑设计的魅力就是塑造建筑形体独特的个性语言。所以对建筑、城市设计等方面的学习者而言，掌握如何将理念转化为空间的手段是必不可少的。安东尼·迪·马里和诺拉·柳在《操作设计：空间语汇汇编》一书中以"空间语汇"的概念，对空间设计的操作手法进行系统的分类，实现从空间的基本操作出发引发一个空间创作过程。本文以"空间语汇"为引，探索建筑基础教学中空间造型的教学方法。

■ 关键词：建筑基础教学；建筑造型；空间语汇；可操作设计

Abstract：In the study of architecture, learning to design a good building needs to be considered from the emergence of the question "whether to build this building" to the use and change of the building in the decades after its completion. However, architecture exists and presents in material form after all, and directly influences people's evaluation of architecture through the feelings generated in the use of its architectural space. Just as Nikolai Radovsky (the pioneer architect and educator of the Soviet Union) said, the charm of architectural design is the unique personality language that shapes the architectural form.Therefore, it is essential for learners of architecture, urban design, etc., to master the means of transforming ideas into Spaces.Anthony Di Mari and Nora Yoo systematically classified the operation techniques of space design with the concept of "space vocabulary" in their book *Operation Design：A Catalog of Spatial Verbs*, so as to initiate a space creation process from the basic operation of space. Based on the "space vocabulary", this paper explores the teaching methods of space modeling in the basic teaching of architecture.

Keywords：building foundation teaching, architectural modeling, space vocabulary, operational design

本文获得北京交通大学研究生教育专项资金资助

一、现代建筑与建筑造型

建筑造型（architectural image）是指建筑空间实体界面的形象塑造。与纯美术（绘画、雕塑等）的造型依从同样的形式美学原理，但建筑造型必须考虑适用性和技术可行性。

——《建筑学名词》（第二版）

纵观建筑的历史，建筑的造型一直随时代发展而变化。工业革命促成了社会、思想和人类文明的巨大进步，建筑造型也发生了巨大的变革，空间成了建筑设计的主旋律。一方面是生产方式和建造工艺的发展，另一方面是不断涌现的新材料、新设备和新技术，为近代建筑的发展开辟了广阔的前景。正是应用了这些新的技术可能性，突破了传统建筑高度与跨度的局限，建筑在平面与空间的设计上有了较大的自由度，进而影响到建筑形式、造型的变化。

对于建筑造型与功能的关系，美国建筑师沙利文在20世纪初提出"形式追随功能"的主张，针对当时复古与折中主义思潮，它是具有革命意义的崭新观念。但随着时代发展，过分强调功能的"现代主义"显露出许多单调、呆板的弊端，满足不了人们对建筑精神与审美方面的高层次需求，所以倡导"后现代"的人提出了"从形式到形式"的观点，想要冲破"现代主义"的教条束缚，拓展"现代主义"建筑的内涵。事实上，建筑作为技术、艺术与价值观念的结合体，不但要满足一般的功能要求，还要在空间与造型的创造上为人类提供新的可能，寻找到关于建筑的各种矛盾之间的最佳平衡点，成为一座优秀的建筑。而这些目标的起点，是能够深刻地理解空间、随时随地地体会空间，以及熟练灵活地设计空间。

二、建筑基础教学与空间认知

"埏埴以为器，当其无，有器之用。凿户牖以为室，当其无，有室之用。"空间是抽象的，普通人对空间的感知需要通过围合空间的物质实体以及进入空间后与空间产生交互而形成，但是对于建筑师来说，是要创造一个能够产生良好体验的空间。空间是三维的，对于处于同层次三维的人而言直接进行三维空间的创作是有一定难度的，所以需要特定的训练。而在目前的建筑基础教学中，缺乏系统的空间操作方法的训练，学生大多通过自我感悟与模仿进行建筑造型设计，对空间的感知力不足，空间思维的构成逻辑不够清晰。

对现代建筑教学有巨大贡献的是两所知名建筑院校——包豪斯和呼捷玛斯。二者作为同一时期不同地区的世界级"先锋"艺术设计中心，其教学目标、教育体系、成果理论都是经典的印记（王任翔，《呼捷玛斯与包豪斯基础教学的内容及其体系比较研究》）。在工业革命影响下，传统的设计教育呈现出缺少学生适应专业学习的预科教育的问题，基础教学的课程应运而生。

约翰·伊顿，瑞士表现主义画家、设计师、作家、理论家、教育家。他是包豪斯最重要的教员之一，是现代设计基础课程的创建者。伊顿著书《造型与形式构成：包豪斯的基础课程及其发展》来呈现他的"教学方法的精神"，其中展示了非常多色彩构成和形态构成的练习，也有文字描述他在课程中让学生进行大量的练习。"对于教师来说，教学的首要目标应该是促进真正的观察。""鼓励学生回到最初的创造环境，才能够解放学生的创造力，使他们彻底抛弃仅仅是机械模仿给他们带来的种种束缚。"

尼古拉·拉多夫斯基，苏联先锋建筑师与教育家，也是呼捷玛斯空间构成课程的创始人。他认为"建筑处理实质上就是合理有效地组织空间，空间问题是最基本的问题，是创作要解决的首要问题"。建筑师通过添加元素的方式设计造型，它们既不是源自"技术"的需要，也不是源自"功能"的需要。这些元素定义为设置建筑的主题。主题必须是理性的，必须服务于人的最大需求，即对空间方向感的需求。

呼捷玛斯和包豪斯是现代设计教育的先锋基地，为建筑设计、工业设计等专业开创了全新的教学方法与实践理论。就建筑基础教学来看，建筑教育的先行者们想要达到的目标一直是通过引导，让学生学会创造空间。呼捷玛斯与包豪斯基础教学现代设计教育学探索的开端，面对现今对建筑从业者的要求和建筑学学生整体的基本情况，建筑基础教学尤其是空间造型的系统培养方法还有很长的路要探索。

三、《操作设计：空间语汇汇编》与"空间语汇"的生成

当下，全世界建筑教学研究中对现代主义建筑教学有了新的发展和认知。欧洲和美国的一些高校对早期的建筑学现代主义教育进行了反思，许多学校总结了现代主义建筑教学的新经验，探索了新的训练方法，对我国目前的建筑学教学很有启发。

《操作设计：空间动词的目录》一书通过系统梳理总结空间操作，并将其解构转化为空间语汇的方式，来探讨现代建筑空间造型的可操作性方法。安东尼·迪·玛丽（Anthony Di Mari）和诺拉·柳（Nora Yoo）剖析了生成各种空间的基本手段，然后进行梳理和总结，形成空间语汇。他们认为这些空间语汇是空间设计的开端，能够培养学生将概念型的知识和"日常"的思考转化成建筑空间的能力。

运用空间语汇来进行系统的建筑造型教学，这种方法将建筑师的空间操作手段进行分解，并将抽象的空间操作引入一个给定的概念范围，培养学生的思维方式从平面设计、立体设计转化到空间设计，从而在具体的实践项目设计中更加客观，使空间的形态和功能更恰当地与建筑空间相融合；而不希望学生仅仅通过自我的感悟与模仿进行建筑造型和空间设计，被先行为主的外部造型所迷惑，忽视了空间设计的逻辑。运用空间语汇进行可操作的空间造型设计的教学方法，可以引导学生了解更多空间构成的基本途径，探讨空间操作的顺序，从而获得探索有趣的空间形态的方法，更好地理解抽象的空间。

《操作设计：空间语汇汇编》可以作为建筑空间演绎的基本工具词典。书中采用分层的方法将空间设计的元素进行清单化和系统的总结。空间语汇包括"加法（Add）""减法（Subtract）"和"替换（Displace）"三个基本操作类别，用系统的方式拆解比较不同操作对基本单位空间的影响后进行区别、分类和汇编。

"空间语汇"重新定义了空间创造的起点，是对空间生成的一个完整的类型学研究。空间设计的操作在设计入门和初步构思的层面上与建筑表皮设计的操作有一定的类似性。当代建筑非常注重建筑表皮，表皮不仅摆脱了古典建筑中的装饰地位，也摆脱了现代建筑中的附属地位而获得了彻底的独立，获得了新的价值和内涵。建筑表皮的形成可以通过平面折叠、编织、缠绕等操作完成，这种对建筑表皮的操作较直观地展示了二维设计转向三维空间设计的操作方法，其中也蕴含着暗示空间操作的逻辑——空间设计是介于二维平面和三维体积之间的一种积极的循环回路。将可操作的设计方法的关注点从表皮扩大到空间体量，将表皮操作的手段运用在空间操作，是以一个新的角度探讨抽象空间产生的过程及基本操作间的互动组合，易于理解建筑空间的创造过程。

将空间语汇汇编成册的好处是创造了一个平台，通过展示可以应用的空间操作基本方法，促发学生创造出更多的空间设计方法。空间语汇作为设计工具的好处，是可以把设计理念转变为生动流畅的创作过程。在这个过程中改变了固有的"设计方法适应规范"的模式，形成建筑体量和空间语汇互相适应来指导特定需求的空间生成的方法。

空间语汇将空间设计的操作解构，并不是为了展示空间设计操作的简单性，恰恰相反，通过语汇解构并展示空间操作是为了通过系统的方法传达超越一般设计的态度，并且激发抽象空间思维。在这种思维中，形体的相互作用和空间体验是最重要的。空间语汇使用的出发点是通过空间操作与组合探索复杂空间形式的一种可能性。

四、可操作的"空间语汇"

空间语汇主要包含三个层次，第一层次分为"加法（Add）""减法（Subtract）"和"替换（Displace）"三个大类；第二层次将第一层的三个大类每一个分别分了"单一的方法"和"复合的方法"两类；第三层次是具体的空间操作手法，即"空间语汇"。

运用空间语汇进行设计面对的基本要素不再是"点、线、面"等，而是一个空间体量。空间体量中是包含二维平面的，所以对空间的某一平面进行操作可以更直观、便捷，同时把这种平面上的变化及时联系在三维空间上能够使空间设计更加高效，实现空间设计的可操作性（图1、图2）。

1. 加法

加法的操作是使空间扩大的一种手段，包括七种空间语汇。比如"扩张 Expand"的方法，扩张的过程是从平面上解读一个顶点向外扩张，体现在体量上是沿着某一条边向外扩张。用这种基本的方法使体块上的边线沿着不同方位向外移动，可以实现多种空间形体的扩张。"挤压 Extrude"的操作与扩张相比较，是从一条边的向外移动变成

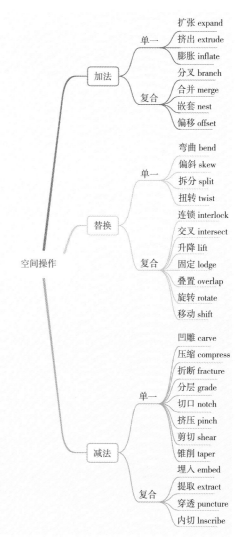

图1 空间语汇的层级分布

一个面的移动，即体块表面的一部分向外挤压，形成从原体积挤压出的新的体块。"膨胀 Inflate"是体块上两条边以上向外移动，产生形体向外膨胀的空间感知（图3）。

加法中的单一操作是单一的体积自身空间增长的过程，复合的方法是与新的体块组合或者产生新的体块。比如"嵌套 Nest"的方法是将一个体积较小的体块放入原本的体块，从外形上看体积是没有变化的，但建筑内部使用的空间增加了，嵌套入的体块形体和位置有很大的灵活性；与嵌套非常相似的语汇"偏移 Offset"，是将原本的体块的面向内偏移，产生的新的体块与原体块一同完成了这一次空间的加法（图4）。

2．减法

减法语汇中的"凹雕 Carve"是对"偏移"的一次反向利用，其产生的效果是将偏移后的体块从空间中剔除，整体空间体积是减少的。"挤压 Pinch"是对"膨胀"手法的反向利用，"剪切 Shear"是对"扩张"手法的反向利用［图5（1）］。

"压缩 Compress"的操作中，在对体块一个方向上进行压缩产生了平行于压缩力的几个面的形变，如一个长方体在压缩过程中，另外四个面在与压缩的力垂直方向上产生了向外的形变，形成了最后类似棱形的空间。"断裂 Fracture"的操作是将一个基本形态的空间一分为二，在建筑设计中断裂的手法常见的效果可以将室外空间引入建筑内部［图5（2）］。

"凹陷 Notch"的操作是体块表面上一条线向体块内部移动，在体块上形成一个内聚的凹陷空

间；"分层 Grade"的操作体现在平面过程上是将平面某边分成几段，以递进的距离内凹，体现在体块上可以形成阶梯状形体，类似于进行多次有规律的"凹陷"操作。

"锥削 Taper"的操作是将体块一个面缩小，从而引起体块形状的改变。其中一个明显的案例是 Archicision Hirotani 工作室设计的日本长滨 Leimond 幼儿园。Leimond 幼儿园的建筑造型设计中将一系列锥形体块嵌入一个大的方形体块。锥形体块在原本单层的幼儿园空间中进行了再一次的内部空间划分，并且提供了高高的天花板和不同方向的照明井，这些照明井将随时间和季节而变化的光线引入室内空间，形成幼儿园中有趣的空间——"光之屋"（图6、图7）。

复合的减法是将两个以上的体块进行空间组合，最终效果是总体空间的减少。比如加法的复合操作中"合并"和"分叉"是选取了有交集的两个体块的并集的空间，那么减法的复合手法中"提取 Extract"和"内切 Inscribe"就是选取了差集空间。用"提取"和"内切"这些操作手法将简单的空间体量进行新的复杂的空间形态的生成。在这种空间形态的生成过程中，需要遵循共同的基础元素的语言，当基础元素的形态大小发生变化的时候也会得到不同的效果（图8）。

3．替换

在替换这一类空间操作中，空间的形态产生变化但是大小没有改变。替换中包括的空间语汇有单一形态，如"弯曲 Bend""偏斜 Skew""拆分 Split""扭转 Twist"，以及复合形态，如"联锁 Interlock""交叉 Intersect""升降 Lift""固定 Lodge""重叠 Overlap""旋转 Rotate""移动 Shift"（图9）。

"弯曲 Bend"的操作过程在平面上是将图形的一端以平面上一个点为圆心沿着平面旋转，最终形成体块和空间的变化。在不同的面上旋转体块将在三维空间上弯曲。"偏斜 Skew"是体块两个面的相对距离不发生改变而相对位置变化后体块呈现出的形变（图10、图11）。

"联锁"的方法，在平面上两个形体之间可以相互补充形成一个完形，在体块造型的过程当中，可以通过体块间的咬合，形成平面与空间的组合。"升降"是两个体块垂直摆放，以达到使一个体块

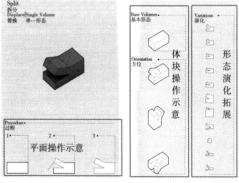

图2 可操作的"空间语汇"

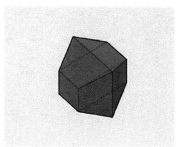

图3 单一的加法——扩张、挤压、膨胀

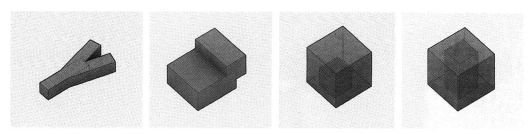

图 4 复合的加法——分叉、合并、嵌套、偏移

图 5（1） 单一的减法——凹雕、挤压、剪切

图 5（2） 单一的减法——压缩、断裂、凹陷、分层、锥削

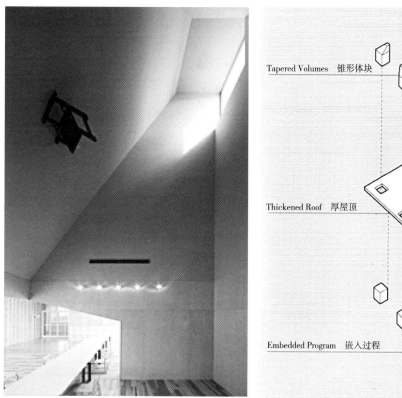

图 6 日本长滨 Leimond 幼儿园内部照片　　图 7 日本长滨 Leimond 幼儿园空间语汇分析

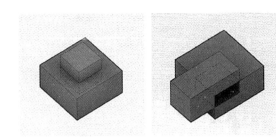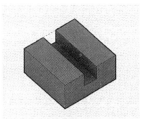

图8　复合的减法——嵌入、提取、内切、穿透

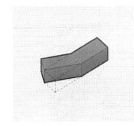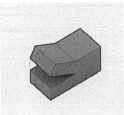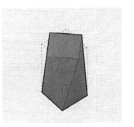

图9　单一的替换——弯曲、偏斜、拆分、扭转

图10　复合的替换——联锁、交叉、升降、固定

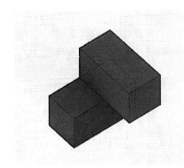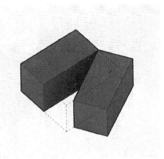

图11　复合的替换——叠置、旋转、移动

在空间上的高度发生变化的目的。虽然"升降"与"重叠"的某种特殊呈现是类似的形态，但空间操作的目的不同，"重叠"除了垂直位置的摆放也可以有更多方位的变化。

　　RTA 工作室设计的铁铸银行（Ironbank）是移置中"重叠"和"旋转"两个空间语言很好的体现。铁铸银行（Ironbank）由一系列体块"叠放"形成，同时"体块们"发生了不同角度的旋转，这使建筑立面非常具有戏剧性，建筑的体量被分解，赋予每一层独立的感觉（图12、图13）。

4. 组合与聚合

　　前文提到，空间语汇对空间操作的解构，不是为了展示空间设计操作的简单性，而是通过空间语汇的应用与组合，探索复杂空间形式的可能性。建立在以上三类空间操作的基础上，空间语汇进一步的运用可以分为组合与聚合两种方式。组合是同一个操作的多次重复或者两个操作有先后顺序的一起应用。在空间操作自由组合的前提下，聚合是通过"链"的方法使组合的语汇进行进一步的空间变化（图14）。

　　通过"链"来完成空间语汇间的聚合变化，"链"分为五种，即"反射 Reflect""群集 Pack""层叠 Stack""阵列 Array"和"联合 Jion"。"链"的操作不属于空间语汇，而是空间语汇的使用语汇（图15）。

　　对于一个空间来说，围合空间的点、线、面都可以被实施空间操作。这些空间操作通过改变点、线、面的位置，以及线的长度和面的大小等，改变了空间形态，从而产生不同的空间体验。从平面上的变化进而到空间变化的想象是对空间造型的抽象与原型化的理解，是奠定学生空间造型语言非常重要的基础，也是从最基本形态元素来理解空间造型的方法。由最基本的形态出发进行空间操作设计的方法与包豪斯和呼捷马斯设

图 12 铁铸银行（Ironbank）外观

Photo by Patrick Reynolds

Overlap+Rotate
重叠＋旋转

图 13 铁铸银行（Ironbank）造型空间语汇分析

Combined Operations~Branch+Branch 复合操作－分叉＋分叉　　Combined Operations~Shift+Shift 复合操作－移动＋移动　　Combined Operations~Inscribe+Intersect 复合形态－内切＋交错

图 14 几种空间语汇的"组合"（左：分叉＋分叉；中：移动＋移动；右：内切＋交错）

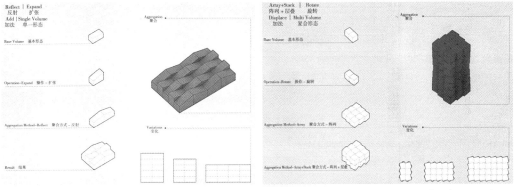

图 15 空间语汇的"聚合"［左：反射（使用语汇）＋扩张（空间语汇）；右：阵列、层叠（使用语汇）＋旋转（空间语汇）］

计造型基础理论的探讨是一样的，而这套空间语汇使形体的生成方法和过程更加的系统化。

五、"空间语汇"的应用与延伸

运用空间语汇来进行空间造型的训练，使学生明确建筑的设计是对空间的设计。对于空间进行设计操作时，形体的变化呈现在三维环境内，即空间的一个二维平面发生变化时，其他二维平面会随之受到影响。

而城市中的建筑不是一件实现摆放于街道的艺术品，更是服务于城市、街道、使用者的社会性产品；这使得对于建筑的空间体验，不单受到由建筑结构围合形成的物质空间影响，同时受内在功能、使用的人群、自然环境等影响。所以在空间的设计中需要加入时间的维度，最终建筑空间的操作设计应该在四维的维度下进行考虑。

对于建筑师来说，在综合的考量后通过系统、熟练的空间操作才能实现最终的建筑设计，而建筑空间造型对建筑的使用及城市空间产生最直接的影响。

"空间语汇"并不是安东尼·迪·玛丽和诺拉·柳的创造，而是对可操作的空间手法的一种归纳，将之反应用于观察分析一座建筑，可以帮助学生

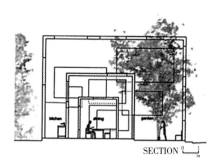

图 16 House N 剖面空间示意图（左）及平面空间示意图（右）

图 17 Poli House 空间示意图

更好地分析好的空间是如何形成的，怎样运用空间"字、词、句"的方法创造空间。

1．House N，藤本壮介：嵌套＋扩张

建筑师藤本壮介的 House N 设计明确展现了如何通过可操作化设计的角度解读空间。对于 House N 的平面和剖面有多种理解，有一个明显的解读是"嵌套"这个空间语汇。这种嵌套操作框架同时包含项目的纲领性关系和内外部的关系。直观上，House N 是由三个开满洞的"盒子"嵌套组成的，3 个嵌套空间以划分公共空间、半公共空间和私人空间，里外三层"盒子"和错落不等的开洞让住宅更富于层次感和密度感。而这种嵌套关系和开满了洞的墙组合形成的空间感知是新颖的，集私密与开放为一体，弱化了内外的区分（图 16）。

2．Poli House，智力建筑事务所：偏移＋凹雕

由智力建筑事务所设计的坡里住宅，探讨在一个正方体空间当中通过"偏移"的操作生成一个"回型"空间，再在形成的边界空间用凹雕的操作形成了一个独特的墙壁空间。

Poli House 的设计要求其既可以作为避暑别墅，也可以作为文化中心，由此产生了一个困境——内部空间既要充当公共空间，又要同时成为更紧凑的住宅空间。最终建筑师决定不按房间的用途／功能来分割房间，而是给空间设定名称和功能，使房间只是空旷的空间，并用过渡空间贯穿整个房间的方式进行空间的使用安排。建筑的功能安排在建筑外墙进行"偏移"后形成的新的墙壁组成的边界空间内部，这些空间的功能有浴室、储物架、厨房和阳台。Poli House 的建筑造型最大的特点在于形成双壁的外壳，运用偏移的空间语言从而在空间内部形成两个正方形，再运用凹雕的空间语言形成一组阳台，最终达到这座房子希望拥有双重功能的目的（图 17）。

3．House in minamimachi 2，Suppose Design Office：叠置＋扩张

日本建筑设计事务所 Suppose Design Office 在日本广岛设计的 House in minamimachi 2 运用"重叠"和"扩张"的空间语言解决了建筑用地和采光的问题。在用地面积有限的条件下，通过"重叠"的操作增加楼层数量来创造足够的建筑面积。而三层重叠的体块的"扩张"形变形成了这座建筑设计的独到之处，使得每一层楼板的形状都发生了变化，创造出了顶部照明的设计元素，引入外部环境。

对已建成建筑的解读是建筑设计的反向思考过程，这一过程的结果与建筑设计的过程不同，拥有不唯一的解。House in minamimachi 设计的一种解读可以看作建筑师采用了加法中"扩张"的操作后经过"重叠"达到了最终的形体；另外也可以解读为在原本的三层建筑空间上使用"剪切"的操作，运用减法形成最终的建筑空间。加法的运用增加了建筑的使用空间，增加的建筑内部空间与外部空间的接触面增大，提供了与外部空间互动的可能性；减法的运用将外部空间引入建筑，增加了建筑空间的丰富性与变化性（图 18）。

4．Nursing home，Aires Mateus：Bend＋ Embed；Shear＋Array

建筑师 Aires Mateus 在葡萄牙设计的 Nursing home 是针对老年人的微型社区。该建筑设计试图打破传统住宅的规则，建筑内部空间布局位于酒店和医院之间，旨在理解和重新诠释社会空间和私人空间的结合。通过"弯曲"操作形成的建筑物就像一条小路或者一堵墙，它是顺应地形产生的，并以限制和定义建筑物周围的开放空间来组织整个场地。因为和地形的结合，建筑部分"嵌入"场地中，建筑一段"消失"在山体中，同时也更加方便行动不便的老年人进行室外活动。建筑内部每一个居住单元空间在空间形态上进行了"剪切"的操作，以获得更多采光和景观，并将这些单元沿着建筑外壳"阵列"排布（图 19）。

六、"空间语汇"与对国内建筑造型教学的借鉴意义

安东尼·迪马教授创造了空间语汇这样一套系统的空间操作方法，来辅助和实现空间造型的可操作化设计的教学对培养建筑初学者的空间感知和空间逻辑，对目前国内建筑造型教学有一定的借鉴意义。空间语汇将空间解构成最初的建筑形态语言，把日常简单的形态语言转移为建筑领域的设计语言，不是将建筑设计简单化，而是用系统分类的方式引导学生从空间构成的角度解读抽象空间，获得进入建筑设计大门的钥匙。

对于刚刚步入大学的新生来说，受应试教育所强化的学习习惯影响，学生学习知识的方法极其被动，缺乏探索精神，这是创新教育所不希望的；而对于尚未接受空间训练的建筑学新生来说，抽象空间感知能力的薄弱也是他们探索建筑设计路上的绊脚石。因此提供空间语汇这样一个空间操作的工具，可以引导学生逐步进行空间设计，亲身理解和体会，逐步形成空间设计逻辑并掌握抽象的空间设计的方法；运用空间语汇提供给学生进行空间探索的钥匙，促进学生积极、主动地探索空间的生成和变化，培养创新思维能力，逐步形成自身特色的空间操作手法。

七、结语

对空间的感知和形体的塑造是建筑设计学习的基础，也是大部分建筑专业学生进入建筑设计学习所要跨过的第一道门槛。空间语汇将抽象空间的操作手法元素化、系统化，以简单集合体的基本变形为基础，经过空间语言的灵活组合，为空间可操作设计提供更多的灵感。基于"空间语汇"的建筑空间可操作设计完美适应建筑学新体系结构的学习，使学习者的思想具象化，并提供了了解不同建筑语言的切入点。将其应用于建筑设计的入门基础课程建筑造型教学中，能够弥补当前建筑造型课程缺乏抽象空间设计方法的引导和系统训练方法的不足。

参考文献

[1] Anthony Di Mari，Nora Yoo .Operation Design：A Catalog of Spatial Verbs. BIS Publishers. 2012.

[2] 包阳阳 .对现代建筑与建筑造型设计的探讨 [J]. 科技与企业，2012（08）：178.

[3] 龚柏茂 .构成艺术在当代建筑设计中的应用与审美 [D].江西师范大学，2008.

[4] 刘文豹 .现代苏俄"建筑教育学派"创始者：尼古拉·拉多夫斯基 [J]. 建筑师，2012（02）：65-68.

[5] [瑞士] 约翰·伊顿 .造型与形式构成：包豪斯的基础课程及其发展 [M]. 曾雪梅，周至禹译，天津人民美术出版社，1990 年 .

图片来源

图 1：作者自绘

图 2：安东尼·迪·马里，诺拉·柳，《操作设计：空间语汇汇编》P40，底图上由作者进行标注

图 3~图 5、图 7~图 11、图 12~图 15：安东尼·迪·马里，诺拉·柳，《操作设计：空间语汇汇编》书中截取整合

图 6：https：//www.archdaily.com/156854/the-leimond-nursery-school-archivision-hirotani-studio

图 12：https：//rtastudio.co.nz/portfolio/ironbank

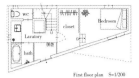

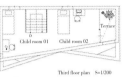

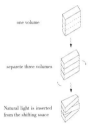

图 18 House in minamimachi 2 平面示意图（左）空间操作示意图（右）

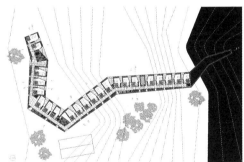

图 19 Nursing home 外景照片（上）及总平面示意图（下）

图 16：https：//www.awhouse.art/%E8%97%A4%E6%9C%AC%E5%A3%AE%E4%BB%8B-%E5%A4%A7%E5%88%86 E4%BD%8F%E5%AE%85-%EF%B8%B1%E5%9B%BE%E7%BA%B8%E6%95%B0%E6%8D%AE%EF%B8%B1pdf%E6%96%87%E4%BB%B6%E4%B8%8B%E8%BD%BD

图 17：https：//architectural-review.tumblr.com/post/156586288407/haris-karajic-casa-poli-hinged/amp

图 18：https：//www.dezeen.com/2009/07/31/house-in-minamimachi-by-suppose-design-office/

图 19：https：//www.archdaily.com/328516/alcacer-do-sal-residences-aires-mateus

作者：韩林飞，北京交通大学建筑与艺术学院教授、博导，主要研究方向为建筑设计、城市设计、城市规划与设计；车佳星，北京交通大学建筑与艺术学院研究生

建筑设计研究与教学

Architectural Design Research and Teaching

SN 思维创新法在建筑设计教学中的应用

董 君 邹斯晴 吴 亮 于 辉 齐 琳

Application of SN Thinking Innovation in Architectural Design Teaching

■ 摘要：建筑设计作为一项复杂的设计工作，不仅是要解决人类使用的基本问题，还是一项艺术性的创作，而创新是创作过程中重要的一环。目前，各高校的建筑设计课程都忽略了对学生创新思维的启发，学生在设计过程中的创新想法具备偶发性和低效性。在对语义网络这一知识表示工具的研究中发现，语义网络在模拟人脑思维进行逻辑化推理的过程中，可以实现语义的关联创新，本文提出的基于语义网络的 SN 思维创新法旨在为学生系统地创新性解决设计中遇到的矛盾问题提供一种工具，激发其潜在创造力。

■ 关键词：SN 法；建筑设计；创新；教学改革

Abstract：As a complex design work, architectural design is not only to solve the basic problems of human use, but also a job of art. Innovation is an important part of the creation process. At present, architectural design courses in colleges ignore the inspiration of students' innovative thinking, so that students' innovative ideas in the design process are sporadic and inefficient. In the study of the semantic network knowledge representation tool found that semantic network in the process of simulating human brain thinking can realize the semantic relevance innovation. This paper is based on the semantic network to provide a kind of tool for the students to make contradiction problem encountered in innovative solutions systematically. This tool could stimulate students' potential creativity.

Keywords：Semantic Network, Architectural Design, Innovation, Teaching Reform

一、SN法的由来

　　语义网络是 1968 年由 J.R.Quillian 首次提出的，20 世纪 80 至 90 年代，语义网络的研究重点由知识表示转向具有严格逻辑的语义推理[1]。知识表示方法包括便于机器理解的规则模式和便于人理解的图模式。语义网络通过节点和关系链形成的图示化网络来表示人对客观事物的认知过程，解决了常规图模式知识表示方法难以存储和推理的问题。本文所提出的创新方向也是基于语义网络清晰的推理结构，在建筑设计中，利用语义网络对复杂设计过程中的相关要素及其关系等进行可视化表达，建立建筑设计思维主体的软硬结构模型，掌握其构成和运行规律，明确设计需要和制约因素，使设计者可以在这种网络结构下进行有逻辑的思考联想，提出创新性的解决方案。

二、基于SN思维模拟的创新方法

1．SN思维创新法特点

（1）可视性

随着信息时代的进步，人脑所需接受的数据信息日益庞大，可视化语义网络可以很好地模拟复杂问题，完善学习者对大型信息空间结构的认知，增强各种信息的传递效率，提取有用的知识并形成自己的见解。

（2）全面性

节点和关系链是语义网络的基础，一个节点可以与其他若干节点进行关联组成一个单元，单个节点也能继续被分解为对象、属性、状态等几部分，关系链可以表示节点之间的关系类型及量值。这种多方位的对事、物、关系的划分有助于对整体信息结构了解得更加全面。

（3）演绎性

相比于线性文本的知识表示，语义网络结构可以更好地表示自然语义的情境，且语义网络的表达机制能够实现较大范围的并行网络，这时就为学习者提供了一个清晰的逻辑模型框架，进而帮助学习者进行有效的演绎推理。

2．SN思维创新法的思维流程

常规设计中对于普遍性问题已发展成了套路性的解决方案，在学生试图打破机械式的经验设计时，又毫无章法可循。SN思维创新法的应用是建立在设计问题矛盾基础上的，它提供了一套相对完整的创新流程。首先，发现问题并对问题的

本质及其矛盾进行思考，综合分析场地建筑和人的情感需求等内外因素，建立问题语义模型；其次，使用SN思维创新法进行合理的推理，根据现有目标条件进行关联，针对矛盾问题提出解决的方案并绘制草图；在得到多个解决方案之后，进入决策阶段，将所得方案分为三种，舍弃不可行方案，将所得的创新方案与常规方案进行比对，最终选出最佳的适应性创新方案，并对最终的方案进行深入探讨与优化设计。另外，方案的生成与以问题模型为基础的推理联想是一个循环往复的过程，当无法得到满意的方案时，需重新回到第三步骤完成推导，寻找其他可能性（图1）。

3．SN思维创新法的模型表达

节点是语义网络中的基本要素之一，网络中的节点表示实体、属性、事件和状态等概念。网络中的关系链，通常称为概念关系，表示概念节点之间的关系，关系链上的语义表示关系类型。关系可表示实例，例如实施者、接受者或工具等，也可表示空间关系、时间关系、因果关系和逻辑连词等，如图2第一个图所示节点A与节点B通过关系链连接，Rab表示AB之间的关系，构成了语义网络的基本网元；图2第二个图为其多元结构，在此基础上发展，可构建大型的复杂网络结构。对于语义网络的实际应用，在这里通过一个简单的示例说明：图3第一个图是一个简单的平面图，绘制了各物体之间的位置关系，用语义网络将其表示出来如后图所示。

4．SN思维图示化下的建筑创作

建筑创作是一项繁杂的设计工作，就其本身来说，需要考虑场地及其结构形式等，同时环境、人的行为心理等外在因素也是不可忽视的。近年来，随着国内建筑教育教学改革的不断推进，相比于技能化成图的展示，也愈发重视设计过程中学生对于项目问题的思考方式，但对于创造性思维能力的培养还没有形成相应的体系。思维工具之所以有助于学习，其作用机理在于思维工具通过较低层次的认知活动提供支持，以实现对认知负荷的分担，从而让学习者可以将认知资源留给更高层次的思维加工活动[2]。教学设计的本质正是要实现外在认知负荷向关联认知负荷转变[3]。SN思维创新法通过语义网络图示对复杂环境网络进行构建，使得学习者更加关注关联认知负荷，建筑设计中非常规性的方案不再是偶然之中的灵感迸发，提高了创新的效率。

三、主要的几种SN思维创新法

1．触变法

客观世界中的任何事或物，都与其他事或物存在着千丝万缕的联系，正是这些联系的存在，使得对某一对象进行变换时，会引起与它相关的

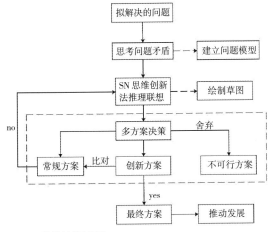

图1　SN思维创新法流程图

对象的变化[4]。同理，语义网络中的各网元之间有特定的联系方式，形成的网络是动态的，当触动其中一个网元时，会导致网络中其他网元之间关系的改变，触动有加减、位移、替换等多种方式，触变法就是通过触动网元进行创新性地解决矛盾问题。

如图4和图5所示，平面图中主要有门厅、售票处、展厅1、展厅2、楼梯和咖啡厅六个使用空间，原平面图门厅与售票处有0.6米的高差，展厅内部也使用了一定的处理手法处理了高差，其主要矛盾问题在于门厅至售票处的人流与参观展览的人流线交叉。构建语义网络模型，置入连廊节点，触动展厅1与展厅2之间的连接关系，得到了新的语义网络模型，以此为基础进行草图的绘制，增加门厅与售票处及展厅的高差，以连廊的形式组织参观人流流线，使原本二维交叉的人流，在三维层面上实现分离，也加强了空间的层次。

2．转换法

转换法是指在设计过程中通过转换节点对象或者节点形式，从而达到优化空间结构，解决现存矛盾问题的目的。

第二个案例为一展厅空间，平屋顶上铺设有太阳能板为照灯供电。当要求太阳能发电量不仅仅要支撑展画照明，还需要储存剩余电量用于房屋其他设备时，就需要对方案进行调整。在这里，使用转换法，转换屋顶节点形式，变成带侧高窗的坡屋顶，这样在白天接受自然采光，太阳能板转化电能只需用于夜间照明，对比原方案大大减少了耗电量，且坡屋顶角度可满足太阳能板的直接铺设，省去支架材料，也更加美观（图6、图7）。

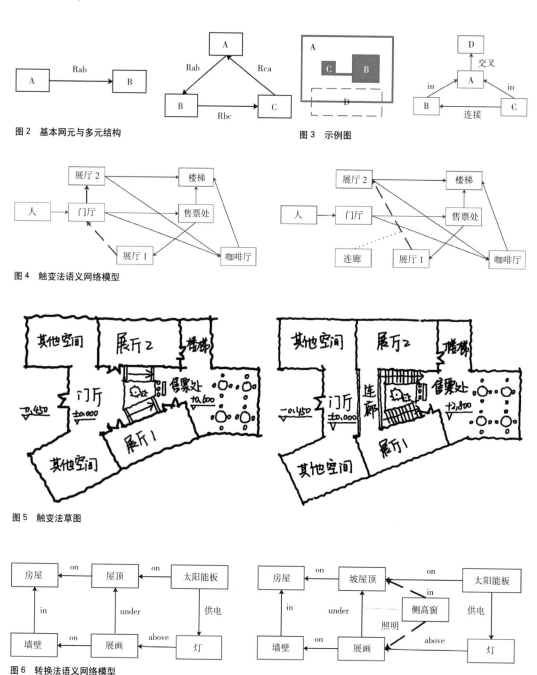

图2　基本网元与多元结构

图3　示例图

图4　触变法语义网络模型

图5　触变法草图

图6　转换法语义网络模型

3.发散树法

可拓学中可拓基元具有发散性，这种特性同样适用于语义网络，每个事物可以存在多个特征、量值，每一种量值或特征也可以对应多种事物，应用这种特征解决问题的方法成为发散树方法[5]。在建筑设计中，根据多要素、多特征、多量值的属性，通过发散与匹配，可以得到大量可利用的创新设计方案。

在此案例中，根据"一征多物"的原则进行发散处理。所示剖面图中，A、B、C、D、E分别表示五个空间中的人物，根据原剖面图绘制了人物视线的语义网络，想要加强人的交流与视线的通透，B节点是解决问题的关键，根据一物多征的属性，可以将原本的B楼板换成廊道、伸出平台或者大楼梯等若干创新方案。并且通过SN的叠加、环合等运算，还可得到更多元的组合方案（图8、图9）。

本文只挑选了众多SN思维创新法中的三种，还有组合法、宗摄法、匹配法、语义挖掘等多种方法，在这里就不逐一列举了。SN思维创新法的适应性极强，其他学科的创新方法也同样适合通过语义网络的转译应用到建筑学领域中。

四、SN思维创新法与传统思维方法的比较

1.思维导图法

思维导图又叫心智图，是有效表达发散性思维的图示工具。其主要形式是表达层级关系与隶属关系，是一种线性的思维过程。语义网络与思维导图都具备节点和关系链等结构要素，但与思维导图不同的是，语义网络具备关系链赋值和网络体系等优点。这使得各节点之间会出现多种可能，而不仅仅是简单的上级与下级的关系。

2.头脑风暴法

头脑风暴法是一种打破常规的思维方法，为激发群体的创造性，多人进行有目的而无逻辑的讨论，在此过程中禁止批评他人所提出的想法，最后对所有想法进行综合分析，选出可能的方案。头脑风暴的问题

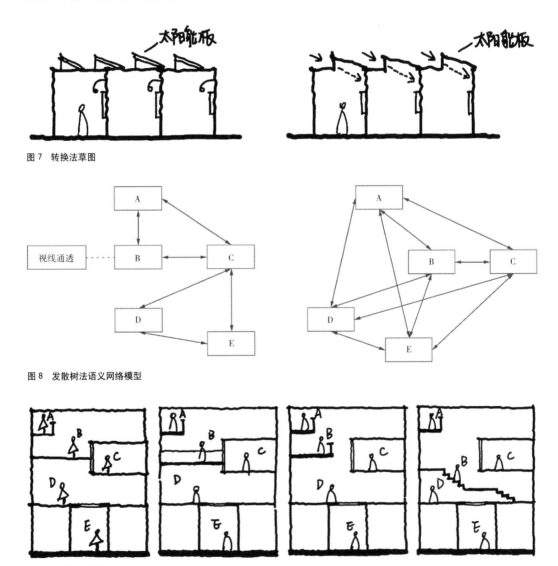

图7　转换法草图

图8　发散树法语义网络模型

图9　发散树法草图

在于缺少揭示原理本质的方法和步骤，从而导致其只能解决简单的创新问题。相比于头脑风暴有目的而无章法的思维方式，SN 思维创新法先对问题进行分析，再提出合理的猜想，更具有科学性。

3．试错法

试错法自古以来就是人们常用的解决问题的方法，其最典型的特点就是猜想与反驳，反复对特定问题提出解决方案，直到得出满意结果，甚至可能尝试了很多次也没有任何结果。这种具有探索黑箱性质的思维方法是无序、低效且具有偶发性的。语义网络通过构建场景模型，可以清晰地掌握各物质要素之间的关系，明确矛盾问题，从而高效地提出创新方案。

4．TRIZ 创新思维

TRIZ 是发明问题解决理论的简称，它通过总结发明创造的内在规律和原理得出通用、统一的求解参数，最终演绎出问题的解决方案。TRIZ 创新思维是 TRIZ 理论中的一个分支，其中包括小人法、金鱼法、STC 算子等，是典型的理性创新思维方法。从某种程度上来说，TRIZ 与 SN 是具有相似性的，其理性部分都表现为问题相互关联，但语义网络对于处理复杂集合事物的适应性是优于 TRIZ 的。

通过以上 SN 思维创新法与其他几种创新方法的对比，我们可以发现，语义网络作为一种知识网络的表示工具，具有结构上的本质区别，它有着更加严密的结构化逻辑特征和思维模拟能力，便于对具有针对性的问题进行系统化的解决，适用于建筑设计乃至城市设计等文理兼顾的复杂工作。

五、结语

语义网络是知识系统的载体，是很多认知行为的基础，无论是从语义网络要素材料对认知的直接加工，还是要素材料之间相互作用推动联想创新的角度来看，语义网络都对思维的发散产生了一定的影响。本文通过研究建立建筑设计问题的图示化模型体系，提出了基于语义网络的建筑设计创新理论，为建筑设计在教育改革中提供了新的路径，也为建筑设计理论提供了具有科学性、前沿性的新方向。

参考文献

[1] Fahlman S E, Touretzky D S, Van Roggen W. *Cancellation in a Parallel Sematic Network*[C]. IJCA, Vancouver，1981：257-263.

[2] LAJOIE S P. *Computer environments as cognitive tools for enhancing learning*[M]. LAJOIE S P, DERRY S J. Computers as cognitive tools, New York and London：Routledge，1993：261-288.

[3] 安其梅，吴红. 认知负荷理论综述 [J]. 心理学进展，2015（1）：50-55.

[4] 杨春燕. 可拓创新方法 [M]. 北京：科学出版社，2017.

[5] 董君. 基于语义网络的城市设计策划方法研究 [D]. 哈尔滨工业大学，2016.

图片来源

均为作者自绘

作者：董君，大连理工大学建筑与艺术学院副教授，国家一级注册建筑师；邹斯晴，大连理工大学建筑学硕士在读；吴亮，大连理工大学建筑与艺术学院副教授；于辉，大连理工大学建筑与艺术学院教授；齐琳，东北林业大学博士在读

"一轴两翼"教学体系下的地域建筑设计：

以苏州太浦河长制展示馆为例

陈　宏　张可寒　王长庆　戴　建　王绍森

Regional Architecture Design Based on One Principle Axis and Two Supporting Wings: Using Suzhou Taipu River-basin Museum as An Example

■ 摘要：本文阐述了厦门大学建筑学近年来设计教学中面向当下和未来提出的"一轴两翼"的体系方略，即在教学过程中倡导回归设计本体主轴的价值取向，并以技术和文化为两翼进行支撑。进而以研究生课题苏州太浦河长制展示馆为例，结合学生方案，阐释"一轴两翼"如何在课堂中得到落实，并在多数学生并不熟悉的江南文化背景下，产生多元化的设计成果。

■ 关键词：设计课程；地域建筑；展馆；江南文化

Abstract：This article illustrates the "One Principle Axis and Two Supporting Wings" teaching strategy, which means returning to designing process as the main axis of the curriculum, and supporting it with technical wing and cultural wing. We further use the graduate course of designing Suzhou Taipu River-basin Museum as an example. By presenting students' proposals, we explore how this teaching strategy was implemented, resulting into pluralistic schemes which are proposed in the background of Jiangnan Culture that is not familiar to most participants of the course.

Keywords：Designing course, Regional architectural, Pavilion, Jiangnan culture

一、基于"一轴两翼"的建筑设计教学方略

随着当今研究生建筑教育中"融合创新"的新工科建设需求[1]日益凸显，近年来，厦门大学建筑与土木工程学院制定了"一轴两翼"的建筑设计教学方略，用以指导从本科生到博士生的设计教学。"一轴"，即以设计本体为主轴，推动建筑教育中以专业精神为导向的价值回归；"两翼"，分别为"技术翼"和"文化翼"，用以支撑设计本体。

1. 设计本体的主轴

近年国内建筑学教育中出现了价值观多元的趋势。例如市场导向的目标性学习，或是跨领域融合的综合性学习。这些现象固然反映了当下百舸争流的多维度发展，但也产生了

国家自然科学基金面上项目：基于复杂系统论的现代闽台地域建筑设计方法提升研究（编号：51878581）

若干急功近利的杂音。因此，我们认为，有必要在教学中重新强调"设计本体"的主轴作用，倡导价值回归。同时结合厦门的地理和文化特殊性，在百花齐放的基础上，提倡与地域性密切结合的学院特色。

在这一主轴方略的指导下，厦大在本科生教学中涌现了一批富有福建地域特色的教学成果。例如针对闽南系列岛屿的本科毕业设计"列岛计划"[2]、针对厦门沙坡尾地段的系列城市更新研究、针对海蛎壳等地域材料的利用设计[3]等。然而，基于闽南单一地域的教学训练可能让"地域性"沦为手法化和模式化的符号拼贴，因此我们考虑在研究生教学中跳出福建地区，以江南为背景，训练学生在不同文化中捕捉地域信息并将其建筑化的能力，保证学生掌握地域建筑设计方法的"渔"，而不仅仅是捕获闽南地域建筑语言的"鱼"。

2. 技术翼

技术不仅是建筑的物质基础，也是建筑形式创新的源泉，但它的重要性却往往在强调"空间—造型—功能"的传统教学体系中被忽视。因此我们在教学中特别强调技术的运用，并开展了"基于数字技术的建筑师培养体系研究与实践"这一新工科研究与实践项目。通过对包括新结构体系、新数字技术在内的新技术手段的运用，我们鼓励学生探索技术手段与建筑学本体的结合，让技术不再冰冷，而是形成有人文温度的、有情怀关怀的综合产物，达到学院提出的"文心筑雅，营建乡城"（Elegant Conception，Excellent Construction）的办学目标。

3. 文化翼

文化是建筑的内涵所在。我们对文化的强调可以分为"时—空"两轴。

首先，在时间轴上，重视时空现代性的表达。文化是动态的，如果文化有时态，那一定是现在时。文化的传承不是刻舟求剑，而是与古为新[4]。我们希望学生在当代语境下，开展对文化传统的探讨，研究传统文化的当代表达，并鼓励文化翼与技术翼的融合。

其次，在空间轴上，重视文化的地域属性，并鼓励跨地域的融合思考。福建本就有着多元的地域文化，闽南文化与闽北文化迥异，海岛文化与山地文化不同；同时，福建又处于本土文化、南洋文化、西方文化交融的前沿，通过跨越不同文化空间的思考，可以提高学生对文化的空间敏感度，让学生摆脱"灌木现象"，即枝多而根浅，不断地冒出新枝，但因根浅而难以茁长壮大，只有再冒新枝[5]。

二、课题概况

1. 课程设置

2020年的设计选题位于苏州市太浦河沿岸。场地狭长，南侧沿河，北侧沿路，绿茵遍植（图1、图2）。在自然条件层面上，对组成地形的各种要素（如土壤、水、植被等）的材料、色彩、肌理等[6]，我们给予了大量关注。在文化背景层面上，太浦河流域古镇遍布，离黎里、西塘两座古镇皆仅有8公里，因而江南文脉也是本次教学重点把握的因素。任务书弱化了传统教学方案中对技术指标的控制，允许面积在2000~3500平方米间浮动，以展厅和少量的办公为主，兼顾市民休闲功能，各部分面积比例合理即可；参与课题的研究生，多已具备扎实的基础，可以给予更大的创作自由度，使教学目的更纯粹地聚焦技术与文化的融合。此外，基地位于上海、苏州、嘉兴三地交界处，我们鼓励学生通过建筑语言反映三地联合治水的主题。

2. 教学目标

教学目标也紧扣"一轴两翼"的体系，主要有：

（1）探索新的技术手段对文化类建筑设计的影响。

（2）探索将地域建筑的设计方法用于多数学生并未熟稔的新的文化环境，快速把握其文化要素并将其建筑化。

（3）研究如何在尽量小地干扰自然环境的条件下进行设计，鼓励学生实现"弱建筑"[7]的目标。

3. 教学环节

课题周期为八周。教学内容安排为：课题

图1 场地宏观条件

图2 场地微观条件

阐释—场地调研—案例研究—方案构思—方案深化—成果组织。其中，课题阐释阶段我们对"一轴两翼"的体系、江南文化的意涵、地域建筑的表达做了较为系统的阐述，力图使学生在初始阶段对教学目标有较为清晰的认识；场地调研阶段则鼓励学生从地形、植被、水系、气候等自然要素和文脉、文化等人文要素，对场地进行个性化解读。之后我们组织学生根据前两个阶段的心得，进行针对性的案例研究。三者构成了为期两周的前期阶段。方案构思与深化阶段用时五周，是课程的主体，这一阶段我们针对学生或倾向技术或倾向文化的不同构思取向，在鼓励参与者发展自身思路的同时，对其有所忽视的方面做补充强调，使成果更加多元立体。最后的成果组织阶段仅用时一周，我们要求学生用当下正在迅速普及的ENSCAPE作为渲染工具，进行快速表达；时间虽短，但得益于工具创新，不少方案表达的广度和深度都超出了我们的预期。

以下我们以较有代表性的6组方案为例，进一步阐释本次课程的教学方略与最终成果。本文选取了偏重"技术翼"和"文化翼"的成果各3组。

三、侧重"技术翼"的设计成果

本组的3个方案，都实现了建筑技术与在地要素的结合；具体言之，分别是数字技术与自然意向的结合、结构技术与古典诗歌的结合、表皮技术与文化意向的结合。

1. 聚水成合：水乡元素的意向提取与高技表达

该方案提取了两大在地元素进行综合演绎。一是"水"这一自然元素，二是"三地合作"这一社会元素。在场地内，在指向三地的方向，分

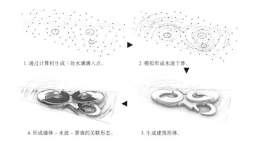

1. 通过计算机生成三处水滴满点。　2. 模拟形成水波干涉。

4. 形成墙体－水波－景观的关联形态。　3. 生成建筑形体。

图3　"聚水成合"方案生成过程

别置入了3个中心点，象征三个地区的互动；进而通过Grasshopper模拟形成以三点为圆心的水波干涉，并形成墙体—水波—景观的关联形态，以此生成建筑形体（图3、图4）。通过地景化的处理使人可以从地面登上屋顶，让建筑融入自然环境（图5、图6）；通过"粉墙黛瓦"的经典建筑意向，让建筑融入人文环境（图7）。始于地域要素，发于高技演绎，终于在地环境，形成了较完整的逻辑闭环。

2. 堤上行：冲突与融合中的结构诗意

设计源于刘禹锡的诗歌《堤上行》：酒旗相望大堤头，堤下连樯堤上楼。日暮行人争渡急，桨声幽轧满中流。诗句是水乡这一大背景下的产物，突出其地方特色[8]。我们提取诗中"堤下连樯堤上楼"的意向，并通过大胆的结构创新将其实现。建筑由两大部分构成，分别是呼应"连樯"的基座和呼应"堤楼"的顶部（图8、图9）。地景化底座的两端，伸出4个容纳了电梯和管井的巨柱，中部则设置了整体加厚的斜梁状楼梯，共同支撑起漂浮状的顶部展厅（图10）。展厅外圈采用不规则的剪力墙，形成了仿佛会呼吸的鱼鳞状表皮，并实现了丰富的室内效果（图11）。基座起伏，顶部消解；通过这种方式，粗犷的巨型结构被柔化为诗意的建构，纳入了江南文化的整体系统中。

3. 太湖石山：天然形态的驯质异化与建筑演绎

这一方案的意向来自太湖石。建筑整体宛如横卧在水边的一块巨石。原本粗粝多孔的湖石，在此褪去了粗糙的表面，被打磨为光滑的金属板，但其多孔的空间特质则得到了保留（图12）。孔洞首先是湖石腰部的三角形开口，它自然地掀开形成了建筑的主入口（图13）；其次则是遍布建筑表面折线形的采光口，它们在封闭的建筑体量中引入了孔隙与光线，塑造了神秘的空间氛围（图14）。通过表面的打磨与孔洞的保留，将湖石这种人所熟知的非建筑物体转化为建筑，这是一种"驯质异化"（from familiar to strange）的建筑演绎手段，旨在将陌生的元素嬗变成我们所熟悉的代码[9]。湖石高低错落，参观者可登上顶部平台，越过树梢远眺水面。

图4　河面视角

图5　可登临的斜屋面

图 6　整体鸟瞰

图 7　建筑主入口

图 8　河面视角

图 9　整体轴测

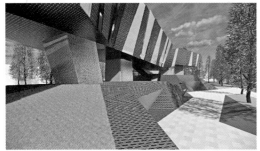

图 10　架空层

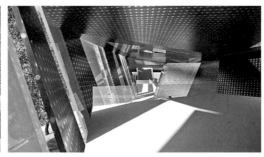

图 11　建筑室内

四、侧重"文化翼"的设计成果

本组的 3 个方案，从不同角度演绎了江南文化元素：或提取经典意向并在路径中徐徐展开，或探索传统建筑元素与当代城市尺度的结合，或将古典园林进行当代演绎。

1. 太浦篷舟：江南建筑的形象隐喻与路径重现

乌篷船是江南经典的传统意向，当代不乏将其形象化的探索，例如姚仁喜的乌镇大剧院。而太浦篷舟方案，则试图从更多的维度探索这一意向的潜力。最易解读的是形式的隐喻，建筑以落地的灰瓦坡屋顶和中部的高塔（图 15），呼应船的乌篷和桅杆，让它如同一艘灵动的小舟漂浮在太浦河上、绿茵丛间（图 16）。建筑的色调适应江南文脉，而形式则进行了创新。此外，在路径组织上，该方案引入了基地外的水系，形成将建筑包围的水体（图 17），让人在室内感到如同舟行（图 18）；并打造了水—路两条游览路线，精心设计了路径上的每个节点，再现了泛舟水上、移步换景的空间体验（图 19、图 20）。通过形式和体验两个层面对乌篷船文化的重建，对如何立体地回应传统文化做了有益的探索。

2. 汾湖田园：地景建筑与江南元素的融合尝试

场地直面汾湖，湖畔稻田密布。方案源于拼图形态与水稻田的结合，形成田田相连的寓意（图 21）。体现在建筑形体上，则是立体咬合的三个体块——不仅是平面上的咬合，还有高度上的咬合。中央体块以草坡的状态，连接起两侧的灰瓦屋顶（图 22、图 23）。两种形体几何语言类似而材料呈现迥异，和而不同，尝试融合地景建筑与江南元素。场地景观以简洁的网格化手法重现稻田意向（图 24）。该方案面积最大，因而三个体块咬合紧密，仅在体块缝隙和内部挖出或狭长、或方整的院落（图 25），体现了学生对高密度状态下如何实现公共建筑空间品质和文化意象的思考，也体现了本课程建筑面积不严格设限带来的多元可能性。

3. 四合园：古典园林的功能演变与当代转译

该方案是本文呈现的 6 个设计中，最接近中国古典园林的。其布局介于四合院和园林之间，既有四合院从入口小庭院到核心大庭院的基本空间构成，又有园林灵动多变的趣味空间，故命名

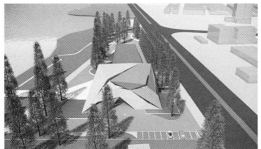

图 12　整体鸟瞰

图 13　建筑主入口

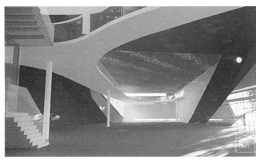

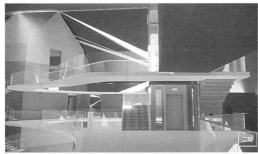

图 14　建筑室内

图 15　建筑局部

图 16　河面视角

图 17　桥下视角

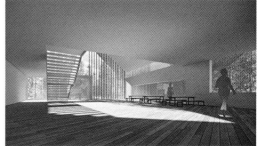

图 18　建筑室内

为四合园（图 26）。前者能够更好地适应当代展馆的功能需求,后者则可以让建筑获得诸多在地的空间特质。而在建筑语言上,该方案选择了较为沉稳的方式,即以当代语言——例如几何化的线条、黑白灰的色调——转译传统园林（图 27）。这种转译,是在地域建筑语言纳入现代建筑体系的过程中,建筑语言"纯化"的过程 [10]。和前文的太浦篷舟类似,该方案也对游览路径上的节点做了精心的梳理,不同之处在于前者是动

图 19　路线一览　　　　　　　　　　　　　　　　　图 20　水线一览

1. 形成三个形体整齐排列至岸边。　　　　　　　　　2. 互相穿插形成拼图形态，寓意联合。

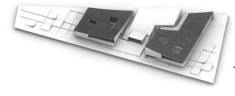

4. 设置中心庭院。　　　　　　　　　　　　　　　　3. 将形体调整，增加形态丰富性，形成草坡与屋顶。

图 21　"汾湖田园"方案生成过程

图 22　河面视角　　　　　　　　　　　　　　　　　图 23　南侧沿路透视

图 24　场地景观的田园意向　　　　　　　　　　　　图 25　院落透视

态的、蒙太奇式的，侧重在行进间感受不同建筑氛围的过渡与变化；后者则没有太大的起伏变化，每一个空间都是以安静文雅为主基调，倾向于塑造一帧帧精美的静态画面（图 28～图 31）。

五、总结

本次教学课程参与的教师加深了对以"职业性、前沿性、地域性"为核心理念的"一轴两翼"教学体系的认识[11]，学生则提高了把握在地自然与文脉要素并通过技术手段与文化演绎将其建筑化的能力，体现了对地域建筑设计方法跨文化运用的良好理解，达成了"授人以渔"的目的。

图26 总平面鸟瞰

图27 沿街主入口

图28 入口庭院

图29 建筑中庭

图30 院落一角

图31 建筑室内

参考文献

[1] 左进，赵佳，李塱．面向新工科建设的天津大学建筑学院城市更新课程体系建构 [J]．中国建筑教育，2019（02）：12-21.

[2] 张燕来，凌世德．地理·地域·设计——"列岛计划"毕业设计教学札记 [J]．新建筑，2017（03）：108-111.

[3] 王绍森，李立新."新闽南"建筑实践：厦门大学建筑与土木工程学院学生优秀作业集：2008-2017[M].厦门：厦门大学出版社，2018.

[4] 冯纪忠．与古为新——方塔园规划 [M]．东方出版社，北京：2010.

[5] 王明蘅．当代建筑人文的贫困（节录）[J]．世界建筑，1997（06）：59-62.

[6] 杨浩腾．稻田竹构的地形学反思——东南大学研究生 2015"实验设计"竹构鸭寮课程 [J]．中国建筑教育，2015（04）：94-100.

[7] 王绍森．弱建筑与若建筑 [J]．新建筑，2014（3）：78-81.

[8] 刘航．浅议中唐风俗诗的艺术特色 [J]．中国典籍与文化，1999（03）：12-17.

[9] 王绍森．当代闽南建筑的地域性表达研究 [D]．广州：华南理工大学．2010.

[10] 陈宏，王长庆，王绍森．厝格海韵：从前喻到并喻的闽南地域性建筑设计研究 [J]．建筑师，2021（01）：74-82.

[11] 王绍森，李立新，张燕来．基于专业教育的特色教学探索——以厦门大学建筑教育为例 [J]．当代建筑，2020（05）：131-133.

图片来源

本文图片均为作者自摄或自绘

作者：陈宏，厦门大学建筑与土木工程学院，博士生；张可寒，厦门大学建筑与土木工程学院，博士生；王长庆，厦门大学建筑与土木工程学院，博士生；戴建，厦门大学建筑与土木工程学院，硕士生；王绍森（通讯作者），厦门大学建筑与土木工程学院院长、书记，教授，博士生导师

从"注重形态"到"以人为本"：

问题导向型城市设计实践教学改革

钱　芳　陆　伟　蔡　军　孙佩锦

From "Focus on Form" to "People-Oriented": the Reform of Problem-Based Urban Design Practice Teaching

■ 摘要：针对人本转向的时代需求、实践教学的现存问题，以激发学生对社会问题的主动关注为突破口、教学问题设计为途径、人本关怀为价值评判，从课程体系、教学内容、教学方法、评价体系四个方面构建问题导向型城市设计教学模式，并以《城市规划设计1》课程教学改革为例进行实践探索，旨在为实践教学方法创新、提升学生专业素养提供有益途径。

■ 关键词：问题导向型；城市设计实践教学；以人为本；注重形态

Abstract：In view of the needs of the times and the existing problems of practice teaching, the problem-based urban design teaching mode is constructed from four aspects such as curriculum system, teaching content, teaching method and evaluation system, with stimulating students´ active attention to social problems as the breakthrough, teaching problem design as the approach and humanistic care as the value evaluation. Taking the teaching reform of "urban planning and design 1" as an example, it explores the practical teaching method innovation. It puts forwards to providing a useful way to innovate to practice teaching method and improve students´ professional quality.

Keywords：urban design practice teaching, problem-based, people-oriented, focus on form

一、需求与问题

我国社会主要矛盾已转化为人民日益增长的美好生活需要和不平衡不充分的发展之间的矛盾。城市形态与民生问题的关联设计将成为城市规划实践的重点。城市设计将研究城市生活和行为规律作为设计创作的第一要素，从而使城市空间真正体现"以人为本"[1]。新时代下，强化人本设计也是城市设计实践教学的新要求。

传统实践教学内容侧重城市物质空间的形态塑造，对其背后非物质要素的关联逻辑的关

基金资助：大连理工大学2019年研究生教学改革项目成果（项目编号：JG_2019040）

注较少；基地常以限定条件较少的增量用地为主，没有主题倾向，无法激发学生对民生问题的深入思考，而以往主次不分、强调设计要素的系统性和完整性的教学内容又无法有效解决存量用地建成环境的更新问题[2]；随着新技术和新数据的发展，科学分析基地现状已成为设计实践的必备技能，但由于教学环节中前期调研所占课时一般很少，学生无法展开对现状问题的深入调查就匆匆进入方案阶段；教学过程中未有一套可以引导学生从市民需求出发进行方案探讨的教学方法；成果的价值评判也多源于主观臆断和审美经验，而非市民的真实需求。

二、改革思路与方法

针对人本转向的时代需求、实践教学的现存问题，以激发学生对社会问题的主动关注为突破口、教学问题设计为途径、人本关怀为价值评判，通过课程体系建设、教学内容改进、教学方法开拓、评价方式保障，构建"1+2+4+3"问题导向型城市设计实践教学模式，使学生从传统注重形态塑造的成果导向型思维转向思考以人为本的城市内涵式发展的问题导向型思维（表1）。

教学改革实施构想　　　　　　　　　　　　　　　　　　表1

项目		教改实施前	教改实施构想
教学方式		成果导向	问题导向
	价值观	形态美学	以人为本
	课堂活动	设计＋辅导	调研＋研讨＋创作
	学习空间	课堂	课内＋线上＋校外＋课外
	评价	教师点评/结果	教师点评、学生互评、市民参评/过程
课程设置	师资	实践型教师	理论型教师＋实践型教师
	教学环节	前期调研＋方案辅导	理论讲授＋问题探讨＋方案研讨
	教学内容	专业技能	专业技能＋技术规范＋职业道德

"1"个导向：以"发现问题——提出问题——分析问题——解决问题"为导向的教学过程。针对前期调研分析深入不足的问题，通过增加课时或与其他调查类课程整合的途径，搭建以社会问题调查为先导的教学过程，使课堂主要活动从"设计＋辅导"转向"调研＋研讨＋创作"；同时，组建涵盖空间分析、理论研究、工程实践方向的教师团队共同参与教学。

"2"条线索：以问题设计为明线、思维训练为暗线组织教学内容。通过教学问题设计，共同形成"发题设问——选题导问——分析引问——实践拓问"的导问过程（图1）。围绕社会热点和行业动态，结合规划解读和现状分析，设计核心性问题和聚焦性问题，引导学生在城市系统中寻找主要问题、提取关键要素；引荐实践案例和学术研究，设计比较性问题，激发学生对规划理念和设计对策的探索；结合日常生活和历史故事，设计开放性问题，开展对环境品质、人文关怀的探讨。在质与释疑的师生互动中，训练学生"发散性思维——聚焦性思维——探究式思维——创新性思维"的渐进式思维，强化学生设计系民的人本意识。

"4"个情景：表演体会、网上互动、生活展示、问题创设四个情境的教学方式。引入"课内＋线上＋校外＋课外"的多情境教学方法，为问题设计提供有情感、有创新、具有人本价值趋向的教学环境。校内课堂为"主场"，学生团队为主角，设计表演体会情境，通过规划师、开发商、政府、市民等角色的扮演，强化学生的社会责任意识；线上互动为"训练场"，设计专项再现情境，通过案例库的建立，激发学生探索

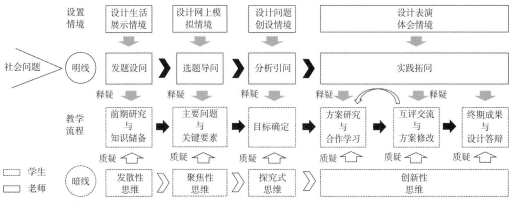

图1 问题导向型城市设计实践教学内容组织

不同方向社会问题的兴趣；校外基地为"客场"，市民为主角，设计生活展示情境，通过与市民访谈，加强学生社会认知；课外研修为"拓展场"，学生为主角，借助问题创设情境，通过自问自答，提高学生对社会问题的关注度。

"3"方参评：师生民三方参评，采取同学提问、教师点评、市民参评方式，通过以评促问、以评促教、以评系民的评分方式保障教学质量。一方面，调整成绩评定内容，增加问题意识评价，包括把握主要问题的能力、提问的频次及质量、方案与问题的关联、成果的社会价值等评分细则；另一方面，丰富成绩评定方式，既应增加同学提问环节，通过学生互动相互学习，也宜增设市民参评环节，结合在地工作坊座谈或网络平台等方式邀请当地居民参与方案讨论与评价。

三、教学改革实践

1. 教学内容与进度安排

《城市规划设计 1》是我院面向一年级研究生开设的专业实践课。在已完成本科理论知识学习和城市规划相关专题训练的基础上，重点培养学生独立发现和分析城市问题，并运用先进理念提出更新策略的综合能力。具体教学目标为掌握从调查研究到方案提出的思维过程，培养问题导向型规划设计能力；了解城市更新研究的前沿动态与实践经验，理论联系实际，知行合一；培养主动关注城市问题的意识，明确自身的社会责任，提升专业素养。

2018 年起，将《城市问题调查》和《城市规划设计 1》课程相结合，以城市更新为主题，"知识问题化，问题情景化"为原则，引入问题导向型城市设计实践教学模式。整合后的课程教学共 64 学时，分三个阶段进行，即城市问题调查（16 学时）、总体层面研究（16 学时）、城市设计研讨（32 学时）。表 2 列举了三个教学阶段的教学内容及相应的设问类型和设问方式，并以 2020 年大连火车站及其周边地区更新的教学成果为例，梳理和展示了各阶段学生的作业生成与成果效果。三个教学阶段的问题导学的具体实施情况如下：

第一阶段，城市问题调查。围绕选题所涉及的核心性问题开展讨论；对选题有了一定认识后，学生以小组形式进行初次调研，通过照片或简文方式记录初次感知问题（每组不少于 3 个问题）；在此基础上，通过规划解读、现场踏勘、文献阅读、市民访谈等，开展深度调查，判断地区未来发展趋势和存在的主要问题。设计核心性问题和聚焦性问题是本阶段问题设计的重点。其中，核心性问题是与时下国家建设需要、社会

教学安排与问题设计 表 2

教学阶段	教学内容	教师问题导学		学生作业展示（以 2020 年教学成果为例）
		类型	设问方式	
城市问题调查	选题讨论	核心性问题	与国家建设需要、社会关注热点或行业发展动态相关的问题	
	初次调研	感知性问题	初次走访感受到什么问题？	
	深入调研	验证性问题	问题在上位规划是否有回应？问题是否确实令使用者不满？	
总体层面研究	案例分析	比较性问题	横向或纵向对比相同问题处理体现出的具体设计手法的差异	
	要素筛选	比较性问题	针对具体问题对比要素对解决问题的影响程度筛选关键要素	
城市设计研讨	方案初期	开放性问题	安排课堂表演体会情境，组织学生对方案进行提问	
	方案深入	开放性问题	空间特色与品质的人文精神；场所感知与活力的人居营造；技术标准与规范的人本关怀	
	集体评图	开放性问题	组织集体评图，邀请当地居民参评，教师点评	

关注热点或行业发展动态相关的问题，目的是使实践教学与现实需求相结合，培养学生主动关注城市问题和思考规划应对的意识。2018 年，以既有住区的适老化为核心性问题，对西岗区香炉礁街道的工人村社区进行更新设计；2019 年，以当前居住社区存在的短板为核心性问题，对中山区民巷里社区进行调查与改造；2020 年，以站城一体化为核心性问题，对大连火车站及其周边地区进行更新改造。学生接到任务书后主要通过课外研修方式搜集和阅读关于核心性问题的资料，并在下次课上开展课堂讨论。在核心性问题框架下设计聚焦性问题，帮助学生从现状调研和上位规划解读中判断出基地所存在的主要问题。

第二阶段，总体层面研究。经过前面教学中对设计主题的铺垫和导入，针对确定的主要问题开展专题研究，通过典型案例借鉴，结合既有规划，从总体层面众多的影响因素中筛选出涉及解决问题的关键要素。设计比较性问题是本阶段问题设计的重点，目的是为了促进学生反思自己的初始回答，训练学生的追究式思维，提高学生思考的精确性和逻辑性，形成"专业知识——技术能力——设计实践"的认知网络。

典型案例分析教学中，教师先规定案例选取的原则，然后在选取了两个或多个精当案例的前提下，围绕城市设计手法，引导学生通过列表比较的方式横向或纵向探讨案例之间对相同问题处理体现出的具体设计手法的差异，分析产生差异的原因，并作出评价。

关键要素筛选探讨中，针对调研中梳理出的主要问题和设计目标，结合案例比较后的实践认知和既有规划，要求学生列出所有城市设计要素，通过要素对解决问题的影响程度的对比筛选关键要素。

第三阶段，城市设计研讨。围绕主要问题和关键要素，形成可行且能解决问题的目标后，开展具有针对性的城市设计，并通过多方参评的方式推进方案进度和效果。城市设计关注城市生活和行为规律，结合日常生活经验，设计开放性问题，开展对环境品质、人文关怀的探讨是本阶段问题设计的重点。

方案初期，安排课堂表演体会情境，要求学生分别扮演开发商、政府官员、普通市民和规划师，并结合不同角色的空间需求对方案进行提问，使学生在问答互动中体会不同利益诉求者干预下方案生成的不同。

随着设计的深入，对方案的探讨也从宏观布局深入到场所营造，空间特色与品质、场所感知与活力、技术标准与规范等内容如何切实满足使用者的需求成为问题设计的主题。设计研讨中，要求学生以生活场景的方式介绍自己的方案，避免以往设计仅注重审美经验而忽视实际使用的不足；方案生成后，要求学生对设计前后场所感知与活力营造效果进行对比；成果绘制中，教师根据主题选取 2~3 个与技术标准或制图规范相关的实践案例进行经验讨论，逐步规范学生绘图行为。

2. 代表性案例——大连火车站及其周边地区更新改造实践教学

2020 年，针对我国经济大循环下盘活存量土地的发展需要，以建设大连新生活片区的发展规划为契机，站城一体化为核心性问题，对大连火车站及其周边地区进行更新改造，研究范围面积 234 公顷，设计面积 20~30 公顷（表 2）。

城市问题调查阶段，将聚焦性问题分为感知性问题和验证性问题。初次调研布置"在初次走访中你感受到什么问题"的感知性问题。学生采取拍照的方式记录下感受到的城市问题，包括地区割裂问题、情感导向问题、专业判断与共识认知间的矛盾问题、门户景观问题等；针对感知问题拟定技术路线，通过深入调研和案例对比进行深度调研，并在课堂讨论中通过验证性问题，如"火车站造成的割裂孤立问题在上位规划中是否有回应""大分区带来的长距离交通是否确实令使用者不满"等，与上位规划、使用者真实需求比对验证感知性问题，并引导学生判断地区未来发展趋势和现存主要问题。

总体层面研究阶段，围绕城市问题调查阶段发现的问题，通过专题研究和案例比较的方式进行深入研究。一方面，学生从站域周边用地性质配比、站域核心区立体化布局等同一层面的横向比较对比了日本涩谷站、大阪站、东京站及其周边地区的城市设计手法；另一方面，学生从空间改造前后市民使用情况的纵向对比评价了天津火车站及其周边地区城市设计的优劣。根据实践认知和既有规划，总结主要问题，包括"如何处理双城空间格局的交通联系""如何落实城市风貌要素""如何综合现有人文节点""如何提高区域的可识别性"等。在此基础上，通过要素对解决问题的影响程度的对比筛选出"结构、活力、体验、特色、地标"5 个关键要素。

城市设计研讨阶段，学生根据城市问题调查中确定的主要问题和总体研究中确定的更新目标和关键要素，选取研究范围内 20~30 公顷的用地进行城市设计。方案研讨中，通过情境教学法，师生共同讨论了空间组织对使用者行为的影响，并要求学生以讲故事的方式介绍自己的方案；通过比较教学法，学生通过 Space syntax 对设计前后空间视域连接度进行比对，讨论场所感知与活力营造效果。成果绘制中，选取火车站站前广场设计规范要点、城市设计导则制图要点两个议题开展讨论。

四、教学实践效果

经过三年的教学改革与实践，教学的内容与安排在不断完善。通过学生作业效果比对和师生座谈方法来验证教学改革效果。从作业效果看，在教学不断强调问题意识培养的过程中，学生对问题的关注意识也在不断提高，伴随而来的提出主要问题的能力也在逐年上升。随着教学时间安排的不断完善，两门课程的衔接日趋合理，学生从问题提出到方案设计的过程也就更为顺畅。到 2020 年，已基本掌握从调查研究到方案提出的思维能力，而且随着把握问题能力的提高，方案与问题的关联也更为密切（表 3）。师生座谈调查结果也表明，围绕具体问题开展教学更易激发学生主动学习的兴趣。

2018~2020 年学生作业调查结果　　　　　　　　　　　　　　　　表 3

项目	优			良			一般		
	2018#	2019*	2020◎	2018	2019	2020	2018	2019	2020
提取出主要问题	14.3%	20%	65.5%	14.3%	30%	37.5%	71.4%	50%	0
方案与问题的关联	28.6%	20%	65.5%	42.9%	50%	37.5%	28.6%	30%	0
对问题的解决	28.6%	30%	37.5%	28.6%	50%	37.5%	42.9%	20%	25%

注：# 2018 年参与课程 19 人，分 7 组；*2019 年参与课程 23 人，分 10 组；◎ 2020 年参与课程 36 人，分 8 组

此外，在教学团队建设和教材建设方面也取得一定成效。教学团队建设方面，组织了环境行为学、城市社会学、城市规划管理与方法方向的教师共同参与城市问题调查教学，丰富方法论教学内容，提升学生分析问题的能力；组织实践经验丰富的教师参与规划设计指导，开拓学生思路，提高学生解决问题的能力。教案建设方面，重新编制了教学大纲和教案，并借助超星平台拓展了网络教学资料案例库、法规库等，并根据每年选题的变化和行业发展情况及时补充或修订，实现课程全套资源上网，课堂面授与网上教学相结合。

然而，由于每年生源不同，学生基本功存在差异，城市设计技能的整体提升不会一蹴而就。同时，因选题多为假题真作，教学又缺乏与实际管理部门的互动，学生对问题的认识也会存在理想化和片面化的问题。此外，由于疫情影响，市民参评环节及其效果没能在实践教学中得到很好应用与检验。虽然在前期调研中学生通过访谈或问卷方式能提高社会认知，但无论是现场调查还是多方参评，就教学而言，市民自身素养也会对学生启发和方案评判产生影响。这些不足之处，还需在今后的教学过程中作进一步研究。

参考文献

[1] 金广君.当代城市设计创作指南 [M].中国建筑工业出版社，2015：27.
[2] 段进，季松.问题导向型总体城市设计方法研究 [J].城市规划，2015，39（7）：56-62+86.

图表来源

本文图表均由作者自绘

作者：钱芳，博士，大连理工大学建筑与艺术学院讲师，硕士研究生导师；陆伟（通讯作者），大连理工大学建筑与艺术学院教授，硕士/博士研究生导师；蔡军，大连理工大学建筑与艺术学院教授，硕士/博士研究生导师；孙佩锦，大连理工大学建筑与艺术学院讲师

基于研究—实践型创新人才培养的《外国建筑史》课程教学改革

童乔慧　胡嘉渝

Teaching Reform of History of World Architecture Course Based on the Cultivation of Research Practice Innovative Talents

■ 摘要：《外国建筑史》是建筑学的一门必修课程，当今建筑史教师需要解决的问题是如何顺应时代潮流，充分利用信息化的各项技术，使学生认知文化的差异性，培养学生多元和包容的建筑思想，从而帮助学生树立正确的建筑史观。武汉大学《外国建筑史》课程在教学中，根据其教学与实践现状，对学生创新能力、自主研究教学模式以及综合实践教学内容方面进行了探索，积极开展基于实践—研究型的创新人才培养模式，在课程的教学方法上进行了多项改革措施。

■ 关键词：外国建筑史；教学改革；研究—实践型；创新人才培养

Abstract：The History of World Architecture is a compulsory course in architecture. Today's teachers of architectural history need to solve the problem of how to comply with the trend of the times, make full use of information technology, make students understand the differences of different cultures, cultivate diverse and inclusive architectural ideas, so as to cultivate students to establish a correct view of architectural history. According to the current situation of teaching and practice in the course of history of foreign architecture in Wuhan University, this paper explores the students' innovative ability, independent research teaching mode and comprehensive practice teaching content, actively develops the innovative talent mode based on practice research, and carries out a number of reform measures in the teaching method of the course.

Keywords：history of world architecture, teaching reform, research pratice, cultivation of innovative talents

一、外国建筑史课程的建设发展历程

《外国建筑史》课程从2004年至今一直都是武汉大学建筑学专业的必修课程。每年开设一次，课程开设在春季，课时为54学时。2012年由于本科生培养方案调整，由春季改为秋季，一直持续到现在。2019年由于本科生培养方案再次调整，外国建筑史课程改为现今的48学时。近年来由于国际交流的需要，在建筑史教学的师资配备上，通过引进优秀专业人才，形成新老结合的优势，并形成团队，师资力量得到进一步加强。

武汉大学《外国建筑史》课程在教学中，根据其教学与实践现状，对学生创新能力、自主研究教学模式以及综合实践教学内容方面进行了探索，积极开展基于实践—研究型的创新人才模式，在课程的教学方法上进行了多项改革措施，包括：强调感知体验与实践参与相结合；注重进行交叉学科的交流与合作；完善外国建筑史测评体系。在教学手段上，一是强调信息化手段应用，二是设置基于混合学习的翻转课堂模式，三是引入原版资料与双语教学，四是模型制作采用小组作品展示。这样的课程改革促进了学生的团队合作思想，鼓励学生走出课堂开展自主探究性学习，希望学生通过主动查找中英文资料理解历史建筑中的每一个构件在建筑中的作用，了解每个构件之间的连接，研究建筑演变的历史背景，进而理解历史建筑的设计风格和建造方式。课程改革对于学生提升创新能力、自主研究能力、激发学生的主动性和积极性、实践教学认知都起到了积极的促进作用。

二、外国建筑史教学面临的全新挑战

总体来看，目前的《外国建筑史》课程面临的主要问题表现在以下几个方面：一是从社会背景来看，信息高度发达，信息渠道多样，建筑史教学需要从一种叙述转向多元视角；二是从教学手段来看，多媒体辅助历史教学，以其庞大而精确的信息储存能力越来越显示出它无可比拟的优势，音频、动画、特效、音乐等丰富多彩的媒体教学可以实现听、视、触等多感官相结合，对学生的观察、想象、分析、推理能力的培养产生极大的作用；三是从教学对象来看，目前授课对象主要为00后大学生，他们与以往的大学生相比具有更鲜明的特点，获取信息和资讯的能力强大，在建筑史教学中重图轻文。如何生动有趣地再现历史、激发学生的学习兴趣，也是现在教师需要着重考虑的问题之一。[1]

建筑史是一个不断增长的学科体系，其内容随着时间的推移，建筑现象日趋复杂，建筑理论更迭日益迅速，新思想和新观念不断补充建筑史研究。因此本研究拟解决的主要问题是如何顺应时代潮流，结合专业特点培养基于实践—研究型的创新型人才；结合实践认知开展建筑历史教学；充分利用信息化技术使学生了解不同文化的差异，欣赏不同地域的建筑艺术之美，培养多元和包容的建筑思想，从而培养学生树立正确的建筑史观。

三、外国建筑史的课程教学改革

实施素质教育，改革教学方法，要打破教师一言堂的形式，提倡学生自学为主的方法，充分调动学生的积极性，培养他们的创新性思维。人才的创新精神是关乎民族生存和发展竞争的必备品质。我们实施素质教育，就是要培养学生的创新思维，培养创新人才。创新性思维不是在课堂里"教"出来的，而是培养出来的，学会自学应该是培养创新性思维的一种途径。因此《外国建筑史》在课程教学中进行了一些改革以提高学生自学能力，实现素质教育。武汉大学建筑系积极应对新时期的变化和需求，面对当代建筑学教育的发展和需求，揭示了建筑现象中深层的文化内涵和特征，从而提高学生们对于历史课程的热情，培养学生们理性思维和感性思维的集合，拉近学生与历史的距离。充分调动学生们学习历史的积极性，改变过去单纯死记硬背的学习方式，提高外国建筑史的教学质量。并试图将外国建筑史的各项知识点进行横向纵向的不同切面式的解释，使得学生对于各项知识点形成网格状的脑图，而不是孤立的单项知识点。同时，教学中结合最新的建筑思潮、设计作品和理论观点给学生以批判性的阐释。使学生在外国建筑史教学中对于各项知识不再觉得距离遥远，并能够和建筑学其他知识体系相结合，从而获得心理上的认知和感受，获得良好的教学效果。

1. 教学方法的改革

（1）感知体验与介入参与相结合

首先从内容上打破传统的建筑欣赏，强调中外建筑艺术的比较与关联分析，强调外国建筑史研究过程的批判精神，强调对建筑与环境的感知体验。因此，本课程结合地域文化特征，课程中结合武汉市的优秀建筑文化遗产进行阐释，以学生能够亲身感知的建筑艺术原型和范例作为教学材料和教学内容，将一部分课程放置在具有一定艺术价值的建筑实际场景之中，使得学生对建筑环境进行感知体验和实践认知，让学生通过融入建筑之中感知建筑的艺术价值。

（2）注重进行交叉学科的交流与合作

传统的外国建筑史课程中的图片多为二维的平面、立面或者剖面，教师结合二维图片讲解建筑内涵。本课程打破专业界限，一方面建筑学专业和计算机专业合作，利用计算机辅助指导历史教学；另一方面，建筑学专业和艺术学、哲学等专业进行交流和合作，拓展学生的研究视野，从多层面、多视角对西方建筑的相关内容进行互通互动研究，提高学生学习兴趣。

（3）引入原版的英文资料与国际学术接轨

《外国建筑史》的教材内容来自国外英文资料的翻译版，这对于外国建筑史的学习带来两个问题。一方面，英文资料经过翻译出版有时效性的滞后，不能及时更新前沿理论；另一方面，这些外国建筑史的知识术语只用中文表达，欠缺在学术上与国际接轨。本课程创新地将原版理论节选整理制作成课件，课件上的表述以英文为主，配以生僻单词的解释，强调关键词，而且图文并茂。我们每年会根据新的英文原版资料，对课件进行更新，力图紧跟前沿，与国际学术接轨。

（4）采用多元动态化外国建筑史测评体系

传统的外国建筑史测评方式多为一次性闭卷考试，这容易造成学生考前死记硬背，考后基本忘光的局面。课程改革中外国建筑史的测评体系分散到教学各个环节中，在教学内容上设置多种让学生参与教学的主动性环节。学生每堂课对于知识的掌握程度都被教师记载下来作为期末成绩的组成部分，同时模型制作占有较大的分值。这样期末的卷面考试的分值降低，同时考试方式采取PPT放映并在规定时间内切换图片，学生需要对图片内容进行快速反应，增加学生对于建筑案例的图形认知能力。

2．教学手段的创新

（1）信息化手段应用

"互联网＋"为外国建筑史课程提供了良好的网络环境和难得的便利条件。课程积极引进和使用信息化技术等现代化教学手段，采用以多媒体教学为主导、辅以线上微课的方法进行教学，激发学生对外国建筑史经典案例赏析的自觉性和积极性。同时在课堂上进行随堂小测验，学生通过网络答题并可以即时和老师进行互动，全体学生的答题结果即时展示在师生面前，这样可以检验本堂课的学习效率和知识掌握程度。学生通过网络答题对本次课程的重难点知识进行简短的回顾，教师通过学生的答题结果即时看到全体学生对本次课堂知识掌握的整体情况。微课和随堂测验可以构建基于互联网的教学管理、自主学习、互动交流的外国建筑史的学习平台。

（2）基于混合学习的翻转课堂模式

《外国建筑史》课程在课堂教学上，一方面采用传统课堂教学模式，另一方面又引进了混合学习的翻转课堂教学。教师把面对面的课堂教学和基于网络的在线学习模式混合，既有系统的理论传授，又有学生上讲台分享研究成果。通过小组合作、组间竞赛、头脑风暴等形式让学习者在活动中学习知识。在翻转课堂学习中始终要强调教师为主导、学生为主体，并定期对学生的过程性学习进行评价。这样教师由传统课堂上知识的传授者变成了学习的促进者和指导者，学生自主学习与教师主导教学相结合，有效提高了学生参与学习的积极性。

（3）模型制作小组作品展示

传统建筑史课程中的图片一般为二维的平面、立面或者剖面，教师结合图片和语言讲解建筑信息。课程改革中引入三维的实体建筑模型辅助指导教学，讲解复杂的空间关系时，模型展示更加直观而具体。学生通过手工模型制作来学习建筑，有效提高建筑信息的传达效率，可以增加教学互动性，提高学生对于教学的参与度（图1、图2）。这样的课程改革鼓励学生走出课堂，走进图书馆，希望学生通过主动查找资料理解历史建筑中的细节构造，研究建筑演变的历史原因，进而弄清建筑节点的设计原理。外国建筑史课程在组织教学中，强调课堂上教师组织和引导学生通过协作学习、小组研讨等形式，体现了以学生为中心的教育理念。课程通过全局把控、兴趣点引导、学生课题意识、课题小组的形成把握学习效果。一方面教师进行传统的大班授课，另一方面注重小班研讨并定期进行小组作品展示。小组展示需要学生走上讲台向其他同学介绍自己团队的作品、特色和设计思路，这不仅锻炼了学生的语言表达能力，也使他们认识到课堂掌控的重要性。同时观看其他小组的作品展示也可以开拓自己的思路，取长补短，共同提升。学生非常乐于分享他们的制作过程，每次汇报过程充满了欢声笑语（图3、图4）。

（4）双语教学方法的探索

《外国建筑史》是比较适合采用双语教学的建筑专业课程，双语教学是培养学生创新能力的有效途径。选用原版英文资料，用中、英文双语的方式授课，可以减少翻译过程中的一些干扰因素，让学生直接接触与国际接轨的学术术语与理论，

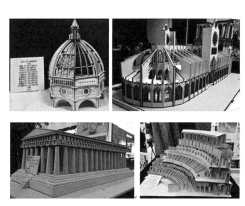

图1　学生手工制作的模型（1）

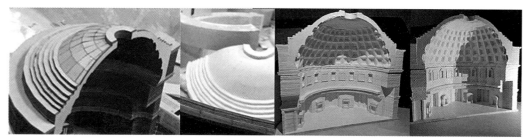

图2　学生手工制作的模型（2）

图3　学生和模型合影

图4　制作模型过程

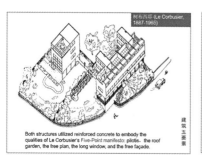

图5　双语教学课件示例

帮助他们更客观、更真实地理解外国建筑的设计与流变。武汉大学的学生整体英文水平较高，英语学习热情高涨，通过课堂双语教学，鼓励学生通过查询英文原版资料进行深入学习和探讨。

在实际授课中，双语教学分为以下几个部分：课件以英文为主，但不是原版的大段英文，而是经过整理的条理化句子，将重点知识和术语加粗变色，将个别生僻单词加上解释，课件中还可插入英文的视频资料（图5）。授课时中英文交替进行，尤其是关键术语的中英文都需要学生掌握。播放原版的视频资料时，需要先讲授重点的术语以及学术观点的中文意思，再引导学生理解英文解说。加强课后学习和知识拓宽，引导学生查阅英文原版资料，并用英文完成案例分析。同时，在双语教学中教师不断提升自己，每年会根据新的英文原版资料对课件进行更新，力图紧跟前沿，与国际学术接轨，时刻保持科研的时效性和领先性，激发学生的创造性思维。

四、结语

通过《外国建筑史》课程的学习，学生不仅能学到理论知识，也能拓宽研究视野，通过系列实践感知业界的最新动态。外国建筑史课程将相关教学改革内容贯穿到建筑学专业的五年制建筑历史理论教学体系中，通过十多年的教学改革实践探索，引导学生在课后积极思考和探索各个感兴趣的知识点，引导他们培养建筑历史理论学习的兴趣，增强学生的自学意识，提高学生的创新性思维，促进创新性人才的培养和现代建筑学教育的发展。

从学生的角度而言，学生们对外国建筑史的课程评教反响很好。学生评教意见摘录如下：①亮点：通过做模型方式增进学生对典型建筑的了解，讲课内容简练清晰、条理分明；②结合自身经历，见多识广，讲课风趣幽默，结合多媒体资源传授，让课堂氛围十分活跃；③系统性、结构性地介绍了外国建筑的发展流派与动向；④老师上课认真负责，同学们认真参与课堂学习；⑤老师带我们走进了特别奇妙的建筑世界；⑥老师授课内容充实，生动有趣；⑦内容详尽，上课引人入胜。同时，每年学生们通过该课程的学习并在教师指导下参与相关大学生创新创业项目。

从教师的角度而言，教师通过《外国建筑史》的教学积极促使自身阅读更多的原著或者实地调研，并进行相关的研究，发表相关研究型论文，这样才能使得建筑史教学取得较好的效果。教学对即时科研成果的吸纳，还体现于教学与科研的融合，从而实现科研和教学的互动。[2]长年不懈的科学研究，使教师更具理性和思辨性，文学表达能力和理论研究能力大为提高，善于发现研究问题。这样的教研相融使得教师的课程讲解更融会贯通，增强学生对于各个知识点的深入理解。这也正是"教学相长"一词的真正涵义。

参考文献

[1] 童乔慧，李洋.研究先行，求真致用——外国建筑史教学探索研究[J]建筑与文化，2017（2）：76-78.

[2] 天津大学建筑学院中国建筑史教学组.历时性与共时性的有机结合——中国建筑史课程教学改革刍议[J].建筑学报，2005(12)：27-29.

作者：童乔慧，武汉大学城市设计学院建筑学系教授；胡嘉渝（通讯作者），武汉大学城市设计学院建筑学系副教授

应用型高校《建筑设计原理1》双语教学的探索

赵 前 胡子奕

An Exploration on Bilingual Teaching of Principles of Architectural Design 1 in Application-Oriented Universities

■ **摘要:**随着社会对高素质应用型人才培养的迫切需要，双语教学在上海高校得到大力推广。在此背景下，作为建筑学专业重要的基础理论课，《建筑设计原理1》在教学中依托建筑设计分析，充分利用网络建构开放的教学系统，引导学生进行探究式的学习，激发学生的专业学习兴趣，培养学生的自主学习能力。通过本课程的双语学习，学生对课程的理论内容有了更深刻的认识和思考。

■ **关键词:** 应用型高校；建筑设计原理1；设计分析；探究式学习；双语教学

Abstract : With the urgent need to cultivating high-quality applied talents, bilingual teaching has been promoted in Shanghai universities. As an important basic theory course for architecture majors, the course Principles of Architectural Design 1 focuses on architectural design analysis in teaching and makes full use of the network to construct an open teaching system; guides students to conduct hands-on inquiry-based learning; stimulates students´ interests in professional knowledge; and enhances the ability of students´ autonomous learning ability. Through the bilingual study of this course, students have a deeper understanding and thinking of the theoretical content of the course.

Keywords : application-oriented college, principles of architectural design 1, design analysis, hands-on inquiry based learning, bilingual teaching

一、《建筑设计原理1》教学改革的背景

1. 原有课程中存在的问题

  《建筑设计原理1》是建筑学专业中一门重要的基础理论课，共32学时，在培养计划中设置在第3学期，即二年级第一学期。我系自2009年建系以来，《建筑设计原理1》一直遵循传统的教学模式，教学框架以建筑的类型来划分，教学内容以住宅建筑设计和小型公共建

基金项目: 上海市重点课程建设项目 (项目编号: 33110M201011—A22)

筑设计原理为主，按照建筑规模大小和技术复杂程度递进，使学生掌握不同类型建筑设计的特点和方法。虽然通过这种类型化的学习，学生也可以学会某几类建筑的设计，但是这种大而广、大而全、看似系统的教学方法，使学生观察问题、思考问题的角度难以优化提升。

同时，由于原来的教学模式完全以教师为中心，学生被动接受灌输的知识，因而理解不透彻。这种单一的教学模式往往让学生缺乏学习的兴趣，课堂上不听讲的现象也较普遍。此外，教材不合时宜，教学内容宽泛，针对性不强，而学生在设计过程中面临的挑战又往往是具体的设计手法和设计原则，传统教材所提供的宏观的理论支持难以满足学生需要。

2.应用型高校大力推广双语教学及其对本课程的影响

根据国内已有研究成果，高校双语教学主要指教师运用汉语和一门外语（主要是英语）或者只用外语（主要是英语）来进行非语言类学科的教学；学习者以外语（主要是英语）作为学习媒介和手段来同时获取专业知识和外语技能。[1] 作为一所以应用型、技术型科学研究为导向的上海地方高校，我校近几年开始大力推动课程的双语教学模式，力图培养出更多优秀的复合型专业人才。由于地处上海，我校势必要为这个国际化都市的经济发展服务。可见，双语教学是应用型本科人才培养模式改革的重要环节之一，也是高素质应用型人才培养的迫切需要。

另外，从近年来国内以清华大学、同济大学和东南大学为首的高校在建筑学教育改革上所取得的成就来看，建筑教育与国际接轨已成为大趋势，教学重心则倾向于培养有创造力和实操能力的建筑学专业人才。就我校而言，建筑学专业近

七年一直与匈牙利佩奇大学展开"3+2"的合作交流，还组织学生积极参加本专业的国际学生技能竞赛，鼓励学生获得国际交流实习的岗位，在开拓学生国际视野方面做出了有益的探索。从这个角度来看，建筑学专业在教学中应该为这些国际交流与合作提供支持。在教学研究中，可以发现西方建筑学专业的教材编写更有针对性，对建筑设计原理的阐述和原则的分析更加实用高效，也更能激发学生的兴趣，因此《建筑设计原理1》采用双语教学也势在必行。

二、《建筑设计原理1》教学改革的要点

1.重新编写教学大纲，重构教学框架

2016年，我系编写新一轮的教学大纲，将不同建筑类型的设计原理纳入相应的设计课中，《建筑设计原理1》突破原来的教学框架，从建筑学的本质和核心问题出发，为建筑设计课提供理性而系统的理论支持（图1）。其目的是辅助实际的建筑设计操作，帮助学生建立建筑设计的思维方法、工作方法和表达方式，使学生可以在建筑设计的过程中解决一些共性的问题。教学大纲将学生需要掌握的知识要点归纳成五个授课专题：空间与功能、形式的逻辑、材质与建构、图解概念、案例分析，前四个专题的授课模式以教师讲授为主，最后的案例分析以学生为中心。结合各个专题下的要素和建筑设计课的课题，以某一种建筑类型的图解分析为载体进行相关知识的融会贯通，从而提升学生的专业素养。

2.结合双语教学，优化教材，建构开放的教学系统

在教材的选用上，教师除了个别专题使用固定教材外，大多数专题会跟踪学科前沿并发给学生一手资料，推荐需要阅读的参考书籍，分享各

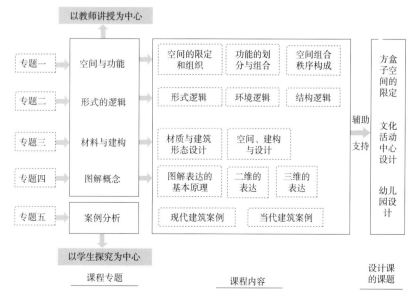

图1 《建筑设计原理1》课程架构

种网络资源。这些资料和参考书中有英文原版资料，也有中英文版的可以对照阅读的资料，既满足双语学习的要求，也紧跟学科前沿发展，开拓学生视野。除了在各个专题，结合基础理论分析五位建筑大师的经典作品外，对学生非常感兴趣但又缺乏相应理论引导的当代建筑大师，如库哈斯、卒姆托、屈米、埃森曼等，也在课程专题中给予适当分析。

由于现代信息社会的教学模式不仅关注对学习者与教学内容进行分析，对教学资源进行设计与开发，更关注借助互联网等信息技术和有效的沟通机制在一个开放的环境中创设问题情境、提供外部信息资源和智力支持。[2] 在《建筑设计原理1》的双语教学中，师生采用了不同形式的信息技术以达到多维度的、变抽象为具体的学习目标，使课堂变得更加直观、感性、生动。课堂上播放的教学视频一般针对某个特定主题，长度20分钟以内，或者让学生课下观看模仿，方便学生在双语学习过程中，反复听，不断思考，并做笔记，有助于学生的自主学习。其次，双语教学还通过网易公开课、学堂在线等学习平台获得更优质的教学资源，通过雨课堂、腾讯会议等软件开展灵活的课内外学习，进行创新的师生互动，详尽的教学数据分析，从而使教学在深度和广度上均得到前所未有的拓展。

此外，应用型高校的目标不只是培养有就业能力的毕业生，还要使学生具备终身学习所必需的可转移的技能。当下，技术的进步和创新已使知识的获取超越了教室的时间和空间限定，学校也不再是人们寻求新知识的唯一场所，这种传统学习模式的转变促使高校要加大对学生终身学习能力的培养力度。帮助学生认识和规范自己的课外学习，特别是在没有学校系统的指导或支持的情况下，教会学生判断学什么、在哪里学，显然要比学习的具体内容更为重要。[3]

3. 依托设计分析，局部采取以学生为中心的教学模式

设计分析是寻觅、理解并表达出一个设计的主导概念、结构逻辑和过程逻辑，进而呈现设计中最关键特征的专业工作，其实质是一种设计解读，是创造的逆过程，也是对设计自身的一种追溯，一种从设计的结果出发倒推其过程逻辑的"反设计"。[4] 自现代时期以来，设计分析逐渐成为建筑设计研究与教学中重要的一环，尤其是20世纪60年代后，随着德州骑警（Taxes Rangers，1951~1958年）将其作为教学中一项基本的策略方法推而广之，现代建筑的空间透明性、组织的层级等设计策略得以揭示。

设计分析与解读在教学中的应用，首先要注意分析的目的，因为目的决定案例的选择和洞察

的视角以及分析的方式；其次，案例选择要与学生的认知水平和分析目的相符合；再次，视角不同，形成的分析方法也不同，要根据教学目标和教学阶段合理选择分析方法；最后，设计分析过程中，需理清从宏观到微观的梯级关系，分层剥离，理性定位分析对象所处的梯级。

案例分析这一专题采取以学生为中心的教学模式。这一模式是指教师把学生作为教学中的主体，一切从学生的角度出发，为学生的学习、收获和发展来设置教学内容，选择教学方法、教学环境、教学资源、教学评价方式等。[5] 这也正是《关于引导部分地方普通本科高校向应用型转变的指导意见》中所强调的内容，即创新应用型、技术技能型人才培养模式应扩大学生的学习自主权，实施以学生为中心的启发式、合作式、参与式的教学。[6] 这种模式不仅可以方便学生根据自己的情况灵活安排基础知识的学习时间和进度，而且教师还可以将面对面教学的时间集中用于相关的关键问题和任务上，以便高效地达到学习目标，同时还可利用上课时间检验并确保学生理解学习的内容。[7]

《建筑设计原理1》的案例分析贯穿课程各专题，此外，还有专门的以学生为中心的设计分析专题，它虽处于课程后1/4的阶段，但课程开始前就提前发放了学习资料，便于学生课下自己先行学习，通过合理分组，小组成员合作完成一个经典案例（或研究主题）的深度分析，并在后期课堂上汇报分析的成果，这一阶段减少教师讲授，增加学生学习和活动的时间。这种局部以学生为中心的教学模式，其本质实际上是暂时将"教"从核心位置剔除，换成学生的"学"，让学生自己去发现和创造知识，教师发挥其指导调节和控制的作用。[8]

三、《建筑设计原理1》双语教学的操作程序

对从小接受应试教育的教师和学生而言，双语教学的挑战主要表现为：教师不仅要用专业地道的英语表达传授丰富的专业知识，还要梳理辨别国外教学内容与国内该课程专业知识的异同，并恰当地结合两者的特点。学生要有综合运用英语的能力以保证对教学内容的认知、理解和运用。在这次双语教学中，具体的教学操作如下（图2）：

1. 课前准备

在课前，教师需要提前了解学生的特点，这样可以方便教师因材施教，学生有效地学习知识。笔者通过线上问卷调查、线下访谈等方式，对学生的英语水平与能力、学科相关基础知识的掌握情况、对双语课程的兴趣和态度、对英文原版教材的接受程度等相关方面进行调查，而后进一步制定教学方案。教师还应在这一阶段教会学生使

用现代的信息技术以检索英文文献、电子学习资源等，了解本学科的最新动态，提高学生探索的主动性。

在《建筑设计原理1》双语教学中，教师用3/4的课时（24课时）课上讲授建筑设计的基本原理和理论，1/4的课时（8课时）以学生为中心，以组为单位汇报研究所得。在以教师为主的阶段，学生除了课上听课外，课下要阅读提前发放的经典作品案例分析的文献资料，且分工完成翻译，尽可能多地检索和案例相关的视频、建模、论文等资料，多维度地理解建筑设计。教师要批改学生的翻译，以保证学生正确理解英文教材的内容，并通过微信及时地把意见反馈给学生，督促他们根据阅读所得以及课程前期的理论积累，绘制建筑作品的分析图（每人独立完成），并制作汇报用的PPT（合作完成），以便在以学生为主的课堂上把每组的案例研究所得分享给全体同学，从而提高整体的学习效率。

考虑到我系建筑学专业师资数量非常有限，所以不便根据学生的专业英语成绩进行筛选再确定授课学生。为了使《建筑设计原理1》双语教学顺利进行，教师让学生自愿组成互助学习小组，每组人数3~4人，每组至少有一位英语六级及格的同学，确保每组整体的英语水平均衡，并在Excel表格中详细列出，经教师审核方能通过，根据学习内容不同，每年会有10多个小组，每组承担一个建筑案例的分析。

面对双语课的挑战，教师在语言上的准备既要重视长期的学习与提高，也要充分利用短期的交流与合作。2014~2015年，笔者前往美国作为期一年的访问学者，曾在圣路易斯华盛顿大学建筑系旁听了本科课程 Case Studies in 20th-Century Architecture 和 Concepts and Principles of Architecture I、研究生课程 The Architecture of Le Corbusier，收集了相关的教学资料，掌握了大部分建筑设计基本原理及方法的英语表达。随后，我以这三门全英文课程的学习为基础，构想出在我系进行《建筑设计原理1》双语课程建设的思路：划分学生的学习小组——选定英文原版教材——制定教学计划、选定教学模式——实施双语教学——教学评价——整理教学成果。2013~2015年，笔者和教学团队的教师一起翻译出版了学术著作《建筑理论导读：从1968年到现在》，掌握了西方当代建筑理论的基本内容及其英文表达。2016年回国后，我参加了我校与美国蒙特克莱尔州立大学合作举办的第一期教师全英文授课英语培训班，在英文学习、教学方法和手段方面有了进一步的提高。

2．课堂教学

教师在课堂上要营造教学情境，引导学生建立主体意识。为了做到1/4课时中以学生为中心，在前3/4的课时中就要逐渐培养学生的主体意识，而合理的情境导入是激发学生主体意识最重要的一点。[5]在教学情境的营造中，教师采用了两种方法来创造情境：一是联系学生曾经做过的建筑设计作业创造适当的情境，让学生从熟悉的、自身已有的经历出发理解大师作品；二是利用"提出问题—解决问题"来营造探究式的学习情境，让学生带着问题走进建筑大师作品的分析。在解读勒·柯布西耶、路斯和赖特的住宅空间设计时，教师让学生联系自己做过的住宅设计来理解大师的创作理念、空间处理、平面布局、立面构图与比例控制等。在分析赖特的建筑作品时，有的学生会提出问题：赖特是如何在不同尺度的设计（灯饰、座椅和建筑）中表现出相似的创作倾向的？学生会在阅读文献资料、描画赖特的设计作品的

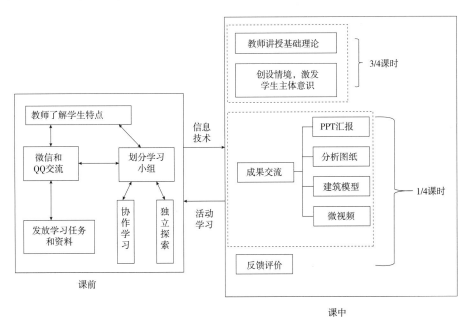

图2 《建筑设计原理1》双语教学的操作程序

过程中找到答案。这一过程较好地激发了学生的探究热情，引导他们自主地参与到学习任务中。

《建筑设计原理1》双语教学中，局部以学生为中心的教学模式就是在1/4课时中让学生有更多学习、交流和活动的时间，教师主要辅助学生完成任务，并给予相应的引导和评价。这一阶段教师将从前课堂讲授的内容移植到课下，在不减少应有教学内容的基础上，增强课堂中学生的交互性。[10]双语教学对学生的英语听、说、读、写能力要求较高，为了兼顾绝大多数学生的英语水平，在该课程双语教学的四年中，经历了两个渐进的阶段：第一个阶段是"英文教材+中文自行翻译（学生翻译，教师批改）——中文授课"的形式；第二个阶段是部分采用"教材中英文对照（来自上一年的积累）——双语授课"，部分采用"英文教材+中文自行翻译（学生翻译，教师批改）——中文授课"。

就设计分析这一专题而言，这四年中，师生主要学习了四本以作品分析为核心的原版教材。通过深度阅读大师的建筑设计作品将有效地帮助学生更好地理解建筑设计的基本原理，并提供给学生一种独特的理解建筑策略中的基本原则和理念的途径，这些都将有效地帮助学生提高自身的设计能力和分析能力。同时，也让学生明确建筑设计不能仅仅关注于建筑的形式和时尚，更重要的是关注建筑的传统、场所的营造以及人本身的体验等。学生将在阅读英文文献的基础上，针对设计方案和设计思想展开分析及讲演。设计分析的角度涵盖了从空间、功能、形式逻辑、环境逻辑、结构逻辑到材质和建构等。学生在教师的指导下将提高以图示语言进行分析的水平，最终学生通过小组合作完成一个建筑作品（或研究主题）的分析和演讲（以中文汇报为主，个别学生可以英文汇报），设计分析图则由每个学生独立完成。

在学习 Le Corbusier: An Analysis of Form 时，教师带领学生通过一边阅读这本外文教材，一边对勒·柯布西耶的经典住宅作品进行了图解式的、深层次的分析与比较（图3）。通过研究柯布西耶对比例和控制线的运用，学生掌握了如何在使用抽象的几何设计手法时又避免设计的任意性；通过分析柯布西耶建筑空间处理的透明性，训练学生观察建筑的角度，并引发学生对建筑本质的思考，同时也帮助学生建立起正确的设计观和建筑观，为未来的建筑设计提供有价值的思考方法和策略。

在学习 Frank Lloyd Wright: Between Principle and Form（即2018年出版的中文译本《在原理与形式之间：解读赖特的建筑》）时，学生课

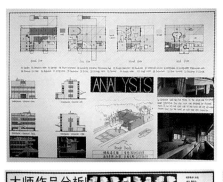

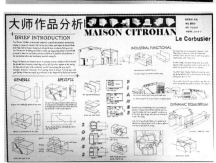
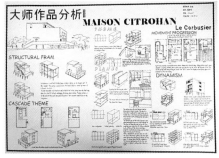
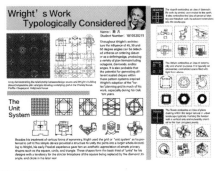
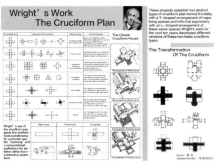

图3 案例分析图学生作业

下用书中总结的建筑类型和原理分析赖特的其他建筑，打破了过去流于建筑形式表面的理解，课上师生针对研究的内容进行交流，并对关键知识点和难点进行讨论，在建筑设计方法上有了进一步的提高。这种探究式的学习是一种深度的参与，师生致力于解决有意义的问题，而不仅仅是"繁忙的工作"。[11]这样的教学相长和逐年巩固积累的模式使得师生受益很大，不仅拓宽了专业学习的视野，而且也真正将英语运用于实践中。

四、《建筑设计原理1》双语教学的综合评价

综合评价的目的是将课下的各种学习思考、交流活动整合在一起，并以具有挑战性的任务呈现出来，随之产生的是具有创造力的新的模式。在《建筑设计原理1》的双语教学中，综合评价是必不可少的一步。这一阶段考核的是学生对理论知识的理解和实际应用能力，也可以看出教学中存在的问题。一方面，学生通过学习汇报、自我评价、小组互评对整个学习过程和学习成果进行评价和反思；另一方面，该课程还将全英文的作品分析图作为检验学生学习效果的主要依据。在前期理论学习的基础上，学生将阅读材料中的文本分析创造性地转换为图形的抽象分析，这是最高水平的认知学习的结果。此外，在综合评价阶段，当学生表达自己对知识的理解时，教师和其他学生也会根据自身对知识的理解对其进行评价，在这种反复的交流碰撞中，逐步完善个人的知识内化过程。

由教学实践得出，这种前期以教师为主、后期局部以学生为主的教学模式不仅可以帮助学生建立起较系统的知识框架，引导学生紧跟学术前沿，而且也方便学生根据自己的情况灵活安排学习时间和进度，同时也有助于教师将面对面教学的时间集中用于解决关键问题、完成核心任务上，教师还可以利用上课时间检验并确保学生理解学习内容。在此基础上，课程将全英文的设计分析图作为检验学生学习效果的依据。

与传统的课堂教学相比，这种混合的教学模式可以让学生在课堂上有更多的时间进行探究性学习和更高级的解决关键问题的活动。在这种学习环境中获得的技能所带来的好处远远超过传统教学模式。[12]经过四年的双语教学探索，在已有经验基础上，本课程成功申请了校级的全英文课程建设，期待不断经过实践的修正，课程日趋完善，推动学生提升、教师成长和课程发展。

参考文献

[1] 孔得伟，刘琪，梁顺攀. 高校双语教学模式新思路探究 [J]. 教学研究. 2019.1：68.

[2] Love B，Hodge A，Corritore C & Ernst D C (2015) Inquiry-based learning and the flipped classroom model [J]. PRIMUS，25(8)：748.

[3] Kraut G L (2015) Inverting an introductory statistics classroom [J].PRIMUS，25：8，683.

[4] 韩冬青. 分析作为一种学习设计的方法. 建筑师. 2007 (2)：5.

[5] 同 [1]：72.

[6] 《关于引导部分地方普通本科高校向应用型转变的指导意见》[Z]. 2015-10.

[7] 同 [2]：749.

[8] 谈多娇. 高等学校双语教学的关键环节 [J]. 教育研究 2010.10：91-94.

[9] 韩春宏. 防止学生"被主体化"的三种策略. 广西教育. 2013 (18)：20.

[10] 张金磊，王颖，张宝辉. 翻转课堂教学模式研究 [J]. 远程教育. 2012.4：47.

[11] 同 [3]：747.

[12] SHIH H J& HUANG S C (2020)：EFL learners' metacognitive development in flipped learning：a comparative study [J]. Interactive Learning Environments，2020.2：1.

图片来源

图1、图2：作者自绘
图3：本课程的学生作业

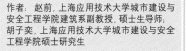
作者：赵前，上海应用技术大学城市建设与安全工程学院建筑系副教授，硕士生导师；胡子奕，上海应用技术大学城市建设与安全工程学院硕士研究生

拓展能力和交流的边界

——记2020东南·中国建筑新人赛

王海宁　张　嵩

Expand the Boundary of Ability and Communication—Review of the 2020 Competition of China Architectural Rookies at Southeast University

■ 摘要：在疫情影响下2020"东南·中国建筑新人赛"在赛事组织方面做出积极调整，通过网站建设和学术活动的组织，充分发挥网络传播力，促进了选手、评委、主办方乃至学术界之间的互动，扩大了赛事影响力。同时，作者对线上、线下赛事活动之间的差异性、线上学术交流的局限性以及改进方式进行了探讨，并对互联网＋教育时代中，建筑学教育特有的交流和表达方式进行了思考。

■ 关键词：东南·中国建筑新人赛；互联网＋教育；赛事组织

Abstract：Under the impact of COVID-19, the 2020 Chinese Contest of Rookies′ Award for Architecture Students which hosted by Southeast University made positive adjustments in the organization. The influence of the event increased with the construction of the website and the organization of academic activities. The interaction between the players, judges, organizer and even the academic community became tighter. Some topics were discussed such as the differences between online and offline events, the limitations of online academic exchanges and the ways to improve them. How to improve the unique communication and expression mode of architecture education were also considered.

Keywords：the Chinese contest of Rookies′ award for architecture students, online education, event organization

2020年是"东南·中国建筑新人赛"举办的第八年。这项赛事在建立之初，其目标就不只是学生个人作品的评选比赛，而是给一至三年级学生提供一个开放的平台，让建筑新人们分享设计理念及作品，积极参与各项活动，充分交流互动。国内建筑院校的广泛参与也让新人赛成为院校间教学成果及教案交流的窗口。另外，东南·中国建筑新人赛与亚洲新人赛有着密切联系，优秀作品将选送至亚洲新人赛参赛，也成为中国学生在亚洲建筑学界展示自己的一个契机。

一、赛事数据分析

同往年一样，本次东南·中国建筑新人赛获得了同学们的积极响应，一共吸引了全国 28 个省市和地区、124 所高校的同学参赛，相较去年的 110 所高校增加了 12.73%。共计收到 2051 份初赛作品，相较去年的 1493 份增加了 37.37%。由来自国内 41 个建筑院校的 137 位评委进行初评，选出百强作品。作品数量取得如此大的增长，也从侧面反映出，处在新冠疫情的阴影下，同学们愈加渴望交流和积极进取的心态。

针对提交作品情况的大数据分析显示[①]，提交作品中，江苏省位居作品数量榜首，共提交了 259 份作品；山东省和天津市分别以 226 和 200 份的作品数量位列第二和第三；陕西省、北京市分别位列第四和第五（图 1）。

学校方面，西安建筑科技大学一共提交了 141 份作品，位列第一；东南大学和天津大学以 126 份和 106 份分别位居第二和第三；哈尔滨工业大学 91 份，位列第四；山东建筑大学 81 份，位列第五；河北工业大学、北京建筑大学分别以 71 份、66 份位列第六、七名；重庆大学和郑州大学以 61 份并列第八名。

近三年入选百强作品的年级比例方面，2018 年度：一年级占 15%，二年级占 26%，三年级占 59%。2019 年度：一年级占 20%，二年级占 33%，三年级占 47%。2020 年度：一年级占 19%，二年级占 39%，三年级占 42%。可见虽然三年级作品会在成熟度、丰富性、表现力等方面更胜一筹，但一、二年级的作业整体水平呈现出逐年提升的趋势。

二、疫情之下的赛事组织

疫情之下，2020 年赛事在流程组织、选手工作方式以及答辩交流方式等方面都呈现出与往年相当大的差别。东南·中国建筑新人赛的一个重要目标在于增加各院校建筑"新人"之间的交流互动，因此在往年，优秀作品展览、选手参观交流、与业界大咖评委们面对面进行答辩，以及讲座和颁奖仪式，都是赛事一贯重视并精心安排的活动，希望能通过强烈的仪式感来激励新人们前行。而今年这些原本安排在线下的活动只能通过线上进行，也为赛事组织带来很大困难，组委会因此对赛事的组织安排进行了诸多调整。

在硬件方面，经过多年的实践和运作，东南·中国建筑新人赛网站（http://www.archirookies.com/）建设已趋成熟，提交作品的流程以及作品展示页面愈加完善，网站容量也进行了扩容，除了用来上传参赛作品，还在线上长期展出百强作品。虽然现场感稍有欠缺，但线上作品展的优点也是显而易见的，往年在东南大学展出百强作品，只能现场参观，而线上展览能够突破时空限制，所有访问网站的人均能观展，作品能够被长期保留以便随时回顾。在一定程度上，新人赛网站成为各建筑院校间教学交流和展示的平台，从而扩大了赛事的影响力。

为密切选手与赛事的联系，组委会举办了实体模型制作线上工作营，百强选手与东南大学建筑学院的低年级同学共同参与了学习，并能够与教师、客座讲师交流互动。在决赛答辩环节，为改善网上答辩信息交流不够顺畅等问题，主办方安排了来自东南大学建筑学院的学生志愿者们与十六强选手进行一对一的答辩预演，共同优化方案介绍过程与技巧。这些举措拉近了选手与赛事的距离，体现出赛事对选手的全力支持。

2020 年 9 月 27 日，2020 东南·中国建筑新人赛总决赛如期进行，清华大学教授王路、东南大学教授鲍莉、内蒙古工业大学教授张鹏举、九城都市总建筑师张应鹏、都市实践创建合伙人王辉、沙溪源乡村合作中心理事长黄印武作为决赛

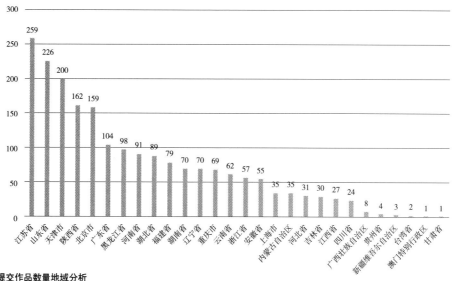

图 1　提交作品数量地域分析

阶段的评委，在线上对十六强选手的作品及答辩进行评判，投票选出前两名优秀作品。答辩过程通过腾讯会议对十六强选手开放。赛后评委们的精彩讲座则通过哔哩哔哩网站进行公开直播，直播时收看人数逾千，大大超出往年现场听讲座的人数（图2）。

赛后，为弥补选手们不能到现场的遗憾，组委会通过邮寄的方式，将奖品和志愿者设计的文创产品送至选手、评委们手中，留下长久的纪念。通过这些举措，希望能在疫情的阴影和限制之下，仍然尽可能地保留在赛事中参赛者与评委、志愿者之间的交流互动和热情温暖的氛围。

三、拓展能力和交流的边界——新常态下的反思

工作方式和交流媒介的改变不仅仅是疫情下的无奈选择，事实上随着国际合作越来越密切，业主、设计师及工作伙伴往往会身处不同的国家或地区，相互间的讨论、协作通过线上会议来进行。这种工作方式本已初见端倪，只是因为疫情的关系，提前导致了它的广泛发生。而慕课（MOOC）

的兴起也预示着今后"互联网＋教育"将成为常态。这些都让我们意识到，现在正是一个改变的契机，建筑学原有的教学方式和手段需要及时调整，以适应这种新常态，而如果我们主动去拥抱新技术和新媒介，就能够拓展能力和交流的边界。

线上与线下的教学和交流最明显的差别在于，相对于线下师生面对面，线上传递的信息会发生很大损失，因此也对设计者的作品表现力、表达策略以及沟通能力提出了更高要求。在往年，百强选手及评委在决赛阶段需要亲身来到东南大学，面对面进行作品展示和答辩。参赛作品陈列在东南大学建筑学院的展厅，评委们可以近距离地观看，建筑模型的内部空间也能仔细观察。答辩时选手和评委之间贴近的距离，会让交流非常顺畅。然而2020年因疫情影响，决赛阶段只能通过线上会议以及直播的形式进行，评委们审视图纸、模型变得很不方便。

建筑学科中，设计课的授课方式通常必须结合图纸、模型等介质，师生间进行讨论和交流，如果将授课内容细分来看，线上线下交流中，口

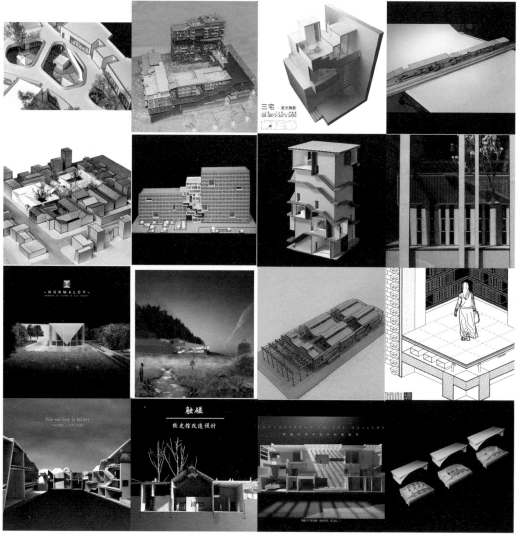

图2　十六强作品剪影

头表达所传递的信息量是较为接近的，通过二维图纸等平面媒介传递的视觉信息则存在较大差异。本次赛事选手们提交的图纸原本是按照适合现场观看的图幅来进行布局和内容表现的，大量内容被压缩在四页图纸中，但在线上观看则由于电脑屏幕幅面有限，不方便交互比对，因此很难细致审阅，从而导致较多的信息损失。

而信息损失最大的则是实物模型这类三维介质，尤其是模型内部空间，在线上很难随心所欲地进行观察和体验。也许用电脑软件建立数字模型可以在一定程度上解决这一问题，但在低年级阶段，徒手制作实体模型作为建筑学最重要的学习方式之一，是不可或缺的，在全国各建筑院校的教学中都越来越被重视，也是本赛事所推崇的设计研究和表达媒介之一。在往年的竞赛中已反映出一些选手在实物模型制作、用模型研究推动设计以及表现能力等方面的问题，由于疫情的影响，2020年度春季学期全国所有的建筑院校都采用了网上授课的方式，缺少教师的亲身示范，低年级的学生很难通过线上教学来学习模型制作的知识、技巧，教师也很难传授如何去观察模型，以及如何利用模型来研究设计等内容。因此实物模型在设计过程和表达中的分量愈发减少。

针对这一情况，为了加强选手们在实物模型制作和研究等方面的能力，让优秀作品在总决赛中得到充分展示，尽可能完整地传递设计者的理念，组委会结合东南大学建筑学院低年级设计课

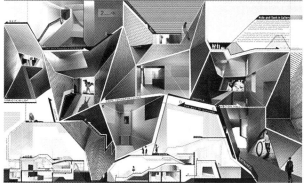

图3　优胜作品《城市迷藏——Gallery+City Park》实物模型及图纸

程设置了模型工作营，将新人赛百强选手与东南大学的学生一起编入多个教学小组，共同学习与交流。工作营安排了几位优秀青年建筑师进行专题讲座：胡滨和李博的讲座主要针对如何将实体模型作为思维工具来研究和发展设计；陈洁萍的讲座则将"以模型再现地景"作为主题介绍场地及模型的制作。我们还组织东南大学建筑学院教师线上答疑，根据选手自身方案的特点提供建议。这些举措推动了百强选手通过实体模型的制作和研究，对设计方案进行进一步推进和表达。以此为契机，还对东南大学建筑学院低年级的相关课程进行了优化和扩充，开阔了师生们的视野。

四、部分优秀作品介绍

经过评委评选，从十六强中脱颖而出，获得新人赛最高奖的作品有两份，分别是天津大学建筑学院的《城市迷藏——Gallery+City Park》（设计者任英辉，指导教师辛善超）和河北工业大学建筑与艺术设计学院的《校园补丁——基于校园缺失功能的宿舍"联合体"设计》（设计者祝逸琳、金小乐，指导教师胡子楠）。

《城市迷藏——Gallery+City Park》（图3）的概念来源于场地周边公共活动空间的缺失。拥挤的社区、密集的街道使周围的居民、儿童缺少可供休憩活动的场所，希望设计一个更具亲和力的公共场所，与当地居民的活动形成积极回应。

设计聚焦于游戏行为。根据居民、儿童在日常游戏时喜爱漫步、探索、发现与隐藏等行为特点，将动态事物的行为列入美术馆展览的一部分，希望使美术馆为城市提供促进人与人、与阳光、阴影等元素进行捉迷藏的空间。美术馆的屋面成为沟通内外交流的一大媒介，并为美术馆展厅内部自然光的引入创造了条件。

闹市中的美术馆立足于人们的日常生活中，如何处理美术馆展览空间的静谧性与上述公共空间的开放性之间的矛盾，成为设计的主要问题。日常生活是平凡又独特的，人们以自己的双眼通过空间的限定，在游走的过程中不经意捕捉到独特的瞬间，会使美术馆的"展览"富有未知性与神秘感。

《校园补丁——基于校园缺失功能的宿舍"联合体"设计》（图4）的设计者认为，在未来数字化教育活动可能随时随地发生，而目前大学校园中宿舍仅能满足学生睡眠和简单休闲活动，存在一定的"功能缺失"问题。设计者以校园中的两栋宿舍之间的夹缝空间为研究对象，以"补丁"的策略植入"联结体"重新定义校园宿舍空间。联结体包括连续社交补丁、数字技术补丁、立体绿化补丁与公共活动补丁四种类型空间，以应对未来教育模式的新变化，激发学生宿舍的内在潜

图4 优胜作品《校园补丁——基于校园缺失功能的宿舍"联合体"设计》实物模型及图纸

力。该作品从真实场地与社会现实问题出发，直面学生的日常学习生活，为学生提供一种全新的大学生活方式。

五、结语

东南·建筑新人赛的一贯目标在于推动国内建筑学专业的教学发展，因此更希望能够结合现时已然可见的线上教学与交流的趋势，探索建筑学在未来面对远程网络教学、跨地域合作时，更具适应性和有效性的教学及交流方式。2020年的东南·建筑新人赛短时间内应对了疫情的考验，对解决众多赛事组织问题以及实物模型研究和表现等教学问题进行了积极尝试，而对于图纸表达、成果呈现、师生交流等方面的问题还有待进一步探索。研究这些问题不仅出于完善赛事的需要，也会成为今后各个建筑院校进行线上教学研究的重要参考。

2020东南建筑新人赛由东南大学建筑学院、东南大学建筑设计研究院有限公司主办，《建筑学报》协办。感谢各方大力支持以及志愿者的辛勤工作！

注释

① 部分数据分析来自"大数据来袭——2020东南·中国建筑新人赛初赛作品数据分析"，来自建筑新人赛CHN官方公众号。

图片来源

图1：吴绮怡、刘佳浚，"大数据来袭——2020东南·中国建筑新人赛初赛作品数据分析"，中国建筑新人赛CHN微博平台
图2~图4：东南·建筑新人赛官方网站

作者：王海宁，东南大学建筑学院讲师，博士；张嵩，东南大学建筑学院讲师，博士

国际视野中的校企合作办学模式研究

——以中央美术学院建筑学院为例

李　琳　崔琳娜

Study On School-Enterprise Cooperation Mode In International Perspective — A Case Study On School of Architecture, CAFA

■ 摘要：校企合作是现代教育与社会需求相结合的产物，在共建共赢的基础上助力社会资源帮助培养优秀人才，也推进着教学成果转化。本文以中央美术学院建筑学院为例，全面回顾了其与北京市建筑设计研究院等国内知名设计研究机构合作办学的近二十年历程，并将其置于国际视野中，分析了这一合作办学模式的特色、机制及发展前景。

■ 关键词：校企合作；人才培养

Abstract：School-enterprise cooperation is the product of the combination of modern education and social needs. On the basis of co-construction and win-win cooperation, it helps social resources to help cultivate outstanding talents and also promotes the transformation of teaching achievements. Taking the School of Architecture of Central Academy of Fine Arts as an example, this paper comprehensively reviews the nearly 20 years' history of its cooperation with Beijing Architectural Design and Research Institute and other well-known domestic design and research institutions, and puts it into an international perspective, and analyzes the characteristics, mechanism and development prospect of this cooperative school-running mode.

Keywords：school-enterprise cooperation, talent training

一、引言

伴随着现代教育的发展，高校和社会的关系愈加紧密，与社会资源的共建共赢已经成为其中一个显著趋势。在这一趋势下，校企合作办学的模式应运而生，她是指由高校联合具有一定实力的企业，根据企业和学生个人职业规划发展的需要进行学科建设的一种开放性办学模式。尤其对于涉及国计民生的应用型学科而言，这一合作往往具有显著的优势：一方面将与现实需求对接的企业引入高校教学机制，高校的人才培养方向便相对明确，来自企业的技

本文由中央美术学院自主科研基金资助

术和资金支持有效补充了高校教学的短板，同时为科研成果直接转化开辟了通道；另一方面企业也通过参与课程和学生的实习与就业，优先接触前沿科研成果和优秀人才，助力企业的长远发展。经过上百年的实践，这一模式在德国、英国、美国、日本、新加坡等发达国家已经比较成熟，我国根据国情，也在积极探索这一模式对高校人才培养和学科建设的优势和作用，取得了一定成效。

本文将以中央美术学院建筑学院和北京市建筑设计研究院有限公司（以下简称"北京院"）以及中国建筑设计院有限公司环境艺术设计研究院（以下简称"环艺院"）的合作办学机制为例，探讨建筑学专业与国内知名企业联合办学的成因、历程与合作办学模式。作为我国第一所在艺术类学校中创建的建筑学院，与大型建筑设计院联合办学不仅是学院成立的前提条件，更是央美建筑学院延续至今的一大显著特色。对这一历程的回顾不仅有助于补充国内建筑学教育的办学可能性，也为央美如何继续发挥这一特色，谋求进一步合作的方向提供思路。

二、以合作教育理论为基础的国内外校企合作办学思想与模式

1.以合作教育理论为基础的校企合作办学思想

以约翰·杜威为代表的美国实用主义者提倡"教劳结合"观，在此基础上形成了合作教育理论，该理论认为，受教育期间参与实际的生产实践，将产与学相结合，能够帮助学生更顺畅地从学校过渡到社会，加强自我认知，提升就业能力，获得经济效益，充分说明了教育与社会生产结合的重要性和必要性，为校企合作教育的研究打下了坚实的理论基础。

另外，20世纪末兴起的建构主义理论和终身教育思想也为合作教育提供了一定的理论支撑。建构主义理论提出："知识建构的过程，需要个体与环境的相互作用，更需要通过学习共同体的合作互动来实现。"而终身教育思想发展出的"终身学习"理念，为合作办学中的企业提出了人力资源可持续发展的理念。

2.国内外校企合作办学模式比鉴

校企合作办学模式在经济发达国家已有上百年的实践。在德国、英国、美国、日本、新加坡等发达国家都已经发展出了各具特色的模式，主要可以分为三种类型：企业主导型、学校主导型、校企并重型。德国是国际上最早开始尝试校企合作培养模式的国家，也是突出的企业主导型代表，学生有70%的时间都在企业中进行实践培训，学校理论学习为辅助，并且由企业承担所有的学费和津贴。新加坡将德国经验与本国国情结合，开设"教学工厂"，为学生提供类似工厂的学校环境，

将教学与经营有机结合，让学生在真实的生产过程中掌握知识与技能。日本是学校主导型的代表，"产学研制"已经在日本高校深入发展，学校作为主要的组织者，将学校的研究能力与企业的资金和技术能力有机结合，注重校企合作课题的研究和学生科研能力的培养。英美两国更倾向于校企并重型，半工半读、工学交替，学校教师负责指导培养，由企业提供实习岗位，将理论与实践学习相结合。

我国在20世纪50年代确定了"教育为社会主义现代化服务，教育与经济建设相结合"的教育方针，提出教育必须与生产劳动相结合，60年代便有了"半工半读"制度的初步尝试。党的十一届三中全会后，随着我国工作重点的转移，校企合作步入一个新阶段，"从80年代开始，上海等经济发达地区的一些高校进行了校企合作教育试点，在广泛吸取国外先进办学经验的基础上开始对校企合作教育进行研究"，在党的"十五大"中，校企合作作为一种办学模式得到了肯定和提倡。进入21世纪，随着我国高校招生规模迅速扩大，校企合作模式进一步成为解决当时教育资源短缺的重要途径。2010年国务院在《国家中长期教育改革和发展规划纲要（2010—2020年）》中提出创立高校与科研院所、行业、企业联合培养人才的新机制，从政策方面为我国校企合作模式更加完善的发展提供了支持。经过几十年不断的探索、修正和发展，我国的校企合作已取得了一些适合我国国情的办学经验。

三、中央美术学院建筑学院与知名设计企业合作办学的基本情况

1.起因与背景

尽管西方一直存在着在艺术类院校里设立建筑学专业的传统，但是在中央美术学院这样的纯艺术类院校设立建筑学院在国内实属首例，这与当时的社会经济发展和市场格局，以及艺术家和建筑师的理想愿景紧密相关。20世纪90年代以来中国的经济形势积极向好，各地城市建设如火如荼，对相关建设专业的人才需求也是十分急迫，尤其面对当时国内诸多重大项目陆续由国外建筑师中标的状况，如何在学习和借鉴西方设计理念的同时，寻求具有中国文化底蕴的设计道路，培养兼具人文素养和职业素质的设计师成为中国建筑教育界努力的方向。

中央美术学院于1993年在壁画系设立了建筑与环境艺术设计专业，随后于1995年设立了设计系，2002年成立设计学院，开设建筑设计和环境艺术设计两个专业方向，并获教育部批准设立建筑学（工学）专业，形成了相对稳定的教学思路和师生队伍。在这一基础上，2003年，潘公凯先

生（2001~2014 年任中央美术学院院长）与朱小地先生（2003~2017 年任北京市建筑设计研究院有限公司董事长）共同商议确定了校企合作办学的计划，在中央美术学院单独成立建筑学院，致力于将建筑艺术与建筑技术紧密结合，推动当代建筑创作回归艺术和人文，建构一个集高水平教学、设计实践与理论研究为一体的教育平台，携手培养具有深厚艺术修养和独到原创精神的建筑师。同年 10 月 28 日中央美术学院建筑学院正式成立，并聘任了中国工程院院士马国馨教授担任建筑学院名誉院长，吕品晶教授和黄薇女士为副院长，由吕品晶教授主持工作。此后建筑学院又于 2005 年底与环艺院合作共建，以推进风景园林专业和室内设计专业的发展。

在谈到央美建筑学院的办学思路时，吕品晶教授明确提出："应该通过'建筑'来培养学生作为社会建设人才的思维能力和创造能力……通过发挥美术学院特有优势的资源利用、教学规划和目标设置，可以更有力、更充分地促使艺术思维通入工程技术理性。"面对建筑类专业强大的工程技术属性，如何才能使学生的人文素质优势转化为建筑学的专业优势也是美院面临的一大挑战，而与北京院和环艺院牵手进行合作办学，正是为学生插上"艺术"和"技术"这一对翅膀的重要办学举措，也形成了央美建筑学院办学的一个鲜明特色。

2. 合作历程

(1) 2002~2003 年携手初创阶段

2002 年，中央美术学院开始积极筹备成立建筑学院，与北京院签订《合作创办中央美术学院建筑学院协议》，2003 年建筑学院正式成立，在艰辛的起步阶段，北京院从师资和教材方面给予了建筑学院大力的支持，做出了巨大贡献。

在师资方面，北京院组织了众多优秀的建筑师，在繁忙的生产工作之余参与到美院的日常设计教学中，并安排了一批优秀的主任工程师为建筑学院开设了结构、设备、电气方面的专业课程。同时考虑到美术学院学生的特点，北京院的建筑师和工程师们还与建筑学院的教师通力合作，以学生在实际工作中需要掌握的知识为立足点，编写了一套适合艺术院校建筑专业教学的教材。

期间北京市建筑设计研究院还在 2003 年承担了中央美术学院设计大楼（7 号楼）项目的设计工作，该项目于 2006 年正式落成，其中 7~9 层为建筑学院的独立教学空间。

(2) 2004~2008 年探索积蓄阶段

随着建筑学院的教学工作逐渐步入正轨，北京院与建筑学院开始共同探索和深化更丰富的合作办学形式：在常规的课程讲授以外，双方还开展了多样的教学相关活动，如 2004 年举办首届全国美术院校建筑与环境艺术设计专业教学年会；2007 年举办"ICAE2007 国际建筑教育大会暨全国建筑院系主任大会"等，共同组织课题考察调研、举办教学研讨会、参与多校联合展览等；同时北京院充分发挥企业在人才、项目、资金等方面的资源优势，为建筑学院设立多角度的实践教学途径，如开创实行师徒制度、设立"BIAD 奖学金"、组织各类国际设计竞赛、组织工地参观、提供实习岗位等。在北京院强有力的支持下，建筑学院于 2005 年获批建筑设计及其理论工学硕士二级学科授予权和艺术设计学（与设计学院共同申报）博士学位授予权。

(3) 2009~2013 年共同发力阶段

在校企双方 6 年多的共同努力下，中央美术学院建筑学院已取得了飞跃式的发展。自 2009 年起，在北京院的鼎力支持下，建筑学院在学科建设方面陆续取得阶段性成果，并在国内建筑教育界崭露头角。

2009 年，高等教育建筑学专业评估委员会派遣评估视察小组对建筑学院建筑学本科（五年制）教育进行了评估视察，学院顺利通过评估，同年成为欧洲建筑教育联盟海外成员；2010 年，建筑学一级学科硕士学位授予权获得批准，建筑学院教学实验中心获得"北京高等学校实验教学示范中心"称号；2011 年，建筑学院顺利通过"建筑学专业评估中期视察"，同年与德国、美国、丹麦、西班牙、法国、日本、挪威等国高校签约建立了学生交换制度；2012 年，建筑学、城乡规划学、风景园林学三个一级学科硕士学位授予权获得批准，同年在中央美术学院成立了中国美术家协会建筑艺术委员会；2013 年建筑学专业复评通过，主办全国建筑与环境艺术设计教学研讨会，且与北京院共同举办"建院十年教学、科研、交流成果展"，总结展示了十年来合作办学的历程与成绩；2017 年建筑学专业硕士评估通过。

(4) 2014~2020 年形式转变阶段

合作办学的前十年，北京院和环艺院以教学支持为核心，辅助建筑学院实现了学科建设，取得了一定的国内和国际影响力。进入新的十年，校企双方的合作形式开始逐渐转变，从企业输出走向了互利共赢。在新阶段中，校企共建了就业实习基地，建筑学院每年向北京院和中国院输送实习生和优秀毕业生；北京院和环艺院仍然与建筑学院三年级或四年级本科生开展"一对一"拜师活动，并参与建筑学院作业评图、研究生论文指导等学术交流。同时随着建筑学院自身教学体系的不断完善与成熟，北京院也逐渐从技术支持为主的助力方式转向以资金支持为主，自 2017 年开始，北京院每年向建筑学院捐赠学生活动经费，用于鼓励学生的全面发展。

四、中央美术学院建筑学院校企合作办学的途径与模式

1. 直接参与教学与课程建设

自建筑学院成立以来，双方在教学方面开展了涵盖研究生联合培养、专业课程指导、担任答辩研讨会嘉宾、系列专业教材出版等多元形式的深度合作。

在本科教学中，为弥补建筑学院在建筑技术师资方面的不足，北京院的职业建筑师和高水平技术人员为学生开设了建筑结构、建筑设备等专业理论课程[①]，并积极参与设计课程教学，不仅有效地补足了央美建筑技术教学的短板，同时将一线设计师的经验直接引入课堂的方式，反而将相关课程带入符合实际需要及技术发展的教学语境，收效良好，逐步实现了建筑学院学生学科综合素质培养的基本目标。在"一年级工程"和建筑师职业素养课程中，北京院的院总和知名设计师每年都为学生带来最新的设计理念和作品分享。

校企双方同时逐步探索并优化了硕士联合培养模式，目前已有北京院董事长徐全胜先生、总建筑师胡越先生、副总建筑师王小工先生、环艺院史丽秀女士等杰出的建筑师和设计师担任硕士生的联合指导教师，为专业学位硕士人才的综合素质培养和学科体系建设建立了良好的基础。

2. 持续"一对一"拜师活动，丰富专业视野

"一对一"拜师活动自2004年起持续至今，北京院和环艺院为建筑学院本科三年级以上各专业有意拜师的同学，配备一位主任级建筑师作为师父，使学生在学习阶段，能够近距离接触职业建筑师，收获课堂之外的专业指导。十余年来，建筑学院共700余名学生参与了拜师活动，学生自拜师之日起至五年级开学前，徒弟须于师父工作室连续实习至少10周，并向学院提交实习鉴定。"教学相长，薪火相传，一日为师，终身为父"，这种古老而亲近的学习方式，在实现师徒传承的同时，更是在师徒间结下一份份深深的情谊，师父带领徒弟步入建筑师的职业生涯，也引领着徒弟在人生道路上成长、成才的方向。

3. 学校开展课外"BIAD"系列讲座

由中央美术学院建筑学院党总支发起，邀请北京院的职业建筑师为建筑学院学生开展一系列名家讲座，总建筑师胡越先生、副总建筑师刘方磊先生等多位北京院专家分别在建筑学院举办了具有专业性和针对性的讲座，主讲专家不仅分享了个人的实践经验，讲授建筑理论、设计方案、工程案例等，还为学生提供了实时、多元的建筑实践资讯和知识。这种更开放的讲授形式，既扩展了教学覆盖面，丰富了学生的课程形式，也实现了在专业领域内开阔学生的视野、提升学生的思维高度、拓宽学生的实践途径的目的。

4. 共建实践基地与就业创业孵化中心

基于多年来建筑学院毕业生在北京院从事专业实践打下的基础，2015年，中央美术学院与北京建筑设计研究院正式挂牌共建学生就业实习基地，2020年北京院主持建设的北京未来设计园区设立中央美术学院就业创业孵化中心，进一步深化了校企双方的合作关系，增进了实践教学环节的合作。

校企双方共同设计本科及硕士培养计划中的实践环节，包括企业走访、工地或项目参观、建造实习、建筑师业务实践等，提升学生实践水平。为更好地实现校企的互利共赢，特设立学生实习培养项目，建筑学院每年定期接收实习申请，统一组织协调。通过校企联合培养，使学生切实感受从事职业工作的压力与动力，提升学生的实践能力和职业素养，给予学生进行自我职业规划的参考依据，更重要的是加强学生对北京院的了解，增强认同感和归属感，为毕业后进入北京院就业做准备。

5. 支持建筑学院学生工作，设置奖学金

自2017年始，北京院与建筑学院达成捐赠协议，每年由北京院向中央美术学院教育发展基金会捐赠资金，用于鼓励优秀毕业生，并支持建筑学院的学生活动。其中"BIAD奖学金"从2006年起设立，每年评选一次，表彰建筑学院优秀的在读全日制本科生。学院也充分利用这些资金开展了许多丰富多彩且有意义的活动，例如大学生暑期社会实践、志愿活动、百年校庆活动、校友论坛、元旦晚会、毕业欢送会、运动会、一年级工程、学生组织及社团建设等，助力学生成长成才。另外，北京院还通过组织"边缘空间"国际竞赛等方式，激发学生的创新意识，鼓励学生积极参与专业竞赛，使课内课外的专业能力培养形成良性机制，激励学生更积极地投入专业学习和个人能力提升。

五、建筑学院校企合作办学的成果及展望

1. 支持学科建设，助力学位点申报及学科评估

"入主流、有特色"是建筑学院多年坚持的办学方针，因而通过参与各专业和学科的评估在国内建筑教育界发声，并为毕业生创造更好的就业条件是这些年来学院工作的重点之一。在这一过程中，北京院和环艺院对各项评估中要求的课程建设、师资队伍、与教学成果的支持都是十分重要的，尤其在建筑学院2009年参加建筑学专业评估时，与北京院的合作办学机制无疑给评估专家留下了深刻印象，对技术教学内容和深度的补充

助力了第一次评估的顺利通过。

经过十多年的努力，在合作办学单位的支持和协助下，中央美术学院建筑学院逐步完善了学科建设，形成了鲜明的办学特色。目前，建筑学院本科学制五年，招生兼顾文理科生源，下设建筑学及风景园林两个专业，包含建筑设计、景观设计、城市设计和室内设计四个方向。研究生学制三年，包含建筑学、城乡规划学和风景园林学三个一级学科，以及设计学学科下的室内设计及其理论二级研究方向。这些成果奠定了央美建筑学院在全国高等美术院校同类专业学院中的引领作用，也使国内建筑学界听到了央美的学术声音。

2. 全方位人才培养，建立人才输送机制

人才培养是教育教学的核心，对于实践性强的建筑类专业而言，掌握前沿动态，关注社会最紧迫需求，了解新材料、新技术的设计运用等，都是新时期对人才培养提出的要求，而这往往也是传统建筑学教育中相对缺失的部分。与国内知名设计研究机构的合作办学，或使一线设计师直接走入课堂，或建立师徒关系，或通过讲座与学生分享设计经验，介绍设计市场的发展趋势，都极大扩展了教育的边界和范围，丰富了教学资源，开拓了学生的眼界，为对接就业环境也起到了很好的预热作用。

同时通过为学生提供实习和就业机会，建筑学院也为北京院和环艺院陆续输送了许多优秀的设计人才。截至 2020 年 12 月，在北京院就职过的建筑学院毕业生达百余人，不少已经成为北京院各院所的中坚力量。在中国院环艺院工作的校友也挑起大任，担任副院长和项目负责人等职务。近年来建筑学院的毕业生也在社会上获得用人单位的良好反馈，这与央美学生具备一定的将艺术人文的修养与工程技术相结合的能力息息相关。

3. 共建服务社会平台，扩展合作路径

基于建筑学院与合作办学单位长期愉快的共建经历，双方已经形成了非常稳定的合作关系，除了在教学以及就业方面开展合作之外，双方互补优势，分享艺术领域的专家资源以及政府支持的社会活动，发展具有跨界概念、多元方向的灵活项目，共同搭建服务社会的平台。

目前北京院与中央美术学院的合作已经不局限于建筑学院的范畴，而扩展至与央美艺术造型、视觉设计、公共艺术等其他专业领域，在更为综合的设计科研领域积极创造新的合作机会。近年来在北京大兴机场公共艺术设计、雄安美丽大街城市精细化设计等项目中，都可以看到中央美术学院与北京院携手共赢的合作场面。随着城市建设中对人文精神的呼唤，未来将会涌现更多校企联合服务社会的设计创作机会。

六、结语

从与北京院开始筹备建筑学院至今已近二十年，这期间正值中国经济腾飞、城市面貌发生巨大变化的历史时期，中国建筑师群体的数量和能力也有了极大的飞跃。当年艺术家和建筑师合作办学的初心见效明显，很大程度上也推动其他教学单位认识到人文素养的积累对设计师发展的重要作用。本文旨在对这一合作过程进行记录，以表达对发起者和实践者倾力付出的敬意。

当前正处建筑行业发展的新时期，合作办学的未来方向也面临诸多新的挑战。随着建筑学院自身师资队伍的不断壮大发展和课程体系的逐渐成熟，北京院等合作办学机构和建筑学院的关系已经从合作共建向平台支持的角度转变，这种合伙人关系到合作伙伴关系的变化必将孕育下一阶段新的合作模式和途径，而如何发挥两者在艺术人文和工程实践两方面的优势，为中国城市建设培养更多的有用人才，仍然是双方共同的目标和合作基础。

注释

① 由北京院副总经理郑琪先生主讲的建筑结构基础课程，副总工程师郑克白女士主讲的建筑设备课程。

参考文献

[1] 董春华. 高职教育与产学合作的若干问题 [J]. 发展研究，2007（12）.
[2] 丁振华，谢蓉蓉. 开放教育视角下校企合作办学模式、问题与对策研究——以宁波广播电视大学为例 [J]. 远程教育杂志，2013（8）.
[3] 李振. 基于国际视野的校企合作模式探讨与借鉴 [J]. 中国现代教育装备，2015（11）.
[4] 吕品晶，建筑教育的艺术维度——兼谈中央美术学院建筑学院的办学思路和实践探索 [J]. 美术研究，2008（1），44-47.

作者：李琳，中央美术学院建筑学院教授，党总支副书记；崔琳娜，中央美术学院建筑学院讲师，辅导员

感官互联：物联网时代下的盲人友好空间探讨

齐超杰　徐跃家

Sensory Interconnection: Discussion on Blind Friendly Space in the Era of Internet of Things

■ 摘要：现今，问题重重的生活空间渗透着对盲人的"拒绝"，智能助盲设备不能有效弥补盲人城市生活的困境。物联网技术的发展提供了一个从空间层面重新思考和解决盲人问题的契机。本文基于文献，总结城市、建筑和室内三种空间面向盲人现存的问题，进一步通过市场调研比较智能助盲设备的特点并分析其优劣。基于物联网技术提出"感官互联"概念，从不同感官分别探讨不同空间的改变，为未来盲人友好空间的营造提供基础。

■ 关键词：物联网；感官互联；空间问题；助盲技术；空间识别；盲人友好空间

Abstract：Nowadays, the living space with many problems is permeated with the "rejection" of the blind.The intelligent blind aid equipment can not effectively make up for the plight of the blind in urban life.The development of Internet of Things technology provides an opportunity to rethink and solve the problem of blind people from the spatial perspective.Based on the literature, this paper summarizes the existing problems of urban, architectural and indoor space for the blind, and further compares the characteristics of intelligent blind aid equipment and analyzes its advantages and disadvantages through market research.Based on the Internet of things technology, the concept of "sensory interconnection" is proposed to discuss the changes of different spaces from different senses, providing a foundation for the construction of friendly spaces for the blind in the future.

Keywords：the internet of things, sensory interconnection, space problems, blind aid technology, spatial recognition, blind friendly space

一、引言

2016 年，世卫组织统计数据显示，中国的视力残疾人口 1731 万，几乎占全球的 1/5，远超其他国家[1]。城市与社会的"拒绝"，让盲人群体也逐渐拒绝了本应与正常人共享的城市生活。交通事故成为盲人意外受伤甚至死亡的最主要原因，"夺命盲道""死亡路口"等[2]新闻层出不穷，而这些在根本上都体现出城市与建筑对盲人群体的冷漠和不友好。

随着互联网与科学技术的发展，智能化的助盲产品一时间成了盲人群体与城市生活之间的"桥梁"。从手环、眼镜到头盔，从手杖、推车再到机器人……科技从业者不遗余力地以注入高新技术的方式，希望通过助盲设备弥补盲人在生理上的缺陷。这的确能从根本上为盲人群体带来福祉，但不应成为忽略城市面向盲人群体存有严重问题的借口。不仅要在生理方面充分帮助盲人，更应该深入考虑营造可以帮助盲人群体的友好空间环境。物联网时代的临近，给这个愿望带来新的契机，而这也是本文思考的起点。

二、拒绝：不适合盲人的空间

在我国，每80个人中就有一人患有视力残疾，但在日常的城市生活中，人们却很少见到盲人的身影。据调查，盲人群体中，只有9%具备无家人陪同、可自主出行的能力，超过30%的盲人基本处于长期居家状态[3]。这种状态并非出于盲人的本意，城市道路危险重重，盲道形同虚设；公共场所无障碍设施缺失，禁止携带导盲犬入内……城市的每个角落无不渗透着对盲人群体的"拒绝"。

本文在中国知网数据库中，以"盲人"与"城市空间、建筑空间、室内空间"进行关键词组合，搜索中文文献，初步统计共68篇，筛选出具有代表性的文献31篇，其中城市空间13篇、建筑空间12篇、室内空间6篇。依次从以上三种尺度总结面向盲人现存的空间问题[4-6]。

（一）城市空间的"拒绝"

对盲人群体的"拒绝"在城市空间体现得最为明显，分析既有文献，可以把城市针对盲人的

问题总结为交通路口、公交站点和无障碍盲道这三方面（图1）。

望而却步的路口。对盲人来说，出行的一大难题就是过马路，路口已经成为盲人群体最容易发生危险的地方。其一，很多盲道在路口处没有纹理变化，不能帮助盲人提前识别路口。其二，交通信号灯未设置盲人钟，盲人无法分辨红绿灯，判断是否可以通行。其三，人行横道大多不适用于盲人，没有铺设连续的盲道作为引导，盲人群体很容易走偏或迷失在马路中央。

缺乏引导的车站。由于生理的缺陷，盲人群体乘坐公交车时受到很多限制。首先，公交车站的站牌盲文设置不规范，甚至并未设置盲文，盲人群体无法准确获取公交线路信息。其次，在没有语音播报或引导员的条件下，盲人候车时不能分辨到站车辆，会导致错过车或上错车的情况发生。同时，车站没有上下车引导空间，盲人不能迅速找准车门位置，造成的交通拥堵给盲人群体带来巨大的心理压力。

险象环生的盲道。报道[7]显示，北京市已拥有超过1600公里的盲道设施，但在盲道上为何总不见有盲人使用？因为"中国式的盲道"实在没有盲人敢走。在北京随机调研的60条盲道中，56条盲道被侵占或半路中断，9条盲道方向和指示混乱，2条盲道上井盖丢失，并出现损毁甚至塌陷的情况。究其根本，除了盲道自身的设计隐患之外，在设置与分布、管理和维护上也都存在严重的问题，致使盲道根本无法正常使用。

（二）建筑空间的"拒绝"

建筑是承载着城市居民公共活动的主要场所，梳理既有文献的研究结论，建筑空间对盲人群体的不友好主要体现在建筑入口、建筑界面和无障碍电梯三个方面。

无法识别的入口。建筑入口应易识别、可引导，但如今盲人即使能够出行，找到建筑入口也相当困难。第一，盲道缺乏指示，不能引导盲人准确

图1　公交站点（1）、交通路口（2）和无障碍盲道（3-6）的问题

识别入口。第二，建筑入口处无坡道，或坡道的材质和坡度设计不合理。第三，入口的门不具有感应功能，普通玻璃门既无声音提示，也无地面保护盲钉，易造成盲人的磕碰；第四，公共建筑大多没有在入口设置盲文导识地图，无法准确提供建筑空间信息。

变化莫测的界面。盲人群体无法观察到建筑界面的变化，倘若没有旁人引导，现有的空间会造成很多意外发生的可能。墙面上大都缺乏扶手或导盲带，存有消防栓、指示牌等突出物，不能引导盲人活动，也容易阻挡前进，甚至会发生磕碰。地面上的铺装没有盲人适用的标识，并且材质坚硬、光滑，大量门槛和栏杆成为盲人行进中的阻拦。建筑洞口没有设置可触或语音的提示，感应装置并未完全普及，连接室内外的门窗缺失盲人提示与保护装置。

难以到达的电梯。电梯是无障碍设计中最主要的设施之一，但在设计电梯时往往忽略盲人群体的需求，导致现有公共建筑中的电梯少有盲人乘坐。一方面，地面或墙面没有指引，盲人不易找到电梯；另一方面，电梯门的缝隙过大，上电梯时导盲杖容易被困，梯门关闭时间过快，盲人很难登上电梯。除此之外，电梯内部无扶手，按键大多无盲文，呼救按钮无区分，盲人不敢乘坐电梯。

（三）室内空间的"拒绝"

室内空间是当前盲人群体使用最频繁的地方，结合既有文献的相关探讨，可将其对盲人群体的问题总结为以下两方面：室内家具和无障碍设施。

藏有隐患的家居。对盲人来说，室内空间全靠记忆识别，家具边角和器具、水壶等易倒、易碎的危险物品并未做特殊保护；同时，房间内存有门槛，地面的不平整加剧了盲人摔倒的风险。而在相对陌生的室内空间，由于看不见和行动的不便，磕碰导致的意外常有发生，给盲人群体带

来巨大的安全隐患。

功能缺失的扶手。因为视觉缺失，盲人的空间感较弱，扶手可以辅助盲人进行站、坐、卧等行为。但现有的室内空间，扶手的安装既不普及，也不系统，个别扶手的设置也没有依据盲人的身体特征，导致盲人群体无法使用或使用不便，盲人常因重心不稳或找不准位置而跌倒、落空。

以上在交通路口、公交站、盲道、建筑入口、界面、电梯、室内家具和设施上的问题长期且普遍地存在于城市、建筑与室内空间中，这些已经被发现和仍然隐匿在角落没有被发现的问题，是阻挡盲人群体进行城市生活的障碍，也是催生本研究的根源所在（图2）。

三、弥补：适合城市生活的盲人

第三次工业革命以来，互联网带动科学技术的发展。科技从业者们也将目光聚焦到盲人群体，通过高新技术实现助盲设备的智能化，希望以此弥补盲人在生理上的缺陷，进而改变他们的生活状态。基于市场调研，本文依据不同的感官维度，从技术原理层面对现有的智能化助盲设备进行了综合比较，总结出视觉弥补视觉型、听觉弥补视觉型和触觉弥补视觉型三种主要类型，并结合用户反馈，从实用性、经济性与适用性三方面比较不同类型产品的优劣。

（一）视觉弥补视觉

视觉感知是人观察环境的最主要方式，但盲人由于在视觉上不同程度的缺陷，不能直接观察。视觉弥补视觉的助盲设备通过仿生技术，以视觉假体修复视觉或以辅助设备代替视觉的方式，帮助盲人获取空间信息。

视觉假体[8]是一种将外部获取的视觉信息进行处理、编码后，再通过植入体内的电子微刺激器和刺激电极阵列对视觉神经系统进行作用，来修复盲人视觉功能的人造器官。由Ulrich研发的

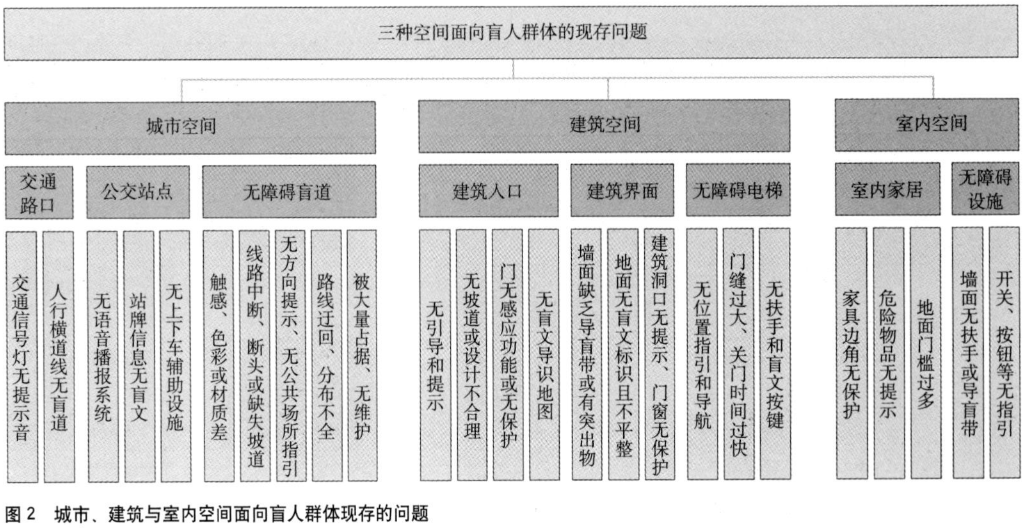

图2　城市、建筑与室内空间面向盲人群体现存的问题

GuideCane 手杖[9]依靠尖端的轮子，借助推力行进，通过手柄控制杆操控方向，轮子旁的声波传感器可以探测周围障碍，使用时遇到障碍，能够自动修正方向。Doogo 电子导盲犬[10]是一种仿生辅助类导盲设备，通过机身前端的激光雷达和深度摄像头识别路况，盲人只需要手握牵引杆跟随 Doogo 的行进路线即可。

（二）听觉弥补视觉

视觉的丧失尽管使盲人的听觉感知能力不断加强，但远不能达到识别空间的程度。听觉弥补视觉的技术通过智能装备获取空间图像信息，以听觉感知的方式反馈给盲人，进而引导其行为。

META 导盲头盔[11]是通过语义理解等技术配合云端 AI 平台，可对空间场景进行判断，将信息转化为语音播报。同时，头盔拥有同步建立地图和实时定位的能力，可快速响应盲人的路径规划口令开启导航，检测障碍物。英、德两国科学家联合发明的视听转换装置[12]由图像获取单元、视音频转换单元构成。装置中可固定在眼镜上的照相机负责捕捉空间场景画面，收到图像信息后，视音频转换单元把图像中物体的线条长度、角度转换成相应音高、音调和音量的声音，盲人以此辨别空间的轮廓。

（三）触觉弥补视觉

除了听觉感知，盲人在日常生活中通过触摸感知到的触压感、冷热感、疼痛感和质地感，对识别空间也有一定的帮助。触觉弥补视觉的导盲设备具有空间识别能力，将空间信息转化成不同的触觉感知，能避免盲人因触摸造成的意外和危险。

穿戴式触觉导盲装置[13]通过二值化处理，将由导盲眼镜上的光学摄像头采集的视觉图像转换为触觉图像，借助胸前的触觉虚拟显示器，盲人能够以主动触摸的方式感知空间信息。脉冲电子导盲仪[14]由配有摄影机的太阳镜和舌头感应器组成，摄影机将拍摄的影像转化为黑、白像素，并以电脉冲刺激在舌头的不同位置形成不同强度的震动感，传递给大脑来重组画面。

纵观这 7 种典型的智能助盲设备，虽然可以弥补盲人的视觉缺陷，但仍存在着一定的局限。

依据经济性、实用性和适用性这三方面的评价标准，综合比较以上 3 种类型的 7 种典型智能助盲设备的优劣，如表 1 所示。经济性指代设备价格，7 种智能助盲设备的最低售价也接近万元，对于普通盲人来说也很难承担；实用性代表使用效果，7 种设备中的半数需要穿戴，两种必须手持，另外一种甚至要植入体内，长期使用影响生活和健康；适用性强调适用范围，7 种设备识别空间的范围仅限制于图像范围，信息反馈也相对模糊，大多停留在轮廓和颜色上。

以助盲技术为基础的智能化设备无法解决盲人群体的生活困境，人们意识到空间问题才是阻碍盲人城市生活的最根本原因。城市重新拥抱盲人，以空间维度进行综合性的改变至关重要。科技仍在进步，市场上逐渐萌发出结合多种感官的智能助盲设备，综合听觉、触觉、嗅觉等感知方式弥补视觉缺失的方式，激发出解决空间问题的新思路。互联网在向物联网技术发展的过程中，"感官互联"的概念不仅止限制于智能助盲设备的开发，还可以充分运用到空间的营造之中。

四、友好：适合盲人的空间

如今，物联网逐渐普及，让过去不可能实现的场景都逐一实现，人与城市之间有了越来越多的互动。依托于智能助盲产品的升级，借助计算机云数据、人工智能、无线通讯、磁感应和传感器等相关领域的前沿技术，将"感官互联"的概念融入空间的营造中。从室内空间到建筑空间、再到城市空间，盲人群体本应有更大的活动范围，但当前的空间环境却让他们的自主性随着空间尺度的进阶而越来越小，发生危险的隐患却越来越大。因此，本文站在视觉以外，从听觉、嗅觉、触觉等不同感知层面的角度提出在城市空间、建筑空间和室内空间的设计过程中的改造措施，探讨感官互联的盲人友好空间的未来发展。

（一）盲人友好的城市空间

城市是现存问题最多的空间，也是盲人最难融入的空间。基于计算机云数据、专用短距离通信（DSRC）系统和传感器技术、无线通信技术、

三种类型的智能助盲设备综合分析　　　表1

类型	设备名称	经济性（价格）	实用性（效果）	适用性（范围）
视觉弥补视觉	视觉假体	不含手术费约 105 万元	术后仅有低分辨率的视力	只适用于后天致盲者
	GuideCane 手杖	成本极高，耗能大	体积庞大，不易携带	需提供一定的推力
	Doogo 电子导盲犬	成本价约 1 万元	使用时长有限	上下楼需手拎
听觉弥补视觉	META 导盲头盔	市场测试中	识别范围仅限于图像	需长时间佩戴
	视听转换装置	多用于科研	只能用来判断物体的轮廓	需长时间佩戴
触觉弥补视觉	穿戴式触觉导盲装置	成本价约 1 万元	反馈周期较长	需长时间佩戴
	脉冲电子导盲仪	售价约 7 万元	只能判断物体位置	需长时间佩戴

磁感应技术，在问题最严重的交通路口、公交站点和无障碍盲道这三个典型的城市空间中，出现了以听觉和触觉为主的盲人与城市之间的感官互联方式。

智能识别的路口。 利用计算机云数据处理系统，动态 LED 智能人行横道可自动识别车辆和行人，实时修改其路面标记和声音信号，及时传递路口车流、人流信息[15]。美国 Continental 公司[16]借助专用短距离通信（DSRC）系统和传感器技术，通过置于交叉路口的拐角处摄像头和激光雷达等传感器识别行人及车辆，将信息发送到云端生成360°环境模型，通过车载系统和手机应用程序，实现路况信息的双向反馈（图3）。

无线交互的车站。 Dheeraj Mehra 等[17]提出的无线交互公交车站融合多种无线通信技术（RFID、ZIGBEE、WiFi、GPS），由盲人检测、无线通信和总线服务三部分组成。盲人可通过站台的查询按钮识别来车，如确定乘坐可继续按下选择按钮，公交车通过车载系统识别盲人发出的信号，以声音指令引导盲人乘客上车。盲人与公交车的双向识别有效地解决盲人乘坐公交车的种种难题，无限通讯将盲人与公交车建立互联关系，形成一对一的服务模式（图4）。

磁力感应的盲道。 柴亚南等[18]对磁感盲道的探讨推动了盲道的升级与发展。盲人在出行时，手持磁性导盲杖可以通过若干个永磁磁体探测到磁感应盲道的位置，当磁性检测棒始终保持在永磁磁体的磁场内，磁性检测棒会产生提示音，当磁性检测棒偏离磁场时，则不发出声音，从而引导盲人在盲道上的通行。

（二）盲人友好的建筑空间

城市空间经历智能化的变革，建筑空间也会随之发生一系列的改变，进一步实现盲人在公共场所中活动的可能。结合 AR−蓝牙信标、AI 识别系统和触控反馈技术，通过听觉、触觉和嗅觉等多种感官实现盲人与建筑的互联，主要体现在建筑入口、建筑界面和无障碍电梯三个方面。

自动引导的入口。 Foresight Augmented Reality 公司[19]将 AR 蓝牙信标安装在建筑入口处，使用智能手机的应用程序进行导航，并提供语音指导、室内地图和安全隐患警告。触控式模型及地图以触觉识别的方式感知盲人（图5），通过语音和可刷新的盲文描述空间信息，喷泉、钟声等环境声音被嵌入地图中作为声音效果，帮助盲人识别他们的地标[20]。

多感互动的界面。 微软公司的运动捕捉技术[21]利用存储于云系统的手势数据，识别盲人发出的不同信号，通过传感器控制建筑界面信息的及时反馈。动态响应式建筑表皮以数字化的传感技术结合 AI 识别系统，使建筑界面可主动识别盲人的行为，进而提供空间环境信息，可实现通过动作感应完成开关门窗等操作[22]（图6）。

图3 智能人行横道（1）和智能十字路口（2）

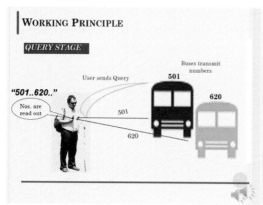

图4 无线交互公交车站

智能感应的电梯。除了在电梯内设置盲文按键，解决盲人乘坐电梯的问题还应关注电梯是否容易被盲人找到。Rik Marsels[23] 提出，基于 FRID 传感器技术的门禁感应系统，与电梯互联，当盲人靠近大门时，电梯会收到引导信号，通过系统传导，实现智能感应，自动开门。同时，物联网技术使智能手机可以和电梯系统建立连接，电梯不再需要按键，盲人可使用手机"呼叫"电梯和"指挥"电梯。

（三）盲人友好的室内空间

作为居民生活的最小空间，感官互联也最容易取得效果。结合现状运用人工智能与室内导航技术，听觉和触觉的感官互联在室内家居和无障碍设施这两方面得以实现。

语音互动的家居。近几年，国内各大网络公司推出天猫精灵、小度在家、腾讯听听、小米小爱和京东叮咚等人工智能音箱，人们可以通过语音进行操控、获取查询、提醒等服务。LG 智能冰

箱通过传感器与手机互通，三星于 2019 年推出的三星家庭中心，使用 AI 识别每个家庭成员的语音并做出不同的相应响应，私人定制化的服务升级简单地响应语音命令[24]。

地图导航的系统。通过可触材质的变化，So & So Studio 在室内空间建立集成地图系统，使用地板上有触感的符号语言来引导盲人的行为。地面与传感器联通，盲人行走时会突出显示程序节点，激活寻路系统[25]（图 7）。

无论是城市空间、建筑空间还是室内空间，"感官互联"的概念融入到未来的环境建设中，结合不同感官的感知特性，让空间识别盲人，通过感官接受和反馈信息，尝试从根本上解决盲人在城市中的种种难题（图 8）。

目前，结合所发现的既有问题去探讨，能够涉及的空间有限，能够涵盖的范围也有限。在一个新型模式下，城市的建设一定是需要多方努力和长期坚持的，本文作为引子，从助盲产品的技

图 5　触控模型（左）和触控地图（右）

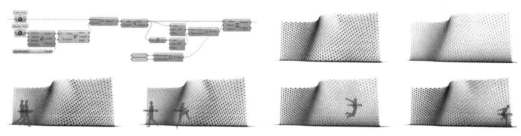

图 6　动态响应式建筑表皮

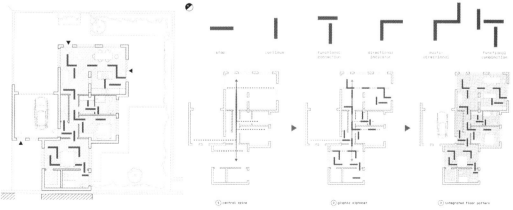

图 7　集成地面导航系统

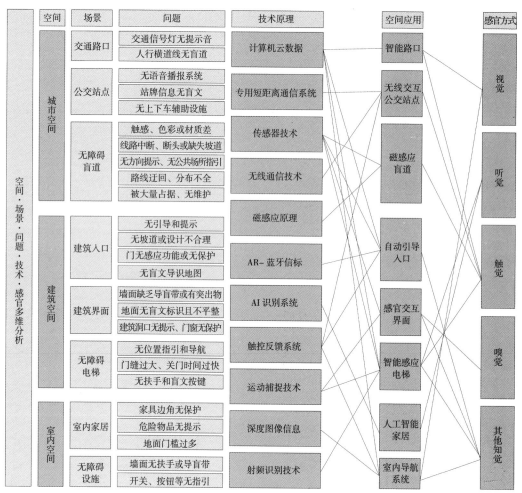

图8 空间—场景—问题—技术—感官多维分析

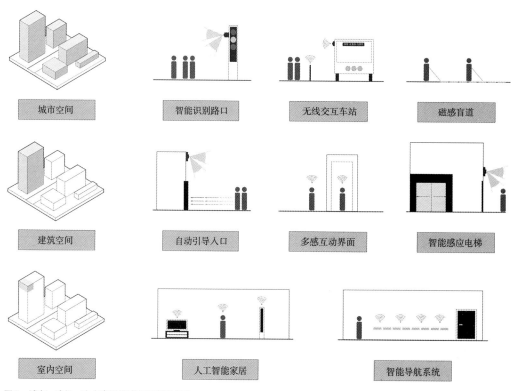

图9 城市、建筑、室内空间的感官互联模式图

术原理发展而来，尝试从城市空间提出解决盲人出行等问题的办法。相信万物互联时代的来临，在全球定位和数据云系统的辅助下，未来的城市会全面覆盖盲人识别机制，感官互联的概念可以不断地贯彻到城市的各个角落，营造出一个真正的盲人友好空间（图9）。

五、总结

本文从社会现象出发，探讨万物互联时代，在面向盲人的空间问题上人们应有以下三个方面的转变：第一，思路上的转变。对于盲人的帮扶不能只停留在生理上的弥补，应从生理以及空间的综合考虑，为盲人提供更为友好的生活条件。第二，技术上的转变。依靠物联网及相关技术，城市和建筑应具备生命和关怀的能力，能识别盲人，与他们进行感官上的互联。第三，空间上的转变。感官互联的实现可能会促使现有空间的更新，也会激发新型空间的出现。

物联网是全人类的福祉，希望万物互联的实现能够引起人们对空间问题的再思考。在未来，城市不应该仅仅关注健康，甚至不应该仅仅关怀盲人，城市与建筑的空间关怀应推及中国数以亿计的残障群体，让更多残疾人回归城市生活的怀抱。预期本文的研究可以引导城市设计者和建设者关注盲人和其他弱势群体的需求，为未来的友好空间环境营造提供一个理论起点。万物互联时代的浪潮或能催促感官互联的实现，希望未来科学技术的不断突破，在某天能够根本性地消除视觉的黑暗。

参考文献

[1] World Health Statistics 2016[R].World Health Statistics，2016.

[2] 李玥.盲人过马路有多难？这个实验扎心了！[EB/OL].http：//news.cyol.com/content/2018-03/02/content_16984983.htm，2018-03-02/2020-07-30.

[3] 郑艺阳.中国有1730万盲人，为什么我们很少看到他们！[EB/OL].http：//www.time-weekly.com/post/268111，2020-03-13/2020-07-30.

[4] 杨渝南，刘杰，王怡，张子祥，戴意茹.智慧城市中盲人出行无障碍设施体系构建研究[J].华中建筑，2019，37（11）：36-40.

[5] 高淼.现代博物馆中的无障碍设计[D].西南交通大学，2010.

[6] 钱丹.利于视觉障碍者的室内无障碍设计研究[D].南京工业大学，2016.

[7] 魏骅，张颖，林苗苗等.助盲变伤盲，盲人对盲道"敬而远之"[EB/OL].https：//www.sohu.com/a/35698982_117503，2015-10-15/2020-07-30.

[8] 顾柳君.仿真假体视觉下基于运动检测的运动物体识别研究[D].上海交通大学，2012.

[9] Ulrich I.，Borenstein J.The GuideCane-applyi mobile robot technologies to assist the visually impaired[J].IEEE Transactions on Systems，Man，and Cybernetics，2001，31（2）：131-136.

[10] 叶佳君.盲人定向行动辅具设计[D].北京理工大学，2016.

[11] https：//www.cloudminds.com/product-10.html[EB/OL].

[12] 英国发明视觉转听觉装置：盲人可用声音看世界.[EB/OL].http：//www.rmzxb.com.cn/jrmzxbwsj/kj/tsyj/t20081112_219083.htm，2010-08-16/2020-07-30.

[13] 帅立国，郑竹林，张志胜，周芝庭.基于视触觉功能替代的穿戴式触觉导盲技术研究[J].高技术通讯（中文），2010，20（12）：1292-1296

[14] https：//www.popsci.com/fda-allows-marketing-device-lets-blind-see-their-tongues/[EB/OL].

[15] Street crossing of the future.[EB/OL].https：//www.smartcitiesworld.net/connectivity/connectivity/street-crossing-of-the-future，2017-10-10/2020-07-30.

[16] 'Smart' intersection aims to increase safety.[EB/OL].https：//www.smartcitiesworld.net/news/news/smart-intersection-aims-to-increase-safety-2422，2017-12-22/2020-07-30.

[17] Mehra，Dheeraj，Deepak Gupta，Neil Shah，et al.BUS IDENTIFICATION SYSTEM FOR THE VISUALLY IMPAIRED：EVALUATION AND LEARNING FROM PILOT TRIALS ON PUBLIC BUSES IN DELHI.2015.

[18] 柴亚南，黄玉，柴乔林.一种基于磁场的盲道以及与盲道配合使用的盲人探测棒[P].CN106049230A，2016-10-26.

[19] https：//coolblindtech.com/foresight-ar-beacons-help-visually-impaired-travelers-a-way-to-navigate-independently/[EB/OL].

[20] Steve Landau，Heamchanad Subryan，and Edward Steinfeld，eg.Interactive Wayfinding for the Visually Impaired.magazine No.11，2014.

[21] Synthetic Data with Digital Humans[R].Erroll Wood，Microsoft，Cambridge，UK.

[22] 徐跃家，郝石盟.镶嵌，折叠——一种动态响应式建筑表皮原型探索[J].建筑技艺，2018（04）：114-117.

[23] Rik Marsels.An Intelligent Elevator[Z].SogetiLabs blog，2016（1）.

[24] From Fridges to Furniture：4 Ways AI Is Coming to Your Home.[EB/OL].https：//www.deviceplus.com/trending/from-fridges-to-furniture-4-ways-ai-is-coming-to-your-home/，2010-05-22/2020-07-30.

[25] Designing a new home for a blind client / So & So Studio.[EB/OL].https：//www.archdaily.com/897946/teaching-a-blind-client-how-to-read-her-new-home-so-and-so-studio，2018-08-23/2020-07-30.

图表来源

表1：http：//blog.sciencenet.cn/blog-1208826-948936.html

图1、图2（3-6)：http：//www.time-weekly.com/post/268111

图2（1)：http：//www.qingdaonews.com/content/2017-10/15/content_20030815.htm

图2（2)：https：//www.sohu.com/a/329198045_120055929

图 3（1）：http：//www.zk71.com/yq17695550814/product/130713367.html

图 3（2）：https：//zhidao.baidu.com/question/1604803009453007187.html

图 3（3）：https：//b2b.hc360.com/viewPics/supplyself_pics/624628731.html

图 3（4）：http：//rizhao.dzwww.com/rzxw/201505/t20150526_12447581.html

图 3（5）：https：//sina.cn/index/feed?from=touch&Ver=10

图 3（6）：https：//www.bilibili.com/read/cv2228097/

图 4（1-2）：http：//roll.sohu.com/20140219/n395281963.shtml

图 4（3）：https：//www.sohu.com/

图 4（4）：https：//tion-china.cn/blog/fangjianfengbi/

图 4（5-6）：http：//www.tbw-xie.com/px_50002411/563456184610.html

图 6（1）：https：//mp.weixin.qq.com/s/iKsegZPjpg1kPK7yQ_RQ8Q

图 6（2）：The GuideCane-applyi mobile robot technologies to assist the visually impaired[J]

图 6（3）：https：//36kr.com/p/1721261735937

图 7（1-2）：https：//www.cloudminds.com/product-10.html

图 7（3）：http：//www.rmzxb.com.cn/jrmzxbwsj/kj/tsyj/t20081112_219083.htm

图 8（1）：http：//www.diankeji.com/vr/50480.html

图 8（2）：https：//www.popsci.com/fda-allows-marketing-device-lets-blind-see-their-tongues/

图 9（1）：https：//www.smartcitiesworld.net/news/news/smart-intersection-aims-to-increase-safety-2422

图 9（2）：https：//www.smartcitiesworld.net/connectivity/connectivity/street-crossing-of-the-future

图 10：https：//www.semanticscholar.org/paper/BUS-IDENTIFICATION-SYSTEM-FOR-THE-VISUALLY-AND-FROM-Mehra-Gup
ta/1cd7ba8af9a1b7bbbe014245b7754ae44ddbeac5

图 11（1-2）：https：//segd.org/interactive-wayfinding-visually-impaired

图 12：Synthetic Data with Digital Humans[R]

图 13：徐跃家，郝石盟．镶嵌，折叠———一种动态响应式建筑表皮原型探索 [J]

图 14（1）：https：//news.samsung.com/in/all-in-on-ai-part-1-homecare-wizard-enabling-smart-appliances-to-diagnose-
themselves

图 14（2）：https：//1reddrop.com/2019/04/02/artificial-intelligence-and-home-automation-a-k-a-my-home-is-smarter-than-
yours/

图 15：https：//www.archdaily.com/897946/teaching-a-blind-client-how-to-read-her-new-home-so-and-so-studio

图 5、图 16、图 17：均为作者自绘

作者：齐超杰，北京建筑大学建筑与城市规划学院本科；徐跃家（指导教师），北京建筑大学建筑与城市规划学院讲师，博士

目录

2021 年　2021（总第 26 册）

主办单位：中国建筑出版传媒有限公司（中国建筑工业出版社）
　　　　　教育部高等学校建筑学专业教学指导分委员会
　　　　　全国高等学校建筑学专业教育评估委员会
　　　　　中国建筑学会

协办单位：清华大学建筑学院　　　　　同济大学建筑与城规学院
　　　　　东南大学建筑学院　　　　　天津大学建筑学院
　　　　　重庆大学建筑城规学院　　　哈尔滨工业大学建筑学院
　　　　　西安建筑科技大学建筑学院　华南理工大学建筑学院

顾　　问：（以姓氏笔画为序）
　　　　　齐　康　关肇邺　吴良镛　何镜堂　张祖刚　张锦秋　郑时龄
　　　　　钟训正　彭一刚　鲍家声

主　　编：仲德崑
执行主编：李　东
主编助理：鲍　莉

编辑部
主　　任：陈夕涛
副 主 任：徐昌强
特邀编辑：（以姓氏笔画为序）
　　　　　王　蔚　王方戟　邓智勇　史永高　冯　江　冯　路　李旭佳
　　　　　张　斌　顾红男　郭红雨　黄　瓴　黄　勇　萧红颜　谭刚毅
　　　　　魏泽松　魏皓严
责任校对：张惠雯
装帧设计：编辑部
平面设计：边　琨
营销编辑：柳　涛
版式制作：北京雅盈中佳图文设计公司制版

编委会主任：仲德崑　朱文一　赵　琦
编委会委员：（以姓氏笔画为序）
　　　　　丁沃沃　马树新　马清运　王　竹　王建国　王洪礼　毛　刚
　　　　　孔宇航　吕　舟　吕品晶　朱　玲　朱小地　朱文一　仲德崑
　　　　　庄惟敏　刘　甦　刘　塨　刘加平　刘克成　关瑞明　孙　澄
　　　　　孙一民　杜春兰　李　早　李子萍　李兴钢　李岳岩　李保峰
　　　　　李振宇　李晓峰　时　匡　吴长福　吴庆洲　吴志强　吴英凡
　　　　　沈　迪　沈中伟　张　利　张　彤　张　颀　张玉坤　张成龙
　　　　　张兴国　张伶伶　张珊珊　陈　薇　陈伯超　邵韦平　范　悦
　　　　　周若祁　单　军　孟建民　赵　辰　赵万民　赵红红　饶小军
　　　　　桂学文　夏铸九　顾大庆　徐　雷　徐行川　徐洪澎　凌世德
　　　　　唐玉恩　黄　耘　黄　薇　梅洪元　曹亮功　龚　恺　常　青
　　　　　常志刚　崔　恺　梁　雪　梁应添　韩冬青　覃　力　曾　坚
　　　　　魏宏扬　魏春雨
海外编委：张永和　赖德霖（美）黄绯斐（德）王才强（新）何晓昕（英）

编　　辑：《中国建筑教育》编辑部
地　　址：北京海淀区三里河路 9 号　中国建筑出版传媒有限公司　邮编：100037
电　　话：010-58337110（7432，7092）
投稿邮箱：2822667140@qq.com
出　　版：中国建筑工业出版社
发　　行：中国建筑工业出版社
法律顾问：唐　玮

CHINA ARCHITECTURAL EDUCATION
Consultants:
Qi Kang　Guan Zhaoye　Wu Liangyong　He Jingtang　Zhang Zugang
Zhang Jinqiu　Zheng Shiling　Zhong Xunzheng　Peng Yigang　Bao Jiasheng
President
Editor-in-Chief:
Zhong Dekun
Deputy Editor-in-Chief:　**Editoral Staff:**
Li Dong　　　　　　　　　Xu Changqiang
Director:　　　　　　　　**Sponsor:**
Zhong Dekun　Zhu Wenyi　Zhao Qi　China Architecture & Building Press

图书在版编目（CIP）数据

中国建筑教育 .2021：总第 26 册 /《中国建筑教育》编辑部编 . —北京：中国建筑工业出版社，2021.11

ISBN 978-7-112-26912-9

Ⅰ. ①中… Ⅱ. ①中… Ⅲ. ①建筑学－教育研究－中国 Ⅳ. ① TU-4

中国版本图书馆 CIP 数据核字（2021）第 249596 号

开本：880 毫米 ×1230 毫米　1/16　印张：11½　字数：386 千字
2021 年 12 月第一版　　2021 年 12 月第一次印刷
定价：**48.00 元**
ISBN 978-7-112-26912-9
　　（38618）
中国建筑工业出版社出版、发行（北京海淀三里河路 9 号）
各地新华书店、建筑书店经销
北京君升印刷有限公司印刷
本社网址：http：//www.cabp.com.cn　中国建筑书店：http：//www.china-building.com.cn
本社淘宝天猫商城：http：//zgjzgycbs.tmall.com　博库书城：http：//www.bookuu.com
请关注《中国建筑教育》新浪官方微博：@ 中国建筑教育 _ 编辑部
请关注微信公众号：《中国建筑教育》
版权所有　翻印必究
如有印装质量问题，可寄本社图书出版中心退换
（邮政编码 100037）